Geist der Zeit.

Vierter Theil.

Berlin, 1818.
Bei G. Reimer.

Natura hominibus lacrymas dedit et loquelam, quibus distinguerentur a brutis.

Was soll man über Politik schreiben und über politische und lebendige Dinge? Die Welt ist des Rufens Klagens Klingens und Läutens übersatt; darum hilft es zu nichts. Die es vernehmen sollten und das allgemeine Leid bessern könnten, nehmen es leicht und lassen es in ein Ohr hinein und aus dem andern wieder heraus gehen. Darum, damit du einen Trost des Unmuthes habest und für dein flüchtiges Daseyn etwas Würdiges schaffest, wähle dir die große Vorzeit oder die Vergangenheit unsers herrlichen Mittelalters. Da bist du frei und ruhig und kannst das Freie und Bleibende fassen und vielleicht auch darstellen. Was haschest du nach dem Aal, der jetzt in jeder Hand so leicht zur Schlange wird?

So sprechen und warnen die Freunde. Ich aber antworte: Es ist unziemlich, in allgemeiner Noth und Verwirrung der Einzigruhige seyn und sich gebärden zu wollen, als sey alles gleich und recht; noch unziemlicher aber ist es, des eigenen Vortheils oder gar des eigenen bischen Ruhms — ach! der eitlen Eitelkeit! — zu sehr zu denken.

Warum schreibe ich denn aber? meine ich viel auszurichten? Mit nichten. Sondern darum, daß ich durch ruhige Betrachtung und Wägung der Dinge in mir und in andern den Glauben stärke, wenn ich hie und da durchscheinen lassen kann, daß dieser Stillstand der Gegenwart, welcher vielen ein Tod däucht, kein Tod ist.

Man hat oft geklagt, meine Sprache renne zu sehr ohne Athem fort. Hier sind nun Abschnitte und Ueberschriften genug, zum Theil nur Anspielungen und Bruchstücke, wie die räthselhafte Zeit anspielig und bruchstückig ist. Doch wem ich ein lebendiges Saitenspiel im Herzen erregen kann, der wird wohl der Amphion werden, der die einzelnen Steine sich zu Einem Bau zusammenspielt.

Uebrigens will ich mich gebärden, als sey ich noch jung, als sey ich noch, wie ich vor zwanzig und fünfzehen Jahren war; ich will mit der Unschuld um mich sehen und meine Gesichte und Ansichten aussprechen, als gebe es weder Vorrichter noch Nachrichter von Büchern und Bücherschreibern. Das bischen Leben der Sterblichen ist ja so kurz und vergänglich, und wer alles bedenken will, der hat nimmer Zeit, das zu bedenken, weswegen es allein der Mühe werth ist, aus dem Mutterschooße auf diesen Planeten zu fallen. Zwei Verse aus dem Sophokles, die ich meinem ersten politischen Schriftchen vorgesetzt, scheinen mir hier jetzt noch am rechten Orte zu stehen. Hier sind sie:

Wem Furcht vor jemand seine Zunge schließt,
Däucht mir der Jämmerlichste nun und immer.

Bonn, den 6ten des
Wintermonds 1818.

Inhalt.

I.

Vorwärts und Rückwärts.

Vorwärts! Vorwärts! rief der Blücher,
Teutschlands schärfster kühnster Degen,
Und auf schlüpfrigblut'gen Wegen
Schritt der alte Held so sicher.

Vorwärts! Vorwärts! hat's geklungen
Von der Oder bis zur Seine,
Und die korsische Hyäne
Hat der alte Held bezwungen.

Vorwärts! drum soll mir's auch klingen,
Vorwärts! will ich mir auch wählen,
Vorwärts! Klang der stolzen Seelen,
Soll auch mir zum Sieg gelingen.

Rückwärts! ist ein Klang der Hölle,
Schlechter Klang und schlechtes Zeichen,
Worob Muth und Lust erbleichen
Und erstarrt des Herzens Welle.

Rückwärts schleichen Satans Schliche,
Wann er Seelen meint zu fangen,
Rückwärts schleichen feige Schlangen,
Wann sie lauschen Todesstiche.

Rückwärts tasten Krebsesscheeren
Für den Mord und Spinnenfüße,
Wann im luftigen Verließe
Sie die Fliegen winseln hören.

Rückwärts — o die feigen Seelen! —
Nein, nicht Namen sollst du nennen:
Wo sie mit dem Schwarzen brennen,
Mag der Schwarze sie erzählen.

Vorwärts! Vorwärts! rief der Blücher,
Vorwärts! klinget frisch und freudig,
Vorwärts! hauet scharf und schneidig,
Vorwärts! schreitet kühn und sicher.

II.

Teutschland.

Aber von welchem Teutschland sprichst du? wird man mich mit Recht gleich zu Anfange fragen, wenn man die Ueberschrift ansieht. Ich antworte: Ich spreche von dem gegenwärtigen Teutschland und von den Furchten und Hoffnungen dieses gegenwärtigen Teutschlands, wenn es mit der Zeit Schritt hält und nicht wie ein fauler Gaul, dem man einmal vor den Kopf schlug, kopfscheu wird und sich nicht anfassen lassen sondern immer zurücklaufen will. Wie ich aber davon spreche, das mögen die wenigen Worte, die unter dieser Ueberschrift stehen, schwerlich erklären sondern das muß aus allen Ueberschriften, welche dieses Buch enthält, zusammengelesen werden. Ich bin keiner der Hasen, die aus Furcht vor dem Wolf Fuchs und Jagdhund den Rücksprung machen; ich bin keiner der Heuchler, die ihnen selbst und andern was einbilden, damit sie das Reich der Dummheit und Finsterniß desto ungehinderter treiben und fördern können; ich bin keiner der eitlen Träumer und gutmüthigen Thoren, die da meinen, man könne die Zeit in längst vergangene Jahrhunderte zurückführen, von welchen sie sich ein buntes liebliches Gedicht, einen idealen Traum machen, der hoch in den Lüften über aller möglichen Wirklichkeit schwebt.

Manche schelten mich wohl einen Unzufriedenen und Unruhigen. Ich will auch nicht sagen, daß ich mit allem zufrieden und über alles ruhig bin, wobei andere sich so glückselig und friedselig gebärden. Ich bin ruhig gewesen, zufrieden gewesen zum Theil in meinen Jünglingsjahren, als wir alle den jämmerlichsten Todesschlaf schliefen. Damals in den Jahren 1780 und 1790 waren die meisten Teutschen zufrieden reich wollüstig und faul. Wenn ich jene Zeit und ihren Zustand und ihre Gesinnung lobte, würde ich eine Faulheit und Elendigkeit loben, welche in den letzten zwanzig fürchterlichen Jahren gottlob mit dem eisernen Besen des Krieges und des Unglücks weggefegt sind. Das war kein Glück und keine Tugend, daß ich damals zufrieden und ruhig war; und meine jetzige Unruhe und Unzufriedenheit ist mein Glück. Und soll ich es rein aussprechen, so halte ich das Jahr 1818 viel herrlicher und glücklicher, als das Jahr 1618 (Anfang großen Unheils) und 1718 und 1760, 1770, 1780, 1790, welche viele uns immer als Jahre der Glückseligkeit jetzt zu loben wagen. Damals waren wir arm und elend in aller unserer Sicherheit, damals hatten wir alles verträumt und verschlafen, wir hatten kein Vaterland kein Teutschland keine Ehre keinen Ruhm keine Hoffnung keine Zukunft — nichts nichts hatten wir als ein gemeines Leben. Jetzt haben wir die hohen Gedanken wieder gewonnen, wir haben ein Vaterland wiedererobert, wir haben wieder ein Vaterland erlebt, Teutschland, Teutschlands Ehre und Freiheit ist wieder ein Klang und ein Gefühl geworden, und in Zorn und Haß, in Liebe und Freude sind Millionen teutscher Herzen für das Unvergängliche und Ewige bewegt.

Doch muß ich den Hasen oder Schlangen oder Füchsen oder Schöpsen und wie sie weiter heissen, welche unter dem Titel die gute alte Zeit immer das Schlechteste und Faulste loben und wieder zurückwünschen, diesen Rückschreitern und Rückschleichern und Rückmausern muß ich in etwas anderer Gestalt, wie die Gegenwart es eben giebt, noch einmal einen Spiegel der Vergangenheit hinhalten, den ich oft schon gezeigt habe. Wenn ich mit ihnen eine ferne Vergangenheit preise als eine teutsche Herrlichkeit, die einst war, so wird doch jedem einleuchten, daß sie wie sie war nimmer wieder Gegenwart werden kann; und wenn ich die nächste Vergangenheit, die drei letzten Jahrhunderte, in ihrer Abgestorbenheit, Nichtigkeit und Mattigkeit noch einmal wieder aufführe, so werden sie sich schämen müssen, dahin zurückzuwollen, wohin niemand zurück darf, der es mit dem Volke und Vaterlande treu meint.

Teutschland entstand in der christlichen Zeit als ein eigener Staat um die Mitte des neunten Jahrhunderts, wo das große aus zu fremdartigen Theilen zusammengesetzte Frankreich, dessen letzter und leuchtendster Gipfel Karl der Große gewesen war, in mehrere Königreiche und Herrschaften zerfiel. Es rang ein Jahrhundert mit der Nichtigkeit des verweichlichten und entarteten Hauses der Karlinger, mit der eigenen Unbehülflichkeit, die aus dem Untergange des Alten und dem Verfall der alten stolzen heidnischen Freiheit entsprang, und mit den fürchterlichen Schwärmen von Normannen Avaren Magyaren Slaven, welche es verheerten und entkräfteten. Unter den trefflichen Kaisern aus dem Sachsenstamme, unter Heinrich dem Vogler und seinen Nachfolgern, gestaltete es sich im Innern und vertrieb oder bezwang die fremden Räuber und Ueberzieher größtentheils. Unter diesen Sachsenkaisern und den Saliern und Hohenstaufen war das Reich herrlich gewaltig und strahlend von Macht und Ruhm. Dies war das christliche Jugendheldenalter der Teutschen. Doch herrschten die Sachsenkaiser und die beiden ersten Salier durch Glück und Eintracht gewaltig über Volk und Fürsten; die letzten Salier und die großen Hohenstaufen stritten ihr Lebenlang mit den Fürsten und dem Hohenpriester der abendländischen Christenheit in Rom einen langen und verzweifelten Kampf, wodurch die hohen Geschlechter untergingen und mit ihnen Teutschlands Macht. Die Fürsten wurden die Besitzer der Lande des Reichs; der Kaiser ward in ein hohes leuchtendes Götterbild über allen verwandelt, in einen Kalifen von Bagdad, der einst auch so enden sollte unter Sultanen, welche die Länder beherrschten; und von Rom aus gebot der angebetete Hohepriester auch als Fürst dieser Welt über Europa und über Teutschland. Dies ist die Zeit von der letzten Hälfte des elften Jahrhunderts bis zum Jahr 1500: über fünfhundert Jahre, fünfhundert glückliche Jahre Teutschlands, wo im schönen waidlichen Streben und Leben und in einem gewissen mäßigen Gleichgewichte der Dinge viel Herrliches sich entwickelt und gebildet hat. Die Zeit des Glanzes der römischen Hierarchie oder vielmehr der europäischen Theokratie, die, wenn sie gleich seit dem Ausgange des vierzehnten Jahrhunderts in ihrem Kern schon den Tod trug, doch in ihren äusseren Wirkungen immer noch frisches Leben erhielt und zeigte. So steht eine uralte Eiche des teutschen Hains, ein Kastanienbaum des Aetna innen im Marke hohl und faul, die doch noch Jahrhunderte aus frischen Aesten und Zweigen Blätter und Blüthen treiben.

Wir glauben, was geschehen ist, mußte geschehen, und es war das Beste, was werden konnte; denn wir glauben an Gott und an eine göttliche Weltregierung. Wie durch die Geschichte eine große lange Reihe, gleichsam ein glänzender Lichtstreif des Himmels, geführt, wie die Zweckmäßigkeit und Nothwendigkeit der Dinge dargethan und aus Gott gebohren gezeigt werden kann, hat Bossuet und Herder geistreich und Johann Müller genialisch gezeigt. Aber wenn wir auch preisen, was einst mächtig und kräftig lebte und wirkte, wenn wir auch den Finger Gottes in den Dingen zeigen und den großen Zusammenhang von Ursachen und Wirkungen von Geburt und Leben bis zu dem endlichen matten Tode verfolgen, so ist uns doch auch das erlaubt, zu fragen, ob unter andern Ergebnissen und Entwickelungen nicht auf andere Weise dasselbe oder doch Aehnliches hätte werden können. Es war einst eine Zeit der Einseitigkeit und des Vorurtheils oder des geblendeten Parthei- und Sektenhasses, wo man in der Hierarchie und in dem Priesterthum und Mönchthum immer nur das Faule Böse und Unheilige aufsuchte, was sich auch den heiligsten Dingen anhängen muß, die in menschliche Hände gerathen, und wo man die großen und wohlthätigen Folgen derselben gar nicht anerkennen wollte. Nun ist eine andere Zeit gekommen, welche die Einseitigkeit zu den entgegengesetzten Spitzen treibt, wo alles, was Europa jemals Herrliches und Schönes gehabt hat, alles, was im Mittelalter Großes und Anmuthiges gethan geschaffen und gewirkt worden, in nichts Anderem seine Quelle haben soll als im Priesterthum und Ritterthum: Priester und Ritter sollen alles in allem gewesen seyn, alles in allem gemacht haben. Nennte man uns statt ihrer, die wir allerdings für eine schöne Blüthe jener Vergangenheit halten, das innere geheime lieblich und liebend wirkende und schaffende Christenthum, so würden wir anbetend ja sagen. Ja so weit gehen einige in ihrer Vorliebe für das Teutsche und Germanische, daß sie behaupten, Teutschland sey die eigentliche Mitte und Seele der Hierarchie, in Teutschland sey sie zuerst geboren und gepflegt. Das ist aber völlig ungeschichtlich und unwahr; Teutschland ist nur eine kurze Zeit ein solcher Mittelpunkt gewesen, als die Sachsenkaiser und die zwei ersten Salier die römische Kirche auch weltlich beherrschten. Ja wir dürfen Angesichts der besseren und frommen teutschen Zeitgenossen kühn behaupten, daß, hätten die Päbste in Mainz oder Magdeburg oder Würzburg mitten unter den Teutschen gesessen, das ganze äusserliche Christenthum, die sogenannte christliche Kirche, eine ganz andere Gestalt haben würde, als sie diesen Tag hat. Freilich von manchen würdigen und frommen Päbsten, auch von den Gregoren und Innocenzen, ist die Hierarchie in einem tiefen und christlichen Sinn gefaßt worden, aber Kunst und List und weltliche Rücksichten und ach! leider auch weltliche Lehren menschlicher Klugheit, die den göttlichen Dingen ewig hätten fremd bleiben sollen, haben sich italiänisch immer zu sehr mit eingemischt. Die Hierarchie hatte in Rom, wo die Lehren hoher Staatsbildung und eines weiland auch theokratischen römischen Senats nie ganz ausgestorben waren, in Rom, unter dem Volke, das durch Besonnenheit und Verstandesklarheit eines der größten Völker der Geschichte gewesen, einen bequemen und sichern Sitz gefunden, und mit römischem Geist hat sie sich viele Jahrhunderte in ihrer Gestalt behauptet, wo die Teutschen etwas ganz anderes gewollt und aus ihr heraus gebildet haben würden. Das aber darf man sagen, daß die teutsche Innigkeit und Redlichkeit, die teutsche Treue und der teutsche Glaube die alte Kirche Jahrhunderte lang gestärkt und gehalten, ja erhalten haben. Ohne Teutschland wäre ihr Glanz früher vergangen, und die Teutschen und die übrigen germanischen Völker haben allerdings aus dem christlichen Priesterthum und Ritterthum Blüthen getrieben wie keine andere Völker der neuen Welt. Aber eben aus diesem Teutschland, weil es so innig liebte und glaubte, schuf die Reue und der Zorn über die Sünde zuerst den großen Zwiespalt, der bis auf unsere Tage dauert und sich so nicht ausheilen und vernarben wird, als viele meinen: gewiß nicht so in Lust, sondern in recht tiefen Schmerzen und Wehen, wie bei neuen Geburten der Dinge das Weh und die Wonne beisammen sind.

Man preiset und hat gepriesen, was in jenen fünf glücklichen Jahrhunderten in dem geliebten Vaterlande Schönes gewirkt und erblühet ist. Man zeigt da wieder die Priester und den Adel und hie und da auch die Freiheit und den Flor der Städte; die große Ueberschrift bleibt aber immer die Hierarchie. Das will ich auch preisen und gestehen, aber es war ausserdem noch viel Anderes mit dabei, was nicht vergessen werden muß, damit man das Eine nicht überschätze und das Andere verschweige. Ich muß einen flüchtigen Blick werfen auf die äussere Lage der Dinge, wie sie in jenen gepriesenen fünf Jahrhunderten stand.

Zuvörderst bekenne ich denn, daß allerdings in der Tiefe des Christenthums die Keime lagen, aus welchen Teutschland in jener Epoche so liebliche Blüthen trieb, deren Glanz und Schönheit wir wohl anstaunen aber nicht mehr erschaffen können. Der Hierarchie müßten wir nun allerdings jene Herrlichkeit danken, wenn sie dieselbe allein geschaffen hätte. Aber Hierarchie — äussere Ordnung Zucht und Macht der Kirche — und Christenthum sind jedem Christen, zu welcher Sekte er sich auch bekenne, immer so verschiedene Dinge gewesen als Leib und Seele und Himmel und Erde, wiewohl er weiß, daß Leib und Seele zusammen nur einen vollkommenen Menschen und Himmel und Erde zusammen nur eine vollkommene Welt machen können. Wo das Germanische war, im höchsten Norden, bis zu Norwegens Schneebergen und Islands öden Küsten, und im tiefsten Süden, in Hispanien und Italien, hat es allein jene Blüthen einer neuen jugendlichen christlichen Welt hervorgelockt; andere Völker, z. B. die Ungern und Polen, haben wohl auch das römische Christenthum empfangen, und mit demselben schöne Sitte und Zucht, aber jene gewaltige Kraft in That Kunst und Werk haben sie daraus weder saugen noch entwickeln können. Ich berufe mich hier auf die Geschichte.

Aber auch diejenigen, welche zugestehen, daß zwischen Hierarchie und Christenthum, zwischen äusserer und innerer Kirche ein himmelweiter Unterschied ist, behaupten doch, die Hierarchie habe Teutschland die Muße und Ruhe gegeben, in so vielen Jahrhunderten so herrlich und friedlich zu leben und zu wirken, sie sey überhaupt die Erhalterin und Friedenstifterin unsers Welttheils gewesen, seit ihrem Verfalle seyen Unordnung und Gewalt mächtiger geworden als Zucht und

Recht, und wir seyen endlich in einen Zustand hineingerathen, wo wir uns gar nicht mehr zu helfen wissen; und wir müssen uns wieder etwas Aehnliches schaffen. Der heilige Bund, eine gleichsam von Gott gekommene Begeisterung der erhabensten und mächtigsten Herrscher, sey eine Einleitung dazu und ein großes und heilverkündendes Zeichen der besseren Zukunft.

Wir leugnen das nicht ganz, aber jene weite Ausdehnung können wir der Behauptung nicht zugestehen, worin gewisse Lobpreiser sie aufstellen. Häufig hat die Hierarchie Frieden gestiftet und streitende und einander zerreissende Kräfte versöhnt und beruhigt, oft mit Gott und im allerchristlichsten Sinn, aber oft auch mit der Welt und mit dem Sinn des Fürsten dieser Welt hat sie Unheil und Zwietracht entflammt, z. B. als sie in Teutschland die Fürsten gegen die Kaiser aufwiegelte und die Macht des Reiches in ihren Grundfesten zerspaltete. Wir wollen uns nicht blind machen lassen durch thörigte und ungeschichtliche Darstellungen und Ansichten, welche vor dreißig Jahren für ein Mährchen gehalten wären und in welchen Protestanten und Katholiken jetzt wundersamlich genug zusammentreffen. War nicht Italien während dieses ganzen Zeitraums in unaufhörlichen kleinen und großen Erschütterungen von Kriegen und Fehden um Herrschaft und Besitz? Italien, wo die Hierarchie ihren Sitz hatte? ja die heilige Roma selbst, wo sie saß? Zerarbeiteten sich England und Frankreich nicht zwei Jahrhunderte in den fürchterlichsten Kriegen um Länder und Herrschaft? war nicht eben solche Wuth, mit Verjagungen Entthronungen Königsmorden und Unterjochungen begleitet, in Schweden und Dänemark? hat die Hierarchie den Krieg der weissen und rothen Rose in England beigelegt und die Gräuel in Neapel und die schrecklichen Kämpfe zwischen Polen und den Teutschen Rittern? Ach! leider nicht. Wo Keim zu Händeln und Kriegen war, da entwickelte er sich auch damals, nur daß das Christenthum und seine himmlische Lehre hin und wieder die wilde Wuth der trotzigen Herzen milderte und bändigte. Auch auf unser Vaterland hat diese Lehre der Menschlichkeit und des Friedens auf diese Weise wohlthätig und freundlich beseligend gewirkt. Aber was es während jenes angegebenen Zeitraums am meisten im Frieden erhalten hat, was Muße und Athem und Macht und Lust und Freude gegeben hat, so Großes und Schönes zu schaffen und zu wirken, lag auch noch in andern Ursachen, und die will ich nun kurz anführen.

Das Stillwirkende Stillsinnende und Stillbetrachtende, das Innige Freundliche Christliche, das die Lehre des göttlichen Erlösers in sich aufnehmen und zur Gestalt der neuen Welt ausbilden konnte, das allgemein in dem Karakter und Gemüthe der Germanen Liegende ist oben schon angespielt und angedeutet als der große Urkeim, ohne welchen alle die Herrlichkeit nimmer hätte werden können.

Dies konnte Teutschland entwickeln, als die blutigen Kämpfe mit den Päbsten und mit Italien aufgehört hatten. Italien war größtentheils frei geworden; Burgund größtentheils verloren, wenigstens so weit, daß es mit Gewalt nicht mehr behauptet werden konnte und sich nach und nach meistens dem Reiche entzog; der Pabst war der Sieger geblieben und der teutsche Kaiser in einen Herrn verwandelt, der mehr Glanz und Majestät als Macht und Gewalt hatte; die Fürsten waren in Teutschland die Landesherren und bei den Städten war in dieser Zeit der Reichthum und die Stärke. Das Aeussere der teutschen Dinge trug sich durch das Gemüth die Mäßigkeit Tapferkeit und Redlichkeit des Volkes in glücklicher Mittelmäßigkeit, und die kleinen inneren Kämpfe waren oft mehr Belustigung und Erregung des Lebens als Unglück und Unheil. Teutschland war damals der mächtigste Staat, weil alle andere europäische Staaten klein und meistens noch unordentlich und unzusammenhangend waren. Aber diese Macht beruhete nicht allein auf innerer Weisheit oder Würdigkeit sondern mehr auf äusserem Glücke und auf den allgemeinen Verhältnissen der damaligen Welt.

Teutschland und Italien waren der Mittelpunkt des Gewerbes und Handels der westlichen Welt, ehe Ostindien und Amerika wiedergefunden oder entdeckt wurden. Was Portugal Spanien Niederland England Frankreich später in verschiedenen Zeiten und Wechseln theils allein theils getheilt besessen haben und zum Theil noch besitzen, das besaßen diese beiden glücklichen Länder damals fast allein. Italien goß fast alles, was es zur See aus dem Osten brachte, zu Lande in Teutschland aus, und dieses vertheilte es weiter gegen Norden und Westen. Polen Rußland Skandinavien England Schottland Nordfrankreich hingen zu jener Zeit in Hinsicht des Handels von der teutschen Hansa ab, und Köln Straßburg Augsburg Nürnberg Frankfurt Erfurt Magdeburg Braunschweig Lübeck Danzig Riga Großnaugard Ghent Brügge und viele hundert große und kleine Städte Teutschlands besaßen die Schätze der Welt und in ihnen mannigfaltige Hülfen und Reitze zu einem schönen kunstreichen und fröhlichen Leben. Dazu noch die volle Jugendkraft einer ungeschwächten Sinnlichkeit und Fantasie. Und Friede und die Möglichkeit einer ruhigen Entwickelung blieb, als die andern Völker alle in ihnen selbst beschäftigt oder ohnmächtig waren.

Italien, schwächer an sich, war in viele kleine Staaten zerspaltet, welche gegenseitige Eifersucht und die römische Politik nicht mächtig werden liessen, und konnte diesseits der Alpen keinen Druck haben. Keime und

Erinnerungen der alten vergangenen Welt und die zertheilenden Grundsätze Roms schufen dort seit dem zwölften Jahrhundert eine Menge kleiner Staaten, von der freiesten Republik bis zur zwingherrischesten Tyrannei, welche an das alte Griechenland erinnerten und ihrer Form nach zum Theil mehr heidnisch als christlich waren.

Frankreich und England, diese sonst so reichen und mächtigen Länder, zerrissen sich wechselseitig und Teutschland sah zu.

Ungarn, von einem bunten Vielerlei von Völkern bewohnt, war ein zu junger Staat an Leben und Streben, dem es fast noch an Wurzeln fehlte, schwach durch seine Lage, und bei Keimen innerer Schwäche und Kränklichkeit auch ohne jene äusseren Bildungsreitze und Thatenreitze, wodurch ein Land dem andern gefährlich werden kann. Als das oströmische Reich in Konstantinopel sich immer mehr vor den Türken neigte und endlich im Jahr 1453 von ihnen zerstört ward, da zitterte Ungarn für sich selbst, geschweige daß es andere hätte zittern machen können.

Polen, endlich nach langen Kämpfen mit Litthauen verbunden, schien mächtiger, als es war. Lange Zeit war es kaum den Teutschen Rittern gewachsen, welche das Angstgeschrei eines Herzogs von Masovien weiland gegen die heidnische Uebermacht zu Hülfe gerufen hatte, viel weniger konnte es dem teutschen Reiche gefährlich werden. Dieses unglückliche Land hatte schon damals fast nur freien Adel und leibeigene Knechte und fast gar keine Städte und keinen Mittelstand, woraus die Macht und die Kraft und Würde eines Volkes und Freiheit Gesetz Wissenschaft und Kunst immer erblühet sind.

Der uralte germanische Norden, (Schweden Dänemark Norwegen) das Land der kühnen Abentheurer Ritter und Helden, das Land der alten Sagen und Götter, zerriß sich in innerlichen vergeblichen Kämpfen und war arm schwach und ohnmächtig. Teutsche Kaufleute beherrschten seine Städte und seinen Handel.

England und Frankreich hielten einander in jenen Kämpfen fest, deren ich schon erwähnt habe. Doch ging Frankreich gegen den Ausgang des fünfzehnten Jahrhunderts aus diesen blutigen Uebungsspielen gewaltig hervor, und hinfort sollte Teutschland fühlen, welchen Nachbar es an den Abkömmlingen der unruhigen Gallier und wilden Franken hatte.

Spanien und Rußland waren in diesem Zeitraum für Teutschland fast wie aussereuropäische Länder anzusehen. Das erste kämpfte um Herrschaft und Christenthum noch immer seine großen Mohrenkämpfe fort und das zweite schüttelte eben gegen den Ausgang des fünfzehnten Jahrhunderts die lange Schande des traurigen Mongolenjoches wieder ab, das es seit dem Einbruch der Söhne und Enkel des Dschingiskan in Europa getragen hatte.

Wir wollen nun aber gegen unser Teutschland nicht ungerecht seyn. Teutschland hatte freilich keine Einheit und keinen Nachdruck der Herrschaft, keine große Macht, die sich leicht bewegen und drücken und erdrücken konnte, aber Gerechtigkeit Tapferkeit und Ehre waren bei Fürsten Rittern und Volk und Reichthum Glanz Gesetzlichkeit und Kunst blüheten in den Städten. Die Fremden nannten es das blühendste gerechteste und mächtigste Land der Christenheit, unerschöpflich an Männern und Schätzen, und sie hatten Recht.

Glückselig, wenn ein solcher Zustand immer dauren könnte und wenn Teutschland immer in der Lage gewesen und darin geblieben wäre, wo es keinen Reitz gehabt hätte, andere Völker anzugreifen und zu verletzen, aber immer die Macht, jeden Angriff und jede Verletzung der Fremden zurückzutreiben und zu strafen. Aber leider war es wahr, des großen Pabstes Gregor des Siebenten Werk hatte nur zu gute Früchte getragen, Teutschland war in sich zerspaltet und zerrissen und der Kaiser war nur ein schönes aber ohnmächtiges Bild der Majestät über vielen kleinern Majestäten, die oft nicht dem allgemeinen Willen folgen sondern ihren eigenen Willen haben wollten. Bei aller seiner inneren Herrlichkeit und Trefflichkeit, bei allen löblichen und preislichen Künsten und Tugenden eines braven und edlen Volkes war das Reich wehrlos und unbehülflich: es konnte seine Kräfte nicht sammeln. Die Liebe war noch ganz, aber die Herrschaft war zertheilt, und diese mußte zuletzt auch die Liebe zertheilen. Und wer will leugnen, daß nicht schon damals viele teutsche Fürsten für ihr eigenes und vergängliches Kleines ein wärmeres Herz hatten, als für das gemeinsame Große, das ihren Seelen vor allen zuerst immer als ein Unvergängliches hätte vorschweben sollen? Wir berufen uns hier auf die Geschichte.

Die Schweitz, eine Landschaft des Reichs und ein festes Bollwerk gegen Süden und Westen, durfte sich eigenmächtig von demselben lossagen und endlich ganz losreissen, ohne daß alle sie zuerst mit Liebe und dann mit Gewalt und Strenge genöthigt hätten, der großen Reichsgenossenschaft in Gehorsam und Treue zu dienen. Was sie gegen Dränger und Zwingherren wagte, mußte allen gefallen; wo sie von dem Reiche los oder gar gegen das Reich frei seyn wollte, da mußten alle sie strafen.

Um die Mitte des fünfzehnten Jahrhunderts kam der Delphin von Frankreich Ludwig mit den Armagnacs oder den schwarzen Banden und fiel ins Reich ein. Die Teutschen hatten den einzigen leidigen Trost, daß sie sie nachher Arme Jacken (Gesindel, Geusen) schimpften, wie viele Kettenhunde und Jagdhunde später Melac und Tiras (Düras) und zu unsern Zeiten ähnliche Diebs- und Hasenfeinde Marat und Napoleon gerufen werden und auch wohl noch mit dem ältern Schreckennamen des Großtürken, Sultan. Wie gräulich hausten diese Armen Jacken damals im Sundgau und Elsaß und Lothringen! Und was that das teutsche Reich? Man schickte unterhandelte bat drohete seufzete klagete und endlich heulte und jammerte man. Wer so viele verschiedenartige Töne aus demselben Munde von sich giebt, macht keinen Eindruck der Furcht und des Schreckens. Jene Gräulichen durften ungestraft dannen ziehen. Das war der teutsche Riese in seiner Kraft, die er damals wirklich innen und aussen hatte. Aber wo war das hohe Vaterland der früheren Jahrhunderte und die heilige Liebe und der heilige Zorn dafür? Keiner wollte geschwind und frisch für das Ganze heran und die Macht war schon ein Schein, weil die Kraft selbst in der Gefahr schwer vereinbar war. Daher durften von dem schwachen Reiche einzelne Theile immer geplündert abgerissen und beschimpft werden. Es ging schon damals, wie es in den späteren Jahrhunderten gegangen ist.

Bald stand nun Karl der Kühne von Burgund auf. Er beherrschte etwa sechs Millionen Seelen, Teutschland zählte dreißig und herrschte dem Namen nach von den Ardennen und der Schelde bis zur Neva und zum Ladoga. Vor diesem Fürsten, der auch sein Mann war, zitterte das Reich an allen Gliedern und vielen däuchte schon damals der Untergang und Umsturz unvermeidlich. Dies war die Zeit des schwachen Friedrich des Dritten von Oesterreich, der späterhin darum oft schlecht und faul genannt worden, weil er an Landen und Leuten nicht mächtig war. Wie der Burgunder dem Reiche und dem Kaiser in Westen that, so thaten die Ungarn und ihr kriegerischer und unternehmender König Matthias Korvinus ihnen an den Ostgränzen. Es erschien, daß die kaiserliche Würde ohne bedeutende Stamm- und Hausmacht ihres Trägers meistens nur noch ein idealischer Schimmer der Vergangenheit war, dessen Licht immer schwächer ward, je näher man ihm kam.

Max der Erste, Friedrich des Dritten Sohn, gewiß eine rechte Krone der Ritterlichkeit und Liebenswürdigkeit, so daß von ihm geschrieben und gesungen ist, in ihm habe der letzte teutsche Kaiser gelebt, ward durch seine Gemalin Gebieter über große Länder. Er war Kaiser von Teutschland, Herzog von Burgund

und Niederland, Erzherzog von Oestreich, und hatte aller Tugenden und Herrlichkeiten Fülle und treue Liebe des teutschen Namens und der teutschen Ehre. Und doch wie wenig hat er ausrichten können mit dem Reiche und für das Reich! hat er nicht allenthalben kläglich erscheinen und endigen müssen, wo er mit Teutschen für Teutschland ins Feld zog! So gegen die von Venedig; so mit den trotzigen Schweitzern, die schon damals mit den Franzosen gegen uns buhlten und die er wieder zum Gehorsam ziehen wollte; so in Italien, wo Teutschland in seinen Landen und Städten die Fremden ungehindert schalten und walten ließ. Die Teutschen waren nie alle da; und wenn nur ein Drittel gewollt hätte, die Welt hätte zittern müssen. Aber seit den Tagen des großen Rothbarts hatte das Reich in eigennütziger und selbstsüchtiger Faulheit gelegen, und ist auch nimmer ganz wieder daraus zu erwecken gewesen, als etwa später einigemal durch große Türkennoth und durch die gefährlichere Franzosennoth unter Ludwig dem Vierzehnten. Aber auch damals hat es nie seine volle Kraft daran gesetzt.

In dieser Gleichgültigkeit gegen das Allgemeine, besonders, wo es der äussern Ehre und Sicherheit des Reichs galt, in dieser Unbehülflichkeit Starrsucht und Wehrlosigkeit Teutschlands schon in der Zeit des höchsten Glanzes der Herrlichkeit, wo noch alle Fremde an die Furchtbarkeit und Unbezwinglichkeit des Volkes glaubten, lag eine dunkle und unglückschwangere Bedeutung für die Zukunft: die schlechten Zeiten mußten kommen, weil das Volk sie verdient hatte. Denn wer, wie mächtig oder schwach er sey, Schimpf duldet und Frevler nicht straft, über den muß nach ewigen Gesetzen die unvermeidliche Strafe verhängt werden.

Es kam das Zeitalter Karls des Fünften und Franz des Ersten und Solymanns und Kolumbus und Martin Luthers und so vieler anderer ausserordentlicher Männer, und mit ihnen so viele ganz neue Entwickelungen Strebungen und Umwälzungen der Welt und aller ihrer Verhältnisse. Von aussen und innen sollte die Welt verwandelt werden, darum traf so viel Ausserordentliches und Ungeheures zusammen, worin die Reformation freilich als das für unser Vaterland Bedeutendste oben schwimmt.

Jetzt nach dem Ablauf von drei Jahrhunderten, da der trübe Strom der Zeit sich von der strudelnden und brausenden Gährung immer mehr erheitert und durchsichtigt hat, können wir wohl sehen, daß das schöne und häßliche lustige und unlustige Spiel, was damals begann, nicht von Menschen war sondern von Gott oder von der tiefsten Nothwendigkeit der Dinge. Ein Zeitalter war vergangen, ein neues sollte werden.

Ueber die Reformation will ich hier allbekannten Tadel oder allbekanntes Lob, je nachdem jeder sie haßt oder liebt, nicht zum dritten vierten Male wiederholen. Viele haben es ihr zum Hauptvorwurf gemacht, sie habe das alte Reich zerstört. Aber wir haben dieses Reich ja unkräftig und unbeweglich und mit nicht genug gebietender Macht an der Spitze gesehen, seitdem das Haus der großen Hohenstaufen erloschen war. Was durfte nicht drei und zwei Jahrhunderte vor der Reformation schon geschehen? In welchem Zustande der Verwirrung und Auflösung empfing Rudolf von Habsburg das Reich! wie durften Adolf von Nassau und Albrecht von Oesterreich, Ludwig der Baier und Friedrich von Oesterreich darum hadern! wie standen Günther von Schwarzburg und Karl von Luxemburg gegen einander! wie der Letzte früher gegen Ludwig den Baier! wie durfte dieser Karl von Luxemburg mit den Gütern und Ehren des Reichs feilschen! wie durfte es unter Friedrich dem Dritten und Max dem Ersten ungestraft verhöhnt und beschimpft und an seinem Besitz geplündert und verringert werden! War es denn ein Wunder, daß selbst der mächtigste Fürst der Christenheit, Karl der Fünfte, nur mit den Teutschen nichts anfangen, nicht einmal die Türken mit ihnen bändigen konnte? Freilich Hader und Zwiespalt hat die Reformation genug gebracht, nicht allein in Teutschland sondern in allen Ländern der Christenheit. Doch es lag nicht allein in diesem Hader, den die Religion in die Welt brachte, es lag in der Selbstgewalt dem Ungehorsam und der Gleichgültigkeit, daß die Türken beinahe zwei Jahrhunderte Teutschlands Schrecken seyn konnten, deren Druck aus so ungeheurer Weite her doch nie ein voller Nachdruck seyn konnte. Auch haben sie gewöhnlich mit nicht größeren Heeren als 60000 und 70000 Mann Ungarn und die Nebenlande erobert, selten mit grösseren gegen die Teutschen gefochten; nur ein paar Mal sind sie mit Hunderttausenden gekommen. Aber sie schrieen Allah als Feldgeschrei, und wir durften in unserer mattherzigen Sündhaftigkeit nicht einmal Gott rufen.

Von dem dreissigjährigen Kriege und dem kalten Haß und der bittern Gleichgültigkeit gegen das Vaterland und der trostlosen Verwirrung der Gemüther, welche das schreckliche Feuer angezündet und genährt haben, will ich nichts sagen. Nach diesem zu jammervollen Kriege, worin Frankreich als Anzettler und Ueberlister aller schon eine Hauptrolle gespielt hatte, lag das vormals so reiche prangende und von Menschen Freude und Kunst wimmelnde und blühende Teutschland da voll Schmach und Wunden, die es nie wieder ganz geheilt noch gebessert hat. Nun kamen die Franzosen mit ihrem augustischen Zeitalter Ludwigs des Vierzehnten und beschimpften plünderten und zerrissen uns Ehre Vaterland und Gut ein volles halbes Jahrhundert, und wir konnten die immer wiederkehrenden Necker und Schänder nicht strafen. Ja als sie von Eugen und Marlborough durch Waffen gedemüthigt waren, betrogen sie das Reich in den Unterhandlungen doch wie immer um die Früchte seiner Siege; denn darin war es immer unmündig rathlos und hülflos, und ist es geblieben bis diesen Tag.

Es ist eine alte Anklage gewesen, und man hört sie jetzt oft wieder von solchen, welche gewisse protestantische Regierungen, besonders Preussen, verhaßt machen wollen, die evangelischen Fürsten seyen bei jeder Gelegenheit immer am ersten vom Reiche abfällig und dem Kaiser widerspänstig und ungehorsam gewesen, die katholischen Fürsten hingegen, vorzüglich die Stifter und Reichsstädte und Reichsritterschaften, das seyen die Festen und Getreuen gewesen, worauf das Reich sich habe verlassen können. Diese Anklage wird von der Geschichte Lügen gestraft. Kaiser Leopold und Karl der Sechste haben in allen ihren Kriegen, die zum Theil nur Hauskriege waren — doch auch viele Kriege, die ihrer Natur nach Reichskriege waren, hat der Ungehorsam Hauskriege gescholten — grade die Protestanten zu den geschwindesten und sichersten Helfern gehabt. Ich muß auch die andere Schattenseite zeigen, damit wir die alte Schuld, die nun vergessen werden soll, gegen einander aufgehen lassen und desto fester halten in der neuen Versöhnung. Wollte nicht wenige Jahre nach dem dreißigjährigen Unglück, als alle die Wunden, welche uns Richelieu und Mazarin geschlagen, noch frisch bluteten, der Erzkanzler des Reichs und Erzbischof zu Mainz, ein Schönborn, durch französisches Geld bestochen, das Reich auf die Franzosen und ihren König Ludwig den Vierzehnten bringen? trug nicht der unruhige Bischof von Münster, Bernhard von Galen, die Waffen gegen das Reich? sind etwa die Händel wegen des Kardinals Ego von Fürstenberg, der freilich ein rechter Ego war und nur sein Ich und nicht das Reich sah, schon vergessen? und auf welchen Seiten sind die Erzbischöfe von Köln und Trier und die mächtigen Kurfürsten von Baiern so oft gestanden gegen das Reich und gegen das Haus Oesterreich? Wollt ihr das breit lesen, so blättert ein wenig in den Reichstagsverhandlungen und Reichstagsbescheiden des siebenzehnten und achtzehnten Jahrhunderts, oder schlagt euren Flassan nach: der stellt es euch unverholen dar, wie französische Boten und Späher mit Geldsäckeln in der schönen Pfaffengasse umher-reiseten und welche noch stehende Schlösser von wälschem Sündengelde erbaut sind. O sie haben uns ganz andere Schlösser und Denkmäler niedergerissen!

Und nun bedenke man noch die Brände, die wieder im Innern unter uns selbst aufgingen und deren Frucht gewöhnlich nichts war als Asche, womit jetzt der Wind der Vergessenheit spielt. Der dreißigjährige Krieg ward seinem Ursprunge nach doch noch um etwas geführt, obgleich er zuletzt ein kaltes und grauses Balgen um Nichts schien. So brannte in Teutschlands Eingeweiden der österreichische Erbfolgekrieg und der siebenjährige Krieg, wo Teutsche gegen Teutsche zu traurig ins Feld zogen und einzelne Namen groß machten aber keine Thaten; denn die gerechte Geschichte verdammt unerbittlich als Unthat, wo der Bruder über dem Bruder Ruhm gewinnen wollte. In ihr wird z. B. der ganze siebenjährige Krieg, dessen Klang ein halbes Jahrhundert so laut gewesen, endlich ein leeres Mährchen; nur der Eine Mann, der ihn vollendet hat, Friedrich von Preussen, wird daraus übrig bleiben, nicht, weil er auch gegen Teutsche focht, sondern durch die ungeheure Gemüthskraft und weil er ein Spiegel und Licht seines Zeitalters war, woran die Bedeutung eines Jahrhunderts sich erklären läßt.

Wie wir zuletzt gefallen sind, in den Jahren 1795 und 1801 und 1805 1806 und 1809, gefallen, weil jeder einzeln stehen und sich einzeln durch die fürchterliche Wellenbrandung der Zeit hinsteuren wollte, und wie wir wieder aufgestanden sind in den Jahren 1813 1814 und 1815 — der Jammer und die Wonne sind die jüngsten und leben noch frisch in den meisten teutschen Herzen. Wir haben mit Gott und mit dem Eisen das Land wiedergewonnen und die alt gepriesene teutsche Treue und Tapferkeit hat sich wieder auf das glänzendste erwiesen. Wir hatten auch die alten Gränzen des Reichs wiedergewonnen, und hätten sie nehmen können, wären wir bei den Unterhandlungen nicht hülflos und verlassen gewesen wie immer. Da sind wir von den alten listigen Reichsfeinden wieder wie die Betrogenen ausgelacht und das wird leider auch wohl künftig so seyn. Reineke Fuchs hat seine Galgenbuspredigt wie ein Meister gehalten und den Königen Nobel die Herzen entwendet. So ist das nothwendige Verhängniß einer Eidgenossenschaft, und so ist es der teutschen Eidgenossenschaft schon manche Jahrhunderte ergangen. Ein Feldherr kann durch eine große Willenskraft viele tausend Beine und Fäuste auf zwölf vierundzwanzig oder achtundvierzig Stunden wohl zu Einem Schritt und Schlag machen für eine gewaltige That; aber daß zwei bis drei Dutzend Köpfe und Herzen, die einander nicht untergeordnet sind, durch Ein großes Herz und Einen großen Kopf Monate ja Jahre lang wie Ein Kopf und Ein Herz nach Einer Richtung hin dringen und wollen, das wäre das wunderbarste aller Wunder, die je gehört worden. Wo viele Herren sind, da macht die Anwendung der Regel des Tiberius und Machiavelli Theile und herrsche wenig Mühe.

Wie Teutschland in den jüngstvergangenen Jahren eingerichtet oder vielmehr größtentheils liegen geblieben ist, wie Napoleon es zugeschnitten hatte, das weiß ein jeder. Das alte Reich ist nun endlich ganz vergangen, sein letzter Schatten, sein heiliges Gespenst, mögte ich sagen, ist nun todt. Eine Menge großer und kleiner Staaten, alle mit monarchischer Selbstgewalt, die sie Souveränetät nennen, ausgerüstet, liegen in Einem Kreise neben einander und sollen durch ein loses Band zusammengehalten werden, das bis jetzt in nichts weiter als in Ideen besteht, welche unentwickelt und unerklärt in dem Teutschen Bunde, der in Frankfurt am Main sitzt, eine verkörperte Darstellung haben.

Wird dieser Teutsche Bund dem Reiche und Volke die Kraft und Einheit geben können, die der Kaiser die letzten Jahrhunderte nicht mehr geben konnte? wird dieser unmöglich machen, daß teutsche Schwerdter künftig gegen Teutsche gezückt werden? wird dieser die Liebe geben, daß, wenn Einer angegriffen und verletzt ist, alle sich angegriffen und verletzt fühlen und in treuer Brüderlichkeit zusammeneilen, den Angriff und die Verletzung zu strafen? wird dieser uns drinnen Gerechtigkeit Sicherheit und Frieden, draussen Achtung und Furcht verschaffen können? wird dieser das zu lange Getrennte und Zerrissene durch eine unsichtbare Gewalt der Gesinnung verbinden können? So haben viele mit Liebe, manche auch mit Spott gefragt.

Wir wollen nicht verkennen, wie viel bei der Hülflosigkeit und Losheit unsers Zustandes allein der Name und die Idee eines Teutschen Bundes werth ist, stände dieser Bund, bis sich etwas Festeres gestalte, auch zwanzig und dreißig Jahre bloß auf dem Papiere oder in der Luft; und so wollen wir der erhabenen Wiener Versammlung danken, daß sie uns wenigstens das gegeben hat. Wir wollen auch dankend und lobend anerkennen, daß die meisten der Männer, welche die Teutsche Bundesversammlung leiblich darstellen, eine preiswürdige vaterländische Gesinnung und Liebe offenbaren. Aber ob sie die Idee, welche das teutsche Volk von einem Teutschen Bunde hat, werden entwickeln und erklären können und dürfen, daran zweifle ich sehr. Eben jene Erklärung und Entwickelung scheinen aber die einen eben so sehr zurückzuhalten und zu fürchten, als die andern sie begehren und hoffen, und ich glaube, daß wir vor dieser Entwickelung wieder in Krieg und Getümmel verwickelt und verwirrt sind. Mögen diese nur Herzen von 1813 und 1814 finden! Dann hat es keine Noth, die Entwickelung wird dann zu ihrer Zeit wohl kommen, wie sie werden kann und wie Gott sie will. Möge es nur schleichenden Verfinsterern und bangen und feigen Miskennern und Misdeutern der Zeit mit Ueberfluß von napoleonischer Polizei und Späherei und Durchstecherei nicht gelingen das vaterländische Leben und Streben wieder ganz abzukälten!

Es ist so leicht, den Unzufriedenen zu schelten, den, der etwas als unvollkommen tadelt, der Empörung und des Aufruhrs gegen Gottes heilige Ordnung zu zeihen. Nach meinem Gefühle und nach meinem bischen Kenntniß von Geschichte und nach meiner Erfahrung der Völker und des Menschenherzens kann ich Teutschlands politischen Zustand nicht als einen solchen loben, worin Eintracht Kraft Lebendigkeit und Geschwindigkeit zu Rath und That wäre. Ich kann nicht begreifen, wie die Teutsche Bundesversammlung den teutschen Kaiser ersetzen kann, wie ein Staat vieler Staaten bestehen kann ohne irgend eine mächtiger zwingende Gewalt als die Gewalt der Idee — und dieser armen Idee vollends, worauf man, wie sie sich nur blicken läßt, als auf eine Brandstifterin, Thronenräuberin und Volksverwirrerin laute Schalljagd macht. Ich will ja so gern glauben und hoffen wie die andern; aber gleich den jungen Hühnern und Putern mich vor dem Habicht blind machen, indem ich den dummen Kopf, daß er nicht sehe, zwischen die Beine klemme, wie sie ihre dummen Köpfchen, wann sie ihn erblicken, unter das Gras stecken, das halte ich mit andern Biederleuten für etwas Erbärmliches, und wenn auch Männer mit langen Staatsparuken sich solcher wohlfeilen Beruhigungsmittel nicht schämten.

Sage ich damit: Man soll diese Ordnung nicht anerkennen, man soll sich dagegen empören? Nein, das sage ich nicht. Vielleicht kann auf eine Weise und durch eine Wendung der Dinge, die mir und vielen andern noch verborgen ist, etwas Festes und Starkes daraus hervorgehen. Nur gegen das, was von Anfang an schlecht ist und immer schlecht bleiben muß, soll sich jeder empören und alle Waffen und Kräfte des Leibes und Geistes dagegen gebrauchen. So etwas war die sogenannte große alle Völker in Einem Bunde und unter

Einer Obhut leitende und verbindende Weltordnung Napoleons; so etwas wird das Joch eines fremden Volkes immer seyn. Große Veränderungen und Verwandelungen der Welt und der Völker macht Gott, macht der bewußtlose und begeisterte Trieb der Zeiten und Völker; sie geschehen immer als Nothwendigkeit, als ein unendliches keiner irdischen Macht bezwingliches Muß. Wer sie machen will, wer darin spielen und meistern will mit seinen Entwürfen und Ränken, der macht solche und endet so, wie wir in unsern Tagen das Spiel an der Seine gesehen haben, wo der Tigeraffe Willkühr immer aus der blutig gräßlichen Larve des Verhängnisses hervorguckte. Die Jahre 1809 und 1813 waren solche Epochen, wo Teutschland politisch verwandelt werden durfte und konnte. Da haben auch viele Teutsche gehofft, gewiß die stillesten und frommsten und keine neuerungslustige und umkehrungssüchtige, daß Anderes geschehen und kommen würde, als geschehen und gekommen ist. Es hat jenen Jahren nur ein großer teutscher Führer und Meister der Zeit gefehlt, und weil Gott keinen solchen Meister gegeben hat, so sage ich, es ist Gottes Wille, daß es nicht anders geworden ist, als es heute ist; mir selbst aber sage ich, daß ich diesem Willen gehorchen und im frommen Glauben an ihn und an mein Volk der Entwickelung der Zeiten warten soll, doch vorwärts strebend mit der Hoffnung und mit dem Geiste und nimmer rückwärts, wie so viele wollen und noch mehrere sich gebärden aus Furcht vor der Zeit, worin sie leben. Dies ist die Lehre des Christen für die Vergangenheit; für die Gegenwart muß er glauben, daß er sie auch machen helfen kann: denn sonst glaubte und strebte er für nichts.

Wie man fröhlich erkennen muß, daß die Gefühle für das liebe Vaterland bei den meisten Teutschen in den letzten Jahren inniger und lebendiger geworden sind, so darf man sich doch auch nicht verhehlen, daß die Begriffe über das politische Wohl und Weh desselben und über das, was dieses Zeitalter geboren hat und dasselbe bis zum Jünglingsalter und zur Mannskraft erziehen und gestalten kann, die allerbuntesten und verwirrtesten sind. Diese Verwirrung ist bei einigen Verwirrung der Bosheit, bei andern

Verwirrung des Irrthums. Die meisten jedoch, wenn sie auch nicht wissen, was sie wollen und was die dunkle Zukunft in ihrem Schooße trägt, gehen im Glauben auf Gott rüstig vorwärts und lassen sich durch das Mordgeschrei und den Feuerlärm links und rechts nicht irre machen.

Verwirrung der Bosheit ist bei denen, deren kleinem Sinn und kleinem Muth die Zeit und ihre Gewalt zu mächtig ist. Diese schreien: Weg mit eurem neuen Teutschland, mit eurer Teutschheit, eurer Landwehr, mit eurer Preßfreiheit und euren Verfassungen! zurück! zurück! damit wir die Frömmigkeit, den Gehorsam, die Ruhe und das Glück der guten alten Zeit wieder bekommen. Sie meinen die schlechte Zeit von 1580 bis 1790, die schlechteste Zeit, welche Teutschland je gehabt hat: sie meinen Bequemlichkeit und Faulheit, Gleichgültigkeit gegen Volk und Vaterland und gegen alle politischen Dinge, blinden Gehorsam unter dem Stock, Frohupflichtigkeit, Leibeigenschaft, Kantonwesen, und andere Sauberkeiten. Diese Art kennt man daran, daß sie immer klagt: diese Zeit räsonnire zu viel. (Ich muß hier schon in das schlimme wälsche Wort beissen.) Was diese an den Höfen der Fürsten und in Regierungen und Polizeien und in allerlei Verschwärzungen und Verdunkelungen und Durchstechereien vermögen, das thun sie redlich. Doch ist ihnen auch hier die Zeit zu mächtig: sie füllen mit Tropfen ein, und sie läuft in Eimern aus. Sie werden endlich doch am leeren Fasse stehen.

Verwirrung des Irrthums ist bei vielen andern, welche bei aller guten Gesinnung in ihrer Zeit doch wie im Traum wandeln und durch das viele Wilde und Ungeheure derselben so erschreckt werden, daß sie ihr Treffliches und Tröstliches nicht rein erblicken können. Diese weisen nicht zu dem letzten oder vorletzten Jahrhundert Teutschlands zurück, sondern nehmen gleich einen Anlauf, der über vier fünf Jahrhunderte wegsetzt. Auf das dreizehnte vierzehnte Jahrhundert weisen sie hin und sprechen: Dahin müßt ihr wieder zurück, teutsches Volk; sonst seyd ihr verloren. Der Weg vorwärts, wie ihr athemlos fortstrebt, geht nur immer mehr ins Wilde und Wüste, und zuletzt ins volle bodenlose Verderben. — Sie mahlen uns und sich jenes Zeitalter, das schon in grauer Dämmerung weit hinter uns liegt, noch viel herrlicher, als es war; sie schildern uns Pabstthum Priesterthum Ritterthum Kunst Dichtkunst Sitten und Leben mit so lieblichen Farben, daß uns allerdings nach der Herrlichkeit lüstet, und daß uns, wann wir unsere Zeit anblicken, zu Muthe wird, als sähen wir den kalten und erkältenden und erstarrenden Medusenschild. Aber wäre die Herrlichkeit und Liebenswürdigkeit und Hoheit jener Vergangenheit auch wirklich so herrlich gewesen, als sie sie schildern, wäre auch alles Gold, was gleisset, ihr Treiben und Wollen ist eine Geburt des Wahnes und muß wieder Wahn gebären. Von diesen, von welchen einige es gewiß herzlich treu meinen, kann man doch sagen, daß sie ihre Zeit nicht erkannt haben, daß ihr ganzes Herz nicht in Gott und in dem Volke ist, wie es seyn sollte. Denn wäre es in diesen, so müßten sie auch klar sehen, was nun in dieser Zeit, in welcher wir leben, werden kann und werden soll; fühlten sie innig und ganz aus der Freude und aus der Noth des Volkes, sie müßten die Welt und ihre Nothwendigkeit anders begreifen. Ueber die Geschichte und wie die Gegenwart die Vergangenheit gebrauchen soll, ist von jeher genug gesaalbadert und wird jetzt mehr als je gesaalbadert; ich will die breite Saalbaderei nicht mit neuer Zuthat vermehren. Die Zeit läßt sich so wenig in die Vergangenheit zurückführen, als ein erwachsenes Kind in Mutterleib ja nur in seine Wiege zurückkehren kann. Aber wie wir jedem Mann, wann er die Blüthe des Jünglings und die Reife des Mannes erreicht hat, die schöne spielende Unschuld wünschen, die noch um die zarten Blumenträume und Gesichte der Kindheit schweben kann, so preisen wir den schönen Reitz glücklich, der so viele teutsche Herzen zur Liebe und Bewunderung des teutschen Mittelalters zieht und die vergessene Kunst und Frömmigkeit und Biederkeit der Väter wieder aus dem Grabe weckt als ein Gegengift gegen wälsches Unheil und flaches Leben und Treiben und Künsteln der nächsten Vergangenheit. Hehre Bilder des Lebens, hohe Tugenden, sicheren Weg des

Rechten und Einfältigen, teutschen Sinn, teutsche Sitte und Art und Kunst das mögen sie da schöpfen und mit dem zusammengiessen, was in diesen Tagen das Blühendste Feurigste und Lebendigste ist. So mag Gegenwart und Vergangenheit sich verbinden und die Gestalt der neuen Zeit vorbereiten; und nicht anders. Wer jenes nun doch schon längst verschollene und begrabene Leben als ein Lebendiges wieder unter die Lebendigen stellen wollte, wäre in einem traurigen Irrthum; er würde das Leben, das er stärken wollte, durch den Tod tödten. Nein jene Zeit des dreizehnten vierzehnten Jahrhunderts, jene begrabene Herrlichkeit schafft und bauet kein Sterblicher wieder. Hofft er nicht, daß diese Zeit sich fortschreitend in ihr selbst aus eigenem Lebenskeim entwickeln kann, so lasse er doch ab von solchem leeren Spiele mit dem Vergangenen, das so gespielt weder ein geschichtliches noch ein philosophisches Spiel heissen kann, und begrabe sich und seine Hoffnungen weinend unter den Trümmern der Zeit.

Wenn einige geklagt und auch wohl gescholten haben über den unsichern und losen

Zustand des Vaterlandes, als worin für die Zukunft äusserlich wenig Gewähr für Glück und Ehre sey, so haben viele Andere ganz keck erwiedert: Jetzt sey ein viel festeres gleicheres und haltbareres teutsches Wesen, als seit dem Untergange der mächtigsten Kaiser des Reichs, seit dem Jahre 1250, gewesen. Eben jener wunderbare Kaiser, wie er seit Friedrich dem Zweiten von Hohenstaufen mit einem Fuß auf der Erde, mit dem andern in der Luft stand, eben daß man einen Herrn und doch keinen Herrn hatte, das war das Unglück und die Schwäche des Vaterlandes, das war die Saat der Zwietracht und des Hasses, da wollte der eine immer unabhängiger seyn als der andere, der eine weniger thun als der andere, und deswegen stand das Reich verlassen da und keiner that und diente, wie er sollte. Nun sind alle gleich, stehen alle auf Einer Linie, sehen alle keinen großen Namen keine Person, die sie entzweien könnten, sondern das Eine ewige zugleich sichtbare und unsichtbare Vaterland die Eine ewige zugleich sichtbare und unsichtbare Ehre und Selbständigkeit des Reichs: sie sehen offenbar nun etwas Idealischeres und Geistigeres. Nun werden alle zusammenhalten müssen, weil bei Zwietracht zugleich der Untergang da wäre, da sie des äusseren Halters und des äusseren Halts entbehren.

Andere preisen auch das als ein großes Glück des heurigen Teutschlandes, daß es kein öffentliches, kein allgemeines Gut mehr darin giebt, welches seit den Hohenstaufen schon gleichsam als herrenloses Gut betrachtet und von den Gewaltigen und Fürsten nach und nach verschlungen war. Die letzte hungrige Zeit habe gottlob alle Bisthümer und Stifter und Reichsstädte und reichsunmittelbare Ritterschaften aufgefressen bis auf vier noch übrige Reichsstädte, welche zusammen doch nur einen mäßigen Bissen ausmachen. Die Fürsten werden bei Angriffen der Fremden hinfort mehr zusammenhalten und fester und treuer alle für Einen Mann stehen müssen, weil man sich vormals bei dem einzelnen Unglück oder der einzelnen Schlechtigkeit immer auf das allgemeine Gut verlassen konnte, wovon demjenigen, welcher von dem Seinigen verloren hatte, die Entschädigung ausgeworfen werden konnte. Bei künftigen Kriegen und Eroberungen werde nun aber nothwendig auch um das Daseyn und um die Herrschaft fürstlicher Familien gespielt werden, es werde mehr um die eigne Haut gespielt werden, denn von dem Reiche sey nichts mehr abzuschneiden. Daher müsse natürlich größere Treue Standhaftigkeit Tapferkeit Liebe und Hingebung des Einen für Alle und Aller für den Einen folgen.

Selbst solche giebt es, die es glücklich finden, daß England mit seinem Hanover so mächtige Wurzeln in uns hineingetrieben hat, daß selbst Dänemark bei uns noch vermehrt ist. Sie würden es auch ja wohl erwünscht finden, wenn Rußland und Frankreich — das sind ja recht mächtige Helfer — unter dem Titel des Besitzes irgend eines teutschen Landes Mitglieder des Teutschen Bundes hiessen. Man erinnere sich, was Frankreich schon bei den Unterhandlungen zu Münster und Osnabrück vor hundertundsiebenzig Jahren gern werden wollte, als Schweden als Herzog von Pommern und Bremen teutscher Reichsstand ward, und wie man sich dieses französischen Wunsches damals nur mit Noth erwehrte. Sie sagen, je mehr die großen Häuser, welche Europa beherrschen, mit Teutschland innerlich verbunden sind, desto sicherer wird das Land vor Umkehrungen und Zerstörungen seyn und den Frieden im Innern bewahren; diese fremden Herrscher, dann unserm Vaterlande und seiner Wohlfahrt so nah verwandt, werden zwischen den verschiedenen Staaten und Fürsten Teutschlands schon das Gleichgewicht erhalten, von welchem für das große Gleichgewicht Europas so viel abhangt. Und viele andere hohe und tiefe politische Weisheit kramen sie aus, wie denn manche Teutsche der Natur sind, daß sie mehr als alle andere Völker jedem Dinge und Verhältnisse, und wäre es der Teufel selbst, gelegentlich sein Nützliches und Vollkommenes ablauschen und andern erklären und auslegen können; so daß die Armen über allem dem Lauschen und Schauen und Betrachten und Erwägen und Schätzen der Dinge selbst nie zum Nutzen und zur Vollkommenheit gelangen können.

Jene Ersten, welche den jetzigen idealischen Teutschen Bund preisen, sprechen etwa so, als wenn man einem reissenden Strom den letzten Deich wegnähme und spräche:

Nun gottlob, daß auch diese Arbeit vollbracht ist; jetzt hat der wilde Herrscher der Ebene gar keinen Zügel mehr; er sieht ja, wie fromm wir ihn halten, und wird ja recht fromm seyn und unsre Felder und Wiesen künftig nimmer wieder verheeren. — Oder trauen diese Menschen jetzt auf einmal der Idee so Gewaltiges zu, daß sie fast ohne alle Leiblichkeit das Leibliche verbinden und zusammenhalten soll? trauen sie teutscher Liebe und Treue so Ungeheures zu? Ich mögte das auch gern — aber — — —

Die Zweiten sprechen aus einem Grunde, der mehr irdischen Boden hat und also zuverlässiger scheint, wo von irdischem Glücke und irdischem Besitz die Rede ist. Aber auch dieser Grund hat mehr Schein als Wirklichkeit. Giebt es in einer Gesellschaft von Fünfen und Zehen nicht leider zuweilen einen Dummen und Treulosen, der das Glück der Gesellschaft verräth oder verspielt? und sollte das nicht noch mehr unter Zwanzigen der Fall seyn? Bezeugt die Geschichte denn, daß wir immer so redlich gewesen und durch die Fremden ja mit den Fremden und in ihren Reihen streitend von den Eigenen nie haben gewinnen wollen? Ich spreche hier nicht bloß von der Gesinnung sondern noch mehr von der Einsicht. Redlichkeit ist immer die größte Einsicht und beste Klugheit der Sterblichen gewesen, des Einzelnen wie des Herrschers; jetzt wäre Redlichkeit mehr als je die Einsicht teutscher Fürsten, also treue Liebe und festes Zusammenhalten bis in den Tod. Denn was künftig mit Fremden in unredlichem Geheimniß gezettelt wird, das muß als verderbliches Netz nothwendig die Spinne bestricken. Aber jene hohe Einsicht, ihr lieben Freunde, welche eben die hohe Tugend der Fürsten ist? Wohin hat nicht Napoleon mit uns gaukeln können! und wohin hätte er weiter gaukeln können, wenn der zu ungeduldige Mann die rechte Tyrannengaukelei verstanden hätte! Wir können ihm nicht genug danken, daß er sein eignes Werk zerstört hat, oder Gott, daß er ihn verstockt hat, daß er es zerstören mußte.

Und die Dritten? Ueber dies Glück oder Unglück — je nachdem jeder es empfindet und ansieht — daß die Fremden so mächtig in uns sitzen und noch mehr Lust haben sich in uns zu setzen, liesse sich allein ein dickes Buch schreiben. Dieselben Menschen, die es priesen und als einen großen Weg Gottes wiesen, als die Franzosen uns besaßen, die damals in dem Völkergemisch eine große europäische Christenthumsepoche, einen ewig merkwürdigen Fortschritt der Weltbildung zur höhern Menschlichkeit weissagten und den ewigen Frieden und das glückselige Schlaraffenleben desselben den Faulen und Feigen im Hintergrunde zeigten, müssen ja auch die Einkehr der Engländer und Dänen bei uns und wenn noch andre Lust dazu haben glückselig und vortrefflich finden. Was haben sie nicht gefabelt, als Napoleon die Welt beherrschte und seine erhabenen Verbrüderungsentwürfe und Bundesanstalten der Welt ausposaunte! Damals ermahnten und trösteten sie die Teutschen, nicht zu trauren, wenn auch ihre Volksthümlichkeit und das teutsche Reich auf immer unterginge; sie hätten ja die hohe Bestimmung, die große Mischung und Zusammenverlebung der Völker einzuleiten und die stolze Idee eines wahrhaft christlichen Staatenbundes mit verwirklichen zu helfen. So sind auch jetzt, welche uns das Unglück und die Ohnmacht als ein Glück zeigen und behaupten, Teutschland müsse etwas Grösseres und Menschlicheres darstellen als eine abgeschlossene Volksthümlichkeit, die überhaupt mehr ein Wahn des Heidenthums als ein Recht des Christenthums sey; Teutschland sey das Herz des Welttheils und zu diesem Herzen müssen sich natürlich alle Völker drängen. Auch sey das teutsche Volk offenbar zu einem allgemeinen Volke bestimmt; so habe Gott ihm von Anbeginn das Gemüth gestellt und das Verständniß erleuchtet. — Das alles, mit allerlei zierlichen Weltansichten und frommen Betrachtungen verbrämt, sieht auf dem Papier auch ziemlich gut aus, wenigstens für die Einfältigen; aber in der Wirklichkeit wissen wir, was es uns bedeutet. Sie drängen sich zu uns, zu dem Herzen Europas, wahrlich nicht bloß, damit sie sich an unserer Liebe erwärmen, sondern öfter, damit sie uns unser frischestes Leben abzapfen; sie wollen in unsre Geschäfte mit hinein, damit wir nie eine stolze selbständige Gemeinschaft werden können. Mit welcher Eifersucht belauschen sie nicht jeden Athemzug eigenen Lebens und Wollens in uns, wovon nun gottlob doch wieder einige Spuren sind! wie beherrschen und belauren und bespähen sie die Geister, die sich in uns regen, und verklagen sie bei unsern Fürsten als die gefährlichsten und verbrecherischesten! Natürlich werden sie uns die Schläfrigkeit immer als teutsche Mäßigkeit, die Unterwürfigkeit als den christlichen teutschen Karakter und als teutsche Biederkeit deuten; was bei ihnen an der Seine und Themse Freiheit heißt, wird bei uns Empörung heissen; was ihnen Stolz und Hochsinn klingt, bei uns Ungehorsam und Zügellosigkeit klingen. Und wollen wir uns darüber wundern? — Ihre Hülfen und warum sie uns helfen und alle die herrlichen Lockungen und Versprechungen kennen wir nun über dreihundert Jahre. Und was von hohen Weltplanen der Vorsehung mit uns Teutschen und von höherer Ansicht des Christenthums in diesen politischphilosophischen Mischmasch mit hineingeschwatzt wird, das verstehen wir endlich auch zu würdigen. Das steht aber fest und ist die einzige teutsche Ansicht und Einsicht: M a n m u ß s t o l z f r e i u n a b h ä n g i g b e i s i c h s e y n, n i c h t d e r A e f f l i n g S c h ü t z l i n g u n d M ü n d e l d e r F r e m d e n, d a m i t m a n a l s V o l k d e n h o h e n B e r u f d e r M e n s c hheit und des Christenthums erfüllen könne.

Dabei also bleibt es, nach der Lehre der Geschichte der Welt und der Geschichte des Menschenherzens ist Teutschlands äusserer Zusammenhang und äusseres Zusammenband loser denn je, ja so los, daß diejenigen, welche sich vor dem Volke darüber aussprechen und die Mittel angeben und gebrauchen sollen, wodurch in den germanischen Staatenbau Festigkeit und Beständigkeit kommen könne, grade diese Punkte immer umgehen, aus Scheu, glaube ich, oder aus einem geheimen Grauen, daß etwa dann allen erscheinen mögte, was sie, wäre es möglich, ihnen selbst und allen gern verbärgen. Und sollen wir unsere Meinung noch einmal aufrichtig sagen, so loben wir es freilich, daß in der teutschen Bundesversammlung in Frankfurt wenigstens die Idee einer teutschen Gemeinschaft lebendig erhalten wird; aber daß, wie die Dinge und Verhältnisse unsers Vaterlandes und Europas gegenwärtig stehen, auch bei dem besten Willen ein so festes Band um die verschiedenen Staaten Teutschlands geschlungen werden könne, daß drinnen Freiheit Glück und Friede, draussen Beweglichkeit Geschwindigkeit und Wahrhaftigkeit da sey, daran zweifeln wir. Wir würden daran zweifeln, wenn auch bei allen teutschen Regierungen der beste Wille und die helleste Einsicht dessen wäre, was allen noth ist. Wenn wir nun auch den guten Willen nicht bezweifeln dürfen, so offenbart sich der Mangel an Einsicht bei vielen nur gar zu sehr.

In den allgemeinen Bestimmungen, die im Frühlinge 1814 in Paris entworfen und im Herbst und Winter 1814 und 1815 weiter entwickelt wurden, ist ausgesprochen „die teutschen Staaten sollen unabhängig seyn." Obgleich dabei auf die Idee eines gemeinsamen teutschen Wesens und eines gemeinsamen teutschen Vaterlandes hingewiesen ist, so haben sich die meisten Regierungen das Wörtlein nur zu gut gemerkt und es auf die völligste Selbständigkeit und Unabhängigkeit gedeutet. Wenn ich ein paar löbliche Ausnahmen abrechne, so will fast jeder kleine Staat, und zählte er nur 200,000 und 300,000 Seelen, als ein in sich geschlossenes und verschlossenes Ganzes da stehen und seinen Namen auch mit in die Weltgeschichte hineinstehlen, die aber solche leichte Spreu immer unbarmherzig zurückgestäubt hat. Man könnte es allenfalls verzeihen, wenn Preussen und Oestreich ihre Namen neben dem Namen Teutschland noch als bedeutend nennen; aber soll man nicht lächeln, wenn Wirtemberger Badener Hanoveraner Mecklenburger als eigene selbständige Völker sich brüsten und den Namen Teutsche unter sich setzen? Ja so weit sind die Kleinstaaten in der verblendeten monarchischen Thorheit gegangen, daß wer vom teutschen Volke und von teutscher Eigenthümlichkeit und Herrlichkeit spricht nicht bloß als ein altfränkischer Narr ausgelacht sondern hin und wieder fast als ein Empörer und Verbrecher verfolgt wird. Es ist so ein dunkles Gefühl in ihnen, daß Teutschland erst vergessen werden müsse, damit Nassau Mecklenburg Baden u. s. w. genannt werden dürfe. Darum haben fast allenthalben die Hof- und Polizeizeitungen stehende Artikel, wo über die sogenannte neue Teutschheit und Teutschelei und Teutschwuth, wie sie es betiteln, hergefahren wird. O wäre die alte geblieben! sie dürften dieser neuen nicht so spotten.

Wenn man dies thörichte Streben und Treiben so ansieht, wie selbst die kleinsten teutschen Staaten in monarchischer Verblendung in der Trennung vom Ganzen ihren Stolz und ihr Daseyn suchen, so weiß man nicht, ob man mehr lachen oder weinen soll. Können denn diese Kleinen und Schwachen nicht begreifen, daß grade der Name Teutschland, die Idee von Teutschland, der letzte Rest von Teutschheit, daß, was in allen Teutschen als Liebe Treue und Gehorsam, kurz als teutscher Geist und teutsche Art, lebt webt und liebt — daß grade das, und das allein, ihr dünnes und zerbrechliches Leben sichert? Diese sollten Mittelpunktssucher seyn, und sie sind Mittelpunktsflieher. Man mag das Gebet wohl über sie ausrufen: Vater, vergieb ihnen! denn sie wissen nicht, was sie thun. Wie sie sich aus dem heiligen Mittelpunkte des Volkes reissen und aus einzelnen Gauen und Bezirken Teutschlands Völker und Reiche machen wollen, wie sie ihr leichtes Leben, das so wenig Athem hat, von der Nabelschnur des großen heiligen Reiches lösen und sich aus eigener Kraft zu entwickeln und zu erhalten meinen, arbeiten sie auf das trefflichste vor den Fremden, welche auf Eroberung und den mächtigeren Eigenen, welche auf Verschmelzung lauschen könnten. Sie müßten grade, wäre es möglich, sie müßten heut und immer mit rastloser Sorge alle teutsche Funken, die noch unter der Asche glimmen, zu lichten Flammen des Muthes der Begeisterung und Liebe aufblasen; sie müßten sich als die unverdrossenen und unerschrockenen Pfleger des teutschen Geistes und der teutschen Tugend allen voranstellen, damit sie, wenn sie überhaupt bestehen können, durch die Lebendigkeit Herrlichkeit und Majestät des Ganzen beständen. Aber was zürnen wir für sie über sie? Sie müssen ja wohl so arbeiten, wie sie thun, sie müssen ja wohl einem dunklen Verhängniß in die Hand arbeiten, damit Teutschlands Schicksal erfüllet werde, das dann aber ganz anders ausfallen wird, als sie meinen.

So liegt Teutschland da, noch rings mit den Trümmern und dem Schutt des Alten umgeben, zum Theil durch diese Trümmer und diesen Schutt an freier Bewegung gehindert und gehemmt, zwischen der Liebe zum Alten und der Furcht vor dem Neuen schwebend und wankend, äusserlich gleichsam in einem matten und todten Stillstande erscheinend, während es innerlich gährt und sprudelt. Seine Feinde freuen sich, sie meinen, es sinke in sich zurück, es sinke in die Jahre 1780 und 1790 zurück, wo es bei der allgemeinen Gleichgültigkeit und Starrheit so leicht der Raub jedes Angreifers ward. Auch viele seiner Freunde scheinen der Jahre 1813 und 1814 und 1815 vergessen zu haben und stimmen mit ein: Nein, mit uns ist es aus, wir sind ohne Rettung verloren, unser Schaden ist unheilbar; wir können uns noch wohl zuweilen mit den Waffen aufraffen und gleich Männern gebärden, aber an politischer Weisheit und Tüchtigkeit sind wir so arm, bei allem unserm Vielwissen so dumm, daß wir aus dem zerfallenen Reiche nichts mehr bilden können. Und wie soll Teutschland bestehen mit seinen vielen Herren und vielen Willen, die sich in der Zeit der Noth und des Getümmels wie eben so viele Wirbelwinde begegnen und einander zerhadern werden, zumal wenn die Fremden, die mit darin sitzen und ihr leidiges Spiel mit hineinspielen, den äolischen Schlauch der Zwietracht öffnen? Wie soll dieses zertheilte und zerrissene Land sich halten in der Klemme zwischen den beiden mächtigsten Monarchien Europas, zwischen Frankreich und Rußland, die beide gewaltig kriegerisch und eroberungs-lustig sind? Zwar weist man auf die Verhältnisse zwischen den Herrschern auf den heiligen Bund und seine geheimen Zwecke und auf manche andere Erscheinungen des Tages als auf gewaltige politische Trostgründe hin; aber dergleichen Trost täuscht den nicht, der die Geschichte und die Menschen kennt; und schon die einzige Einwendung gegen diese Tröstungen wäre genug, daß alle Fürsten und Kaiser und Könige eben so sterben wie wir andere und daß die Besten oft die Schlechtesten zu Nachfolgern gehabt haben. Es ist hienieden kein sicherer Verlaß als auf Gott und auf die eigene Stärke und Tugend.

So trostlos und hoffnungslos sehen viele die Lage des Vaterlandes an und haben ausser diesen beklagten und beseufzeten Gebrechen und Gefahren noch viele andere Gebrechen und Gefahren und Gespenster und Schrecken der Zukunft, die wir auch wohl kennen und die in den letzten Jahren genug ausgesprochen sind. Wir sehen mitten in dieser Verwirrung und Dunkelheit doch ein schönes helles und heiteres Licht, das uns, wann wir verzweifeln wollen, tröstet und aufrichtet. Jener herrliche

Geist, der in den Jahren 1813 und 1814 blitzte und leuchtete und das Vaterland aus Schande und Elend riß, ist noch da, er schwingt sich unsichtbar fort, er glühet und wehet im Stillen und Verborgenen, wie viel Wasser und Schmutz gewisse geflissene Diener der Furcht und Feigheit auch darauf giessen, damit sie ihn ersticken. Jenes Heiligthum von Kaiser und Reich, was zwar immer noch seine stillen und frommen Verehrer und Anbeter hatte, was aber die letzten Jahrhunderte zur Wonne des Himmels und der Erde keine Blüthen und Flammen mehr hervortreiben konnte, ist auf eine andere Weise wieder da: die unsichtbare und heilige Idee von Volk Freiheit Vaterland Teutschheit, die eben, weil sie unsichtbar ist, allenthalben lebt webt und wirkt, blüht und glüht zu allmächtig in allen teutschen Herzen, als daß die schlechteste irdische Gewalt, die eben, weil sie nur Irdisches will, auch die Erde verlieren muß, die leichtgefiederten und mächtig waltenden Geister fassen könnte. Bei dieser schönen Gesinnung und Stimmung im Volke, die grade durch ihre Stille und ihren Gehorsam auch gegen das Widerwärtige und Feindselige inneren Kern und feste Gediegenheit verkündigt, bleibt es nun freilich die unerlaßliche Pflicht eines jeden, dem in das Herz und den Mund eine Kraft gegeben ist, woraus Trost Ermahnung und Warnung für viele hervorgehen kann, daß er im Vertrauen auf Gott die heiligen Flammen schüre und die schönen Hoffnungen nähre.

Und es sagen auch die Frommen: Lasset die Welt gehen, wie sie will, Gott hat sie so viele Jahrtausende regiert und erhalten, er wird sie auch ferner regieren und erhalten. Bei allen den politischen Sorgen und Klagen und Anklagen und Schriften und Geschwätzen kömmt doch nichts heraus. Seyd nur redlich, seyd nur fromm, hofft und trauet nur auf ihn, so wird euch das Andere alles von selbst zufallen.

Und wir stimmen ihnen bei, nicht in ihrer Sorglosigkeit der irdischen Dinge — denn Gott hat uns die Vernunft gegeben, daß wir die Erde nach seinem Bilde verwalteten, daß sie ein Reich der Freiheit und Freude werde, er hat uns das Gebot gegeben uns gegen das Unrecht zu wehren und das Böse zu strafen — sondern in ihrem Glauben. Wir sagen denn auch zu den Teutschen: Bleibt ihr nur fromm redlich gerecht mäßig und tapfer; dient ihr nur in Gehorsam und Geduld dem Unvermeidlichen und Verhängnißvollen, was über euch gekommen ist, aber gebt nie das höchste Streben und die muthigste Hoffnung auf; nehmt ihr nur demüthig und dankbar hin, was Gott euch als Glück beschert; gebt ihm immer allein die Ehre und den Sieg, und nicht euch und eurer List und Kunst — so werdet ihr nicht als Spreu unter den Völkern zerstoben werden, so werdet ihr nicht ausgelöscht werden aus den Büchern der Geschichte. Denn Gott ist ein gnädiger Gott und ein gerechter Gott, und er kann die Verhältnisse der Völker und Teutschlands Schicksale wohl so wenden, daß einst Freude wird, was jetzt Trauren ist.

Aber schließlich muß ich hier wieder an Eines erinnern, woran ich schon mehrmals erinnert habe, und was jedem einfällt, der die gegenwärtige Lage der Dinge politisch betrachtet. Wenn wir zehen Jahre Frieden behalten, wenn nicht Pesten und neue unbekannte Seuchen kommen und aufräumen, so überfüllen manche Länder Europas, namentlich Teutschland Frankreich und Italien, sich leicht mit Menschen. Von diesen drei Völkern geht der Teutsche am leichtesten in alle Welt und auch in die Neue Welt. Aber der Abfluß nach dieser Neuen Welt kann sich einst auch sperren und hat sich für die Franzosen schon größtentheils gesperrt, welche dort nur noch einige Besitzungen haben. Wo soll denn aber die wimmelnde und unruhige Volksmenge Frankreichs hin, welche sich nicht einzeln so über alle Welt verfließt wie die teutsche? Wo muß sie hin und wo will sie hin? Nach Teutschland! nach Teutschland! Das sagen uns die Franzosen unverholen selbst, und wir wüßten es wohl, auch wenn sie es nicht sagten. Das ist unsere Aussicht. Wir zittern und zagen davor nun eben nicht — das ist nicht noth, wenn wir einträchtig und brüderlich zusammenhalten — aber Freude ist bei dieser Aussicht einer ewigen Balgerei um nichts auch nicht. Christlich und politisch müssen wir denn auf ein anderes Feld hinblicken, auf welchem Europa seinen Menschenüberfluß auf eine edlere Art verwenden kann. Nicht immer nach Westen sondern nach Osten muß einmal wieder geschaut werden, Europa muß wieder nach dem alten Geburtslande zurückblicken. Hier ist eine schöne und große Aufgabe für den heiligen Bund. Europa muß einmal wieder auf Asien und Afrika zurückfliessen und durch Christenthum und Menschlichkeit jene Länder verjüngen, die in der gräulichsten Barbarei verfault oder verwildert sind. Da ist die Barbarei, ein herrliches Land, da ist Aegypten und Syrien, Kleinasien und Griechenland mit seinen reitzenden Inseln. Wenn diese große Sache der Menschheit im Sinne eines christlichen Kreuzzuges aufgefaßt und ausgeführt würde, wenn europäische Heere und Flotten vorangingen und zuerst die Festungen und Häfen besetzten, und wenn Kolonien immer lustig nachzögen, so könnten Afrika und Asia wieder christlich und Europa auch von dieser Seite zugleich verherrlicht und befriedet werden. Wie leicht die Ausführung wäre, hat Aegypten gezeigt, welches ein französischer Feldherr mit 30,000 Mann in wenigen Wochen eroberte und sich so fest darin setzte, daß es ihm nur durch Europäer wieder abgenommen werden konnte.

Hier würde Menschenblut menschlich und christlich und für hohe und heilige Zwecke vergossen werden. Aber die Politik, der Eigennutz, die Eifersuchten und andere Suchten der verschiedenen Mächte? Wie leicht es auch wäre, wenn alle redlich wollten, doch wird es durch freie christliche Uebereinkunft nicht zu Stande kommen. So klingen einem tausend trostlose Stimmen entgegen. Aber eben daß das Schwere das Großpolitische und Großchristliche zu Stande komme, dazu ist ja der Heilige Bund, und das muß ja sein Name bedeuten.

III.

Verfassung und Preßfreiheit.

Es ist viel Getümmel Lärm Geschrei und Verwirrung in der Zeit, Klage der Zweifelnden und Freude der Hoffenden, Jauchzen oder Wehgeheul, Jammer der Verwundeten und Besiegten und Jubel der Frischen und Siegreichen; und darunter spielt und schreit und jauchzet und jubelt und heult und flucht und horcht und lauscht und kriecht und schleicht und läuft und rennt ein gedungenes unter mancherlei Larven und Masken verkapptes immer erscheinendes und immer wieder verschwindendes Gesindel, das die Verwirrung noch vermehren soll. Das kann ja nicht anders seyn, wo eine vergangene Zeit zu Grabe gegangen ist oder doch zu Grabe gehen soll und eine neue durch die Wehen der Verwandlung geboren werden und die Stelle jener einnehmen soll. Daß diesem wirlich so sey, wird keiner leugnen, am wenigsten ein solcher, den viele beschuldigen, er gehöre mit zu den Schreiern und Verwirrern. Aber was sagen gewisse Leute über das Geschrei und die Verwirrung? welche Folgerungen ziehen sie daraus? Jene Gewissen meine ich, welche den alten Moder und die faule Leiche der Vergangenheit einbalsamiren und aufrichten und verzieren mögten, als ob noch Leben in ihnen wäre, damit wir alle des langsamen Todes daran mitverfaulen und mitverwesen?

Diese Gewissen sagen ungefär Folgendes: (Sie sagen es immer wieder, und deswegen müssen wir Oftgesagtes leider auch wieder sagen.)

In allem diesem Gelärm und Geschrei und Getümmel, das einem anfangs vorkommen könnte, als gehe es aus dem ganzen Volke hervor, ist gar keine allgemeine Noth noch ein allgemeiner Trieb, der es hervorbringt, sondern bloß einzelne Schreier und Verwirrer spielen ein so täuschendes Spiel, daß sie einem oft dünken können, als seyen es Millionen Stimmen und Herzen, die zugleich erklingen. Diese Schreier haben das Feuer angezündet, das uns zu verzehren droht, sie haben die Flamme angeblasen, welche uns auf eine höchst gefährliche und ungesetzmäßige Weise von der Tyrannei Napoleons und der Franzosen befreit hat, sie haben die Lehre von der Landwehr und dem Landsturm aufgebracht, und schreien nun überlaut von Preßfreiheit und ständischer Verfassung und Volksvertretung. Noch zieren sie sich zuweilen mit einigen menschlichen Scheinen, sie wollen aber im Grunde nichts anders, als was die Marats und Barreres und Fouchés einst wollten, Umkehrung aller göttlichen und weltlichen Ordnung, Umsturz aller Thronen, Aufhebung aller Ungleichheit der Stände, Erniedrigung des Adels und Erhöhung des Pöbels. Wie gefährlich aber diese Bande ist und wie mächtig ihre Grundsätze täuschen und blenden, erhellt wohl am besten daraus, daß sie selbst vielen Männern der höheren Stände, die sie doch verderben will, eingebildet hat, sie meine es ehrlich, sie habe ein Vaterland und eine würdige Einrichtung und Ordnung des Vaterlandes vor Augen.

Zahlreich ist diese zusammenverschworne Bande nun freilich nicht. Das teutsche Volk ist zu treu und rechtlich und bei der weisen gerechten und milden Regierung seiner Fürsten zu glücklich, als daß es auf das leere

Schellengeklingel sonderlich achten sollte; aber eben, weil sie zusammenverschworen ist, kann sie unter immer neuen Gestalten und Verkleidungen und Erscheinungen viel zahlreicher dünken, als sie ist. Und so ist es ihr gelungen, daß sie vielen vielen die Augen voll Sand gestreuet hat, daß sie die wahre Lage der Dinge, den wahren Zustand des Vaterlandes, das wahre Bedürfniß die Zeit nicht mehr, wie sie sind, wahrnehmen können, sondern hie und da in ein Geschrei mit einstimmen, das ihnen gar nicht von Herzen geht und wovon sie die Bedeutung und die tiefe Bosheit gar nicht ahnden. Das hat diese Bande aber mit allen Banden gemein, welche unter schönen Scheinen und unter der Losung Vaterland und Freiheit verbotenes Spiel treiben, daß sie dem Volke und der Jugend schmeichelt und der letzten besonders einbildet, sie sey viel edler fester ernster teutscher männlicher züchtiger und gelehrter als die, welche jetzt Männer und Greise sind, in ihrer Jugend waren, sie sey berufen das auszuführen, wozu jenen der Muth und der Schwung und Flug der Gedanken und Gefühle fehle, Ein großes mächtiges Teutschland und Ein groſses herrliches teutsches Volk zu machen.

Aushängeschild ist, wie es von jeher bei allen Solchen war, Noth und Gefahr des Vaterlandes, schlimmste und gehässigste Schilderung der Gegenwart und glänzende Ausmahlung der Zukunft, kurz Uebertreibung aller Dinge und Heraustreiben der Menschen aus den Gränzen der Mäßigung und Ruhe, damit sie auf der Jagd nach dem unmöglichen Schein des möglichen Wirklichen das Glück und die Stille der Gegenwart, den Gehorsam und die Treue gegen die Obrigkeit und die Geduld und das Vertrauen auf Gott verlieren. Darein tönen denn die hohen Klänge der Zeit von Menschenrechten und Bürgerrechten von Verfassung und Volksvertretung von Geistesfreiheit und Preßfreiheit, alles in der heissen und heftigen Sprache einer verwirrten und tollen Einbildungskraft, damit die Spannung und Wildheit der Gemüther, woraus diese elenden unwissenden und pöbelhaften Menschen ihr Heil hoffen, immer verblendeter und toller werde.

Das ruhige und mäßige mit seinem Zustande zufriedene und glückliche teutsche Volk nimmt daran, wie gesagt, zwar wenig Antheil, zumal da dies Geschrei gar nicht aus einem allgemeinen Willen und einer allgemeinen Noth hervorgeht sondern nur der ewige Lügenkukuksgesang einiger Wenigen ist, aber doch könnte es auf die Länge verführen, wenn man keine Dämpfer dagegen anbringt. Die süße Musik von Herrlichkeiten, wie sie nie unter diesem Mond gesehen worden, und von Hoffnungen, welche hienieden immer ein Traum bleiben müssen, kitzelt endlich doch die Ohren, welche sie täglich hören. So sind allerdings Gegenstände, die vor zwanzig Jahren kaum unter einigen Staatsmännern und Gelehrten Teutschlands etwa ein halbes Stündchen verhandelt wurden, hie und da schon in den Schenken und auf den Jahrmärkten Volksunterhaltung geworden. Man hört jetzt leider Schuster und Schneider in Teutschland über Polizei Preßzwang Verfassung Landstände und hundert andere Dinge sprechen, von welchen ihre Väter und Großväter glücklicher nicht einmal die Namen wußten. Aber obgleich es dahin gekommen ist, daß Groß und Klein davon schwatzt und daran Theil zu nehmen scheint, so sitzt es doch gar nicht im Volke fest, es ist ihm nur so angeschwatzt und angegaukelt. Jedes Volk hat seine Eigenthümlichkeit. Der stille ernste tiefsinnige und in sich gekehrte Teutsche will und mag das Laute und Oeffentliche gar nicht, er ist auch von Natur unbehülflich und ungeschickt zu öffentlicher That und Rede. Alles das überläßt er, damit er seinen Geschäften Gewerben und Studien obliegen und seiner häuslichen Freuden geniessen kann, der Weisheit und Gerechtigkeit der Regierungen und der stillen und geheimen Verhandlung der Dinge, wodurch die Welt sicher geführt und sein Glück und sein Friede mit bewahrt und beschirmt wird. Die neue Lehre ist nicht seine Lehre; sie spukt gottlob nur in einigen verbrannten Köpfen und verruchten Herzen. Was sollte der Teutsche, der stille ordentliche mäßige Mensch, zum Beispiel mit der so gepriesenen Preßfreiheit anfangen? Die gehört einem rauhen unruhigen und groben Volke wie die Engländer. Wie sollte er sich je an die Unanständigkeit gewöhnen, daß einige übermüthige Pamphletisten seine würdigsten Staatsmänner Minister und Gelehrten lächerlich machen, daß ein jeder Käsekrämer und Schwefelstickenhändler ihre verehrten Bilder dem Pöbel zur Ergötzung in Verzerrungen in seinem Laden auslegen und verkaufen dürfte? Und eine Verfassung und Volksvertretung mit öffentlichen Verhandlungen und öffentlicher Rede was sollte die dem Teutschen? Wollt ihr denn das liebe stille geduldige und gehorsame Volk gar verderben? wollt ihr denn alle milden und häuslichen Tugenden, weswegen die Teutschen von jeher gepriesen wurden, aus ihren Herzen rotten? wollt ihr aus stillen frommen gottseligen Menschen unruhige freche verwegene Gesellen machen? Dann gebt ihnen in Gottes Namen Landstände und Verfassungen und freies Stadtrecht und eigene Polizei, die sie gar nicht wollen, die nur einige Wenige wollen für verbotene Zwecke und verderbliche Plane des Ehrgeitzes und der Habsucht.

Und wenn wir auch zugestehen wollten, was wir nach unserer Ansicht und Ueberzeugung nicht können, daß das Volk wirklich dergleichen wünsche und verlange, was sie

Stände und Verfassungen nennen, daß es wirklich mit den Herzen mit in dem Geschrei von Preßfreiheit und Verfassung sey, immer kann doch kein Mensch klug daraus werden, was es denn eigentlich begehrt und will. Da sind so viele Meinungen und Entwürfe als Köpfe und Herzen; es ist, als wenn Ost und West und Süd und Nord mit einander kämpften und Ordnung zusammenblasen sollten; es rennt und läuft und schreit und lärmt und wünscht und hofft ja alles wild und richtungslos durch und gegen einander, und so groß ist die Verwirrung der Begriffe Ansichten Entwürfe Wünsche und Forderungen, daß diejenigen verrückt wären, welche sich mit einem so verworrenen Haufen hinsetzten und eine neue Weltordnung stiften wollten. Wo keiner weiß, was er will, da will er im Grunde nichts, und du sollst dich hüten das blinde und unbändige Thier, dem so leicht Hörner wachsen können, ohne Zügel laufen zu lassen. Darum, ihr Fürsten, wenn ihr aus Gnaden auch Stände einrichten und Verfassungen geben wollt, um Gottes willen nur jetzt nicht! nur in diesem überspannten, überreitzten und verwilderten Zustande nicht! Macht die Völker erst wieder zahm, laßt die Gemüther sich erst wieder sänftigen, die Geister sich abklären und erhellen. Jetzt könntet ihr durch solches, was ihr doch als ein wohlthätiges Geschenk meintet und verliehet, einen Brand unter die Völker werfen, den ihr nachher nicht zu löschen vermögtet.

Ueber die ersten Aussprüche jener Gewissen, über eine gewisse zusammenverschworne Bande teutscher Jakobiner, womit sie seit einigen Jahren das Volk unterhalten haben, will ich nichts weiter sagen, da schon zu viel darüber gesagt ist, und da mir von ihnen die Ehre widerfährt, daß ich mit dazu gerechnet werde, und ich also in meiner eignen Sache das Wort zu nehmen schiene, was Verdacht und Haß mit sich hat. Doch will ich mit der unschuldigen Keckheit, womit sie ihre Behauptung aussprechen, die Gegenbehauptung zurückgeben, daß die gute Mehrheit des Volkes glaubt, daß jene sogenannte zusammenverschworne Bande keine Jakobiner sind und nichts Jakobinisches noch Verderbliches sondern etwas Teutsches Freies und Ehrliches wollen, aber daß grade in jenen Gewissen das schleichende und giftige Jakobinische wohne, woraus nothwendig Erbitterung Haß Hetzereien und Anklagen, Kälte und Mistrauen zwischen Fürsten und Volk, kurz das vieldeutige und vielnamige und inhaltschwere Ding, was der Jakobinismus heißt, geboren werden müsse. Eine Anklage ist der andern werth, und wir kennen einander zu gut, als daß ich mit geheuchelter Freundlichkeit den unheilbaren Schaden zudecken sollte. Es ist ein Glück, daß es in Teutschland nach zweihundert Jahren einmal wieder zu dem Leben gekommen ist, daß von politischen Feindschaften die Rede seyn kann.

Aber über die beiden letzten Aussprüche muß Einiges gegengesagt werden.

Man hört jetzt von vielen Seiten, besonders in den öffentlichen Blättern, die im Namen der Regierungen und Polizeien unter das Volk ausgelassen werden, die Preßfreiheit dünke dem teutschen Volke etwas Wildes und Widerliches, sie sey seinem ganzen Karakter etwas Unnatürliches und Verderbliches; auch mit dem Verlangen und der Bitte um Verfassungen und Stände sey es ihm gar nicht so Ernst, als gewisse Leute vorstellen: es befinde sich unter der Obhut weiser und menschlicher Gesetze und unter dem Schirm milder und sanfter Regierungen zu glücklich, als daß es etwas Neues und Anderes nur wünschen könnte. Beide Behauptungen sind eine Lüge, so wie das eine Lüge ist, daß der Wunsch und das Verlangen nach diesen hohen Gütern eines freien und braven Volkes bloß in dem Wortgeklingel einiger wenigen Schreier und Schriftsteller rundläuten und sonst wenig gehört werden. Nein; wenn diejenigen, welche das Volk regieren, auch das Volk kennten, wenn sie dahin kämen, wohin sie kommen sollten, dahin lauschten, wohin sie lauschen sollten, so würden sie anders darüber urtheilen. Es ist in den letzten Jahren über diese Gegenstände freilich viel geschrieben und verhandelt worden, ihre Wichtigkeit und Nothwendigkeit ist gottlob in viele Herzen durchgedrungen, aber doch waren die meisten Schriften und Bücher, welche die Teutschen über politische Dinge bis jetzt zu Tage gefördert haben, meistens der dunklen Natur und in einer so gelehrten unlebendigen und unvolklichen Sprache verfaßt, daß das Volk wahrlich wenig davon gelesen hat. Und doch hat ein jeder die große Glocke der Zeit schlagen hören, und weiß wohl, wer an dem Glockenstrange zieht; ja der einfältigste und ungebildetste Bauer und Bürger empfindet und versteht und spricht aus, was in allen Menschen als Wunsch und als Bedürfniß lebendig ist; ja wer nicht schreiben und lesen kann, versteht es doch und spricht es aus. Dahin ist es bei uns gottlob gekommen, so weit ist ein öffentlicher Sinn, ohne welchen ein Volk als Volk nichts ist, erwacht, daß der Bauer und Handwerksmann jetzt richtiger fühlt, worauf es in der Zeit ankommt und was das Vaterland und die Welt bedarf, als vor zwanzig und dreißig Jahren der Gelehrte und Edelmann. Was so aus allen herausklingt, ohne daß es hineingebracht ist, was so allen ohne Lehre offenbart wird, das liegt viel tiefer, als Bücher- und Polizeiminister tasten können, das kömmt von einer gewaltigeren Macht, als die etwa in ein paar hundert Schreibfedern sitzt. Und sie werden sie fühlen müssen, wenn sie sie nicht erkennen wollen. Auch ist dem Teutschen bei dem Ruf und Klang von Verfassung und Ständen und öffentlicher Verhandlung der Dinge um sein friedseliges gehorsames Gemüth um seine stillen und häuslichen Tugenden und seinen milden und demüthigen Karakter nicht so bange, als jene Gewisse gewissen Andern einbilden mögten. Er weiß jetzt, nachdem er Jahrhunderte in einem fast matten und trüben Zustande, in einer starren Lähmung seiner feurigen und geistigen Kräfte verträumt hat, daß es noch eine höhere Aufgabe des Lebens giebt, als in mattherziger Zufriedenheit und Sorglosigkeit der Dinge ausser ihm mit Weib und Kindern hinter dem Ofen zu sitzen und die Hände über einander zu kreuzen; er weiß jetzt, daß er der stillen und sanften Freuden der Menschlichkeit Liebe und Freundschaft, daß er der schönen Häuslichkeit desto frischer und würdiger geniessen wird, je frischer und würdiger er draussen gewandelt und mit andern für und um Recht und Ehre gekämpft und gestritten hat; er weiß, daß derjenige noch kein wilder und frecher Frevler und Barbar ist, welcher auf Vaterland und Freiheit und auf vaterländische Gesetze und Ordnungen stolz ist.

Die Leute wissen nicht, was sie wollen, sagen die Gewissen, und wer nicht weiß, was er will, der will eigentlich nichts, und seine Leidenschaften und Wünsche laufen in das Wilde und würden alles verwildern und zerstören und das Oberste zu unterst kehren, wenn man ihnen Raum gäbe. — Auch hier wird das arme Volk wieder belogen. Was sie wollen, das wissen sie recht gut, sie wollen eine gesetzliche Verfassung, sie wollen feste Landstände und geregelte Einrichtung und Vertretung dieser Stände. Dies ist das Was, worüber vom Rhein bis zur Oder und Weichsel nur Eine Stimme ist; aber über das Wie sind die Stimmen allerdings sehr verschieden, und da hört man die zwieträchtigsten und zum Theil die wunderlichsten und verworrensten Ansichten Urtheile und Meinungen, aus welchen aber immer mehr Unkunde und Unverstand der politischen Einrichtungen und Verhältnisse als böser Wille hervorgeht. Diese Verschiedenheit der Ansichten und Meinungen und diese Unkunde der politischen Dinge ist in Teutschland die allernatürlichste, wo alle sonst bestandene politische Ordnungen über einander geworfen und zerrüttet sind und wo in vielen Landschaften seit lange keine ständische Verfassungen mehr waren. In dieser Verschiedenheit und Verworrenheit der Menschen über das Wie der künftigen teutschen Verfassungen finden die Ankläger und Weissager teutscher Umwälzungen und Jakobinerklubs den Grund, warum aus der Verwirrung nur noch größere Verwirrung werden müsse; auch warnen sie die Fürsten, nur jetzt nichts Neues zu machen noch zu bewilligen, das Volk sey noch nicht reif dazu, die Geister seyen noch zu lebendig und unruhig. Man setze dabei alles aufs Spiel, und könne nichts dadurch gewinnen noch bessern.

Ich kann kaum einen Namen aussprechen, der für solche Beschuldigungen des teutschen Volks, wo man Aufruhr Brand Mord und Todtschlag im Hintergrunde zeigt, schlimm genug wäre. Die Wünsche des Volks haben sich allenthalben laut und unverhohlen aber bescheiden ausgesprochen; und wo kann man Aufruhr und Gräuelthaten zeigen? Ja so ruhig und sanftmüthig ist dieses gute Volk, daß es selbst damals, als in manchen Landen alle Bande zwischen Unterthan und Obrigkeit zerrissen waren, als es eine Zeitlang ganz frei war seinem Triebe zu folgen, nicht aus den Schranken des gewohnten Gehorsams getreten ist und selbst gegen seine Frevler und Plager solche Thaten nicht gezeigt hat. Ich meine den ewig denkwürdigen Herbst des Jahrs 1813. Hat sich in der Altmark im Magdeburgischen Braunschweigischen Hessischen in Westfalen solches begeben? sind damals Herren Minister Beamte — nicht wahr, sie waren alle als würdige Männer geehrt und geliebt? — zerrissen ermordet erhängt verbrennt? sind damals im Jubel der jungen Freiheit, wo alles im Taumel durch einander ging, blutige Ausschweifungen eines Zorns begangen, der gereitzt genug war? Und was am dürren Holze nicht geschah, das sollte nun am grünen geschehen? O daß sie sich schämen könnten mit ihren elendigen Verleumdungen und Einflüsterungen und Einschüchterungen schwacher Seelen!

Also matt lahm dumm und stumm taub und blind sollen wir wieder werden? unser entsetzliches Leid und unsre unendliche Wonne der letzten fünfzehen Jahre sollen wir wieder vergessen? zu dem faulen nichtigen gleichgültigen und auf nichtige und gleichgültige Dinge und Genüsse gerichteten Leben sollen wir wieder zurückdämmern, weswegen diese Ankläger die Zeit der Jahre 1770 und 1780 so glückselige und friedselige teutsche Zeiten nennen? Wann wir zu der Elendigkeit heruntergekommen sind, daß niemand mehr an ein Teutschland an ein Vaterland noch an Gesetzlichkeit und Verfassung denkt, dann mögen die Fürsten uns gefahrlos aus Gnaden Verfassungen geben. Aber antwortet uns ehrlich: Sollten sie sie wohl geben, wann keiner sie will und verlangt? Und was würde das für eine Verfassung werden, wo derjenige Theil, der sie erleuchten und beleuchten soll, dumm und blind und ohne alle Liebe und Leben wäre? Zu jedem Handel gehören zwei sagt ein gemeines Sprichwort.

Man hat in unsern Tagen wohl mit zu großer Allgemeinheit gesagt: Gegebene Verfassungen sind keine Verfassungen und haben nimmer Freiheit und Gesetzlichkeit geschaffen; aber für die Regel hat man gewiß Recht. Die Geschichte ist die Offenbarung Gottes und der

Völker, und diese lehrt uns freilich, daß die besten Verfassungen meistens im Gedränge von großen Kämpfen und Gefahren oder wenigstens in solchen Zeiten geworden sind, wo nach großen bestandenen und durchgesiegten Gefahren, im Gefühle großer Thaten und Werke, welche Menschen vollbracht hatten, alle Gemüther auf das Höchste gerichtet und gespannt waren, kurz wo die Geister lebendig und wach waren. Denn Gott giebt den Menschen das Glück selten im Traum, obgleich die Frommen sagen: Gott giebt's den Seinen im Schlaf. Wir haben jetzt grade eine solche Zeit großer Thaten und Gefahren durchlebt; darum sind auch die Sinne und Geister noch auf etwas Hohes gerichtet, darum wollen alle das Würdige Feste und Gesetzliche, wodurch die Gegenwart Ruhe und die Zukunft Stärke bekomme; sie wollen das Matte Knechtische Willkührliche verbannt, sie wollen den schweren papiernen Tand, worunter alle Geister in der stummen Geheimnißkrämerei der Regierung und Verwaltung ermatten, durch ein lebendiges Leben weggeblasen wissen; sie wollen, was sie als ihr Recht und ihre Pflicht und als die unabweisliche Forderung der Zeit ansehen. Noch ist Fluth und Gluth in den Herzen, noch ist der Muth frisch, die Hoffnung grün, das Streben edel, noch sind alle hohen Schwünge der Jahre 1813 und 1814 nicht ausgeschwungen: jetzt könnte noch etwas Lebendiges und Tüchtiges werden.

Man wirft denen, welche so sprechen, immer die Gefahren entgegen, welche die Staaten bei neuen Schöpfungen laufen. Ich würde vielleicht mit diesen Warnern einstimmig seyn, wenn die ganze Welt nicht schon neu geworden wäre, wenn die meisten Staaten nicht ihnen selbst unbewußt von neuen Kräften getrieben und regiert würden. Aber wie die Sachen nun stehen, muß früher oder später diese gefahrvolle Arbeit, wenn sie eine solche ist, doch begonnen werden, und vielleicht dann, wann man auf den Trümmern neuer Gefahren treibt. Lächerlich genug führen die Gegner von Verfassungen und Warner der Fürsten und Minister immer die zum Theil recht abgeschmackten und übertriebenen Forderungen und Theorien von Verfassungen an, welche in Büchern und Pamphlets rundlaufen und welche allerdings für diesen untermondlichen Planeten meistens unstatthaft und unausführbar sind;

sie weisen dabei darauf hin, viel Tolleres und Verrückteres würde noch zum Vorschein kommen, wenn nun aus den verschiedenen Klassen des Volks wirklich Abgeordnete erwählt würden, welche mit der Regierung über die Einrichtung und Anordnung der Dinge rathschlagen sollten. Diese Verkehrtheiten und Ausschweifungen der Gedanken und Ansichten haben aber nicht so sehr in einem bösen oder verworrenen Herzen ihren Grund, als in der Lage Teutschlands, wo es den politischen Ideen bei ihrer Anwendung auf die Wirklichkeit eben in der Wirklichkeit zu sehr an einem festen Punkte fehlt. Die meisten Menschen in Teutschland wissen recht gut, worauf es ankömmt und was sie bei den Verhältnissen und dem politischen Zustande des Reichs fordern können. Das werden sie mit Mäßigkeit bitten und mit Gehorsam und Treue empfangen. Sie wollen nur, was ihre Väter zum Theil recht glücklich gehabt haben, Landstände, doch so, daß ausser dem Adel und den Städten auch noch die jetzt zur vollen Freiheit mündige Bauerschaft und hie und da auch die Priester und der gelehrte Stand daran Theil haben. Es kann bei uns auf keinen französischen Prunk und keinen englischen Stolz abgesehen seyn; wir wollen nur das Nächste, das Nothwendige.

Es ist scherzhaft zuweilen auch ärgerlich zu sehen, wie das, was die politischen Theoristen zum Theil über alles Mögliche ja weit über diesen Planeten hinaustreiben, wie die Ausschweifungen und Verrücktheiten metaphysischer und metapolitischer Ideen über Staat und Staatsverfassung andere Leute in der entgegengesetzten Richtung über die Linie hinausschnellt und wie sie, was jene zu weit aus der Majestät der Idee und des ursprünglichen Rechts folgern, bloß aus der Majestät der Gewalt und des Besitzes herfliessend gefolgert wissen wollen. Da klingt es immer Gnade und Gnade und alles aus Gnaden und nichts aus einem Rechte oder aus einem Rechte und einer Uebereinkunft geschlossener Vertragsverpflichtung, ja die Lehre von einem Vertrage zwischen Regierenden und Regierten, von einer Stellvertretung des Volks, von Rechten, die auch der Kleinste von dem Größten fordern könnte, heißt eine Lehre der Verruchtheit und Verworfenheit, allein von der Philosophie der drei letzten Jahrhunderte gebohren und in der

Geschichte nirgends Grund noch Beleg habend. So hat sich besonders ein Herr von Haller, ein Berner Hochmögender mit seiner hochmögenden berner Gelehrsamkeit in zwei Büchern breit ausgelegt, deren er noch mehrere verspricht, von Gott berufen, wie er von sich rühmt, aller philosophischen Schwindelei über Verfassungen auf immer ein Ende zu machen und Europas Heil und Frieden auf unerschütterlichen Gründen zu befestigen. Dieser Mann, der die höchsten Namen auf das frechste mishandelt, der seine Gegner auf jedem Blatte der Verwirrung der Begriffe und Verfälschung der Geschichte beschuldigt, leugnet, damit er seiner dicken Lehre Halt gebe, mit einer unbegreiflichen Frechheit selbst alle Geschichte ab und spielt mit dürren Worten aus: Glück und Gewalt sey alles, Gnade sey für Recht, Gnade könne der Regierte und Unterthan von dem Herrscher nur bitten, Verträge in dem neuen Sinn zwischen Regierern und Regierten Fürsten und Unterthanen, auf Ideen von Staat und sogenannten getrennten Gewalten gegründete Staaten habe es nie gegeben. Wie dieser machen es noch viele andere und ziehen auch das Christenthum und die erhabene

Lehre christlicher Demuth und christlichen Gehorsams und christlicher Hingebung und wie diese Erde mit ihren Gütern und allem Trotz und Stolz darauf ja ein vergängliches Nichts sey, immer mit hinein. Mir däucht aber, diese Lehre sollten sie nicht den Elenden dieser Welt predigen, welche ihre schwere Bedeutung genug fühlen, sondern den Mächtigen und Gewaltigen, damit diese die Gnaden wirklich christlich geben.

Solche breite Saalbaderei und Bänkelsängerei, die keinen höheren Standpunkt hat als die gemeinste Wirklichkeit, und eine frömmelnde und heuchlische Anwendung des Christenthums und unserer heiligen Bücher, wo man recht Unchristliches und Ungerechtes meint, anzuhören, ist eben so ekelhaft langweilig, als die überschwänglichen Luftsprünge und Luftflüge solcher anzusehen, die von irdischen Dingen und von politischer und irdischer Schwere derselben auch gar keinen Begriff haben. Es mag wahr seyn, daß es keinen Urvertrag giebt, wie gewisse Ueberfliegende und Ueberschwängliche ihn meinen, aber Anfangsverträge zwischen Fürsten und Völkern zwischen Obrigkeiten und Unterthanen, nicht aus

Gnaden verliehene und aus Mitleid zugestandene sondern aus Macht und Recht erzwungene und auf Siegeln und Eiden gegründete Verträge, giebt es seit den ältesten Zeiten genug und hat es immer gegeben, wo Freiheit und Stolz des Menschengeschlechts geblüht haben. Stände und Regierung, Fürst und Unterthan sollen keine feindselige, keine widerstrebende Kräfte seyn, sie sollen mit einander streben, hier auf Erden ein Reich der Zucht und Gerechtigkeit zu schaffen, ein Ebenbild jenes himmlischen Reichs, das sie im Glauben und in der Liebe ihres Herzens schauen. Aber wo Streit um Recht oder nur wo Bitte um Recht ist müssen beide nothwendig als einander gegenüberstehend als gegen einander arbeitend und wirkend gedacht werden, wie sie es ja auch in der That sind. Auf das sogenannte ursprüngliche und kindliche Verhältniß der Gnade haben sich wenigstens solche Völker nie verlassen, die auf Selbständigkeit und Freiheit etwas hielten. Doch bleibt der Herrscher Herr und Fürst von Gottes Gnaden, daher ist seine Gnade und Majestät, nicht bloß daß er gewaltig sey sondern daß er öfter gnädig seyn soll als gewaltig. Schön mag die Unschuld solcher Zeiten gewesen seyn, die so glücklich waren, daß die Menschen alles aus Gnaden empfingen und als Gnade annahmen. Wir leben nicht in solcher Zeit. Uns ist so schwere Noth Arbeit und Gefahr beschieden gewesen und ist es bis auf diesen Tag, daß wir nach den Gründen des bürgerlichen Zustandes, nach all unserm Wohl und Weh, und nach Verhältnissen Pflichten und Rechten der Fürsten und Völker haben fragen müssen. Schadet dies der Majestät der würdigen Fürsten und Herrscher? Keinesweges. Was probehaltig ist, darf solche Untersuchungen nicht fürchten. Unendlich ist die angestammte Würde des Herrschers, tief ist die angebohrne Ehrfurcht der Völker vor dem, was Gott erhöhet hat: von dem gerechten frommen tapfern Herrn empfangen die Unterthanen alles so gern als bloße Gnade und werden es immer so empfangen. Des Königs und Herrschers ist Gnade und Majestät. Das erkennet das glückliche Volk so gern, das erkennt auch jeder andere als ewigen Grundsatz. Denn der Herrscher soll Gottes Ebenbild auf Erden seyn. Aber auch von der Majestät des Gesetzes, das nicht bloß immer ein Herrscher gegeben sondern das die Menschen, als sie den Herrscher erwählten oder ernannten, oft zwischen ihm und sich als Richtschnur gesetzt haben, ist immer geredet worden und daß der König nur als höchster Träger Halter und Vertreter (nicht Zertreter) des Gesetzes seine Majestät und den erhabenen Abglanz des göttlichen Ebenbildes habe. Wo von Volksmajestät zu viel geklingelt wird, da steht es allerdings nicht wohl; doch soll der berner Hochmögende das Volk darum nicht einen matten blinden dummen und verächtlichen Haufen schelten, eine Sammlung elendiger und hülfloser Personen.

Wir haben auf das Glück jener Unschuld hingespielt, wo die Völker gar nicht an Rechte und Gesetze denken sondern nur im milden Sonnenschein und Sonnengefühl der Liebe und Gnade leben. Das ist freilich die höchste Idee eines göttlichen und königlichen Regiments auf Erden. Aber die Geschichte zeigt uns leider selten so unschuldige Zeiten, wo die Völker sich wie die Kinder im Blumenfrühlingsschein der Gnade ergehen können. Gewöhnlich ist Mattigkeit, was man Glückseligkeit, Gleichgültigkeit, was man Liebe, Knechtschaft, was man Friedseligkeit der Zeiten und Völker zu nennen beliebt. Jenes Mittelalter, worauf uns die Herren immer hinweisen, welche unsern Trieb und Streit um Verfassungen als einen Frevel und Aufruhr der gegenwärtigen Zeit schelten, jenes Mittelalter, das sie nicht kennen, war eben, weil es ein schönes lebendiges Alter war, ja grade im ewigen Kampf und Streit um Recht und Freiheit befangen, und oft auch in einem recht blutigen Streit, und verließ sich keinesweges auf die bloße Unschuld der Gnade, sondern legte alles, was es erkämpfte und erstritt, recht fest unter Brief und Siegel. Aber freilich weil die innere Ordnung so tüchtig abgemarkt war durch Vertrag und Gesetz, weil fast nichts der Willkühr und willkührlichen Deutung und Behandlung überlassen war, so war es da ruhiger, wo unsere Unruhe und Freiheitsliebe sich bis jetzt fast allein offenbart: es flogen damals in der Luft nicht so viele leichte und dünne papierne Schneeflocken und hell aufschimmernde und leicht zerplatzende Sternschnuppen überfliegender Ideen von Gesetzgebung und Staatsverfassung unter einander. Das würde aber auch bei uns größtentheils aufhören, die Luft würde rein werden, wenn der Erdboden rein wäre: oben würde es heiter und ruhig werden, wenn unten alles tüchtig eingerichtet und befestigt wäre.

Jene übertreibenden Lobredner des Alten und Vergangenen und Tadler und Ankläger des Neuen und Werdenden brauchen fast alle Einen Kunstgriff, den sie mit jedem Sachwalt gemein haben, der eine schlechte Sache führt, die er auf gradem und ehrlichem Wege durchzubringen verzweifelt. Sie werfen nun alle Gebrechen und Verbrechen der Zeit, alle ihre Laster und Unarten, alle Ausschweifungen und Verkehrtheiten in Begriffen und Thaten, ja alles Abgeschmackteste und Abscheulichste, was von französischen Umkehrungsmännern hie und da als ewige Wahrheit ja als Grundgesetzbuch eines freien und hochsinnigen Volkes ausgesprochen ist, auf die Lehre vom Vertrag und Stellvertretung und stellen sie dar als nothwendige Folgen und Geburten dieser Lehre. Armer Martin Luther, wie bestehst du, wenn man so gegen dich schließt, ja du armer Jesus Christus,

Sohn Gottes und Heiland der Welt, wie besteh'st auch du, wenn du verantworten sollst, was verrückte und verworfene Menschen aus deiner himmlischen Lehre zuweilen erklärt und wozu sie sie gemisbraucht haben? Das muß man freilich zuerst eingestehen, daß die irdische Unvollkommenheit es mit sich bringt, daß gewissen Gütern auch gewisse Uebel folgen, ja daß jede Tugend irgend ein Laster als nächsten Gränznachbar neben sich wohnen hat, damit sie durch den Satan immer an Gott und durch die Hölle immer an den Himmel erinnert werde. So haben die Strebungen und Aufwallungen der Freiheit auch bei den gerechten und gehorsamen Völkern natürlich immer gewisse Erscheinungen mit sich, welche als Gebrechen menschlicher Natur ans Licht kommen müssen, wann große Ideen und ungeheure Begebenheiten das ganze Geschlecht auf das lebendigste bewegen und erschüttern. Aber viele von euren Beschuldigungen könnten wir euch bitter zurückgeben, viele Gebrechen ja viele Laster und Gräuel der letzten Vergangenheit und, wenn ihr wollt, auch noch der Gegenwart gehören grade jener Zeit an, sind grade Nachgeburten jenes faulen gleichgültigen und ungöttlichen Zeitalters, das nun gottlob vergangen ist und das ihr uns so gern als ein goldenes Zeitalter des Gehorsams des Friedens der Gottseligkeit und Glückseligkeit anpreiset.

Und wenn jene Unschuld der Zeiten, wohin die begeisterten Priester und Propheten der politischen Gnadenlehre uns Verirrte zurückzuführen versprechen, wirklich gewesen wäre, wie sie in den Geschichten der gefallenen Menschheit nirgends erscheint, sie ist nun einmal vergangen und kömmt nie wieder. Mag vormals Manches auf Herkommen und Gebrauch und stiller Uebereinkunft beruht haben und durch Gewohnheit und Glauben getragen seyn, wir leben in einer andern Zeit und das Unsrige muß aus Einsicht geboren und auf Gesetzen gegründet werden. Mögen jene Heilsprediger, die sich gegen die sogenannten politischen Verruchtheiten und Irrlehren erheben, das herrliche Alte oder das schlechte Alte meinen, es ist gewesen, wie die alte Zeit gewesen ist, und kömmt, wie sie es meinen, nimmer nimmer wieder ins Leben. Die alte Zeit und das Alte ist vergangen und die neue Zeit und das Neue ist da oder kömmt herbei, und keine irdische Macht mag ihren Lauf hemmen oder ihren Strom dämmen. Diese neuen Prediger sind, wie die Jesuiten im sechszehnten Jahrhundert gegen die Reformation waren, das Werk aus Gott geht seinen Weg, wenn man auch Menschenwerk hemmen und zertrümmern kann; und jede neue Zeit ist eine unmittelbare Geburt aus Gott und auch die bedeutendsten Menschen darin sind doch nur kleine und unbedeutende Spieler. So soll man, im höheren Sinn das Kleine und Erbärmliche vergessend und auch mit dem Schlechten und Ungeheuren sich versöhnend, die Zeit betrachten, worin wir leben, und man wird auch in ihr Glauben und Hoffnung und die nie verlassende und versäumende Liebe des himmlischen Vaters finden. Weder ist das Alte so herrlich und überschwänglich noch das Neue so scheußlich und niedrig, als jene unberufenen Ankläger und Warner es finden und darstellen. Was alle Menschen bewegt und erregt, was alle Herzen in ihren tiefsten Tiefen erschüttert, was selbst die sonst so matten und gleichgültigen Teutschen zu politischen Menschen hat machen können, das ist nicht bloß frevelische Nachäfferei des blutigen Schauspiels, das uns die Leute an der Seine aufgeführt haben, das ist nicht bloß die metaphysische oder jakobinische Geburt einiger Sprudelköpfe Schwärmer und Umkehrer, nein es ist das volle eigenste Leben der Zeit, es ist die Zeit selbst, es ist das Verhängniß der Welt und ihrer innigsten Noth. Weil das Alte verfallen ist, weil die alten Gestalten und Gerüste der Dinge vermodert sind und nirgends mehr halten und tragen, weil bei dem elenden Flickwerk von Altem und Neuem Todtem und Lebendigem, was man so gemacht hat und noch alle Tage macht, alle sich unbequem und unglücklich fühlen, kurz weil sich nichts mehr hält und trägt, weil es ist, wie nach einem Erdbeben und Brande, wo mitten im größten Unglück die Brandstifter und Diebe und Mörder mit darein spielen — darum ist allen Menschen, auch den stillsten und frommsten, so bange und beklommen, darum ist dieser Wunsch diese Bitte diese Forderung ja dieses Geschrei um Verfassung um einen gesetzlich bestimmten und festen Zustand, der die blinde und dumme Willkühr verbanne, ein wahres Nothgeschrei, ein Geschrei der Welt, und also eine Stimme Gottes. Selig der Fürst, welcher die Noth nicht Frevel und das Nothgeschrei nicht Aufruhr nennt, welcher sich nicht thörigt stämmt gegen die allmächtige Zeit! Der wird in Gerechtigkeit und Freude herrschen und den Abend seiner Tage sich vielleicht noch im stillen Glanze vergolden sehen, da der Morgen und Mittag voll Sturm und Gewitter war.

Und bei allem diesem Geträtsche und Geklätsche der Dummheit und des Eigennutzes hin und her mögen diejenigen, bei welchen die Macht jetzt ist, wohl bedenken, durch welche Künste und Tugenden diese Macht nur behauptet werden mag; sie mögen bedenken, welche schwere Verantwortung sie auf sich laden gegen sich selbst und gegen ihr Volk, wenn sie nicht das Würdige und Gebührliche thun, und vor allem, wenn sie das gegebene Wort nicht halten. Denn jeder Lüge folgt unausbleiblich das Unheil und das Unglück auf der Ferse. Und können wir ohne Landstände ohne feste und geordnete Verfassung bestehen? können wir bei der

Verworrenheit Unbestimmtheit und Bangigkeit, worin jetzt in Teutschland alles untereinander liegt und mit blinder wurmartiger Gährung und Unzufriedenheit gleich einem aufgeregten Bienenschwarm oder Ameisenhaufen durch einander und gegen einander summt und saust und fliegt und kriecht, den Gefahren der Zukunft begegnen? Ist denn noch irgendwo in Europa die alte Zeit? sind denn noch die alten Verhältnisse bei den andern Völkern und bei unsern Nachbarn, da gewisse Leute predigen, bei uns müsse alles wieder zurück, und zu dem Alten zurück? Haben wir nicht den Franzosen für die lange Pein, womit sie uns so gräulich zerplagt, mit dem Schwerdt in der Hand eine Verfassung errungen und verbürgt? haben nicht selbst die Polen, ein Volk, von welchem viele gezweifelt haben, ob es für die Freiheit tauge, eine Verfassung bekommen? Und wir? wir Teutsche, die Enkel der freien und hochherzigen Germanen? Und wir? — Uns will man in dummer Geistlosigkeit hinstrecken wie die todten Klötze, während alle andere Völker in der lebendigsten Zeit gewinnen, wodurch Geist Muth und

Stolz und die immer allmächtige und wunderthätige Ueberlegenheit der Idee entwickelt wird? Nein ihr Gewaltigen, wenn ihr nicht in Blindheit und Verstocktheit dahinfahren und untergehen wollet, so betrachtet die Zeit und betrachtet euch selbst und das Schicksal der Völker in ihrem ernsten Spiegel. Hier ist kein Frevel der Menschen, hier ist die Noth Gottes. Wenn bei dem ersten Sturm Teutschland nicht wieder aus einander fallen soll, wenn die Reichsfeinde nach einer oder zwei gewonnenen Schlachten vom Rhein nicht wieder bis Wien und Berlin ungestraft sollen marschiren dürfen, so muß uns eine geistige Kraft gegeben werden, ein Stolz auf eine edle Freiheit und eine Zuversicht auf Gesetz und Recht, welche die Menschen freudig in den heiligen Tod fürs Vaterland treibt. So allein können wir sicher stehen, wann vom Osten oder Westen Gewitterwolken sich gegen uns herwälzen. Das teutsche Herz wird die Pfänder seiner höchsten Liebe dann immer einlösen, es wird beweisen, daß es seine Heiligthümer zu vertheidigen weiß.

Auch um Preßfreiheit bittet das Volk, ja auch darnach schreit es als nach einer Noth. Warum? Weil die Freiheit und Gerechtigkeit als die höchsten irdischen Ideeen nie ohne Herrschaft der Idee haben bestehen können und also in einem solchen Zeitalter, als das unsrige ist, ohne Ideeenherrschaft immer nur ein leeres Hirngespinst oder eine politische Gaukelei seyn werden. Die Generalgewaltiger der Polizei und die Herren der Presse, d. h. diejenigen, welche allein eine Preßfreiheit üben, nemlich zu pressen, lächeln freilich über die Bitte wie über das Geschrei und über die Ansprüche der geistigen Freiheit und finden es sehr wunderlich, wie die dummen Menschen den Zustand nicht als den behaglichsten, anmuthigsten und freiesten loben, wo die Regierung die meisten Sorgen des Lebens für sie übernimmt die Landstraßen sicher die Märkte voll die Wirthstafeln wohl besetzt die Schauspielhäuser und Ballsäle frei von Zank und Balgerei die H . . . häuser — kurz wo sie ihnen alles eben und bequem macht, daß sie mit Weib und Kindern ein gar gemächliches geruhiges und gottseliges Leben führen mögen und nichts weiter zu bedenken haben, als wie sie mit ihrer Arbeit und ihrem Gewerbe auf die leichteste und geschwindeste Weise das Meiste gewinnen und es dann auf das lustigste und angenehmste geniessen und verzehren wollen. Diese Lehre, die sie uns recht liebenswürdig vorhalten, scheint wirklich nicht ganz uneben, aber sie hätte vor dreißig und fünfzig Jahren mehr Verehrer gefunden als jetzt. Jetzt zweifeln die Meisten an ihrer Wahrheit, ja sie zweifeln gar daran, ob es mit dem höchsten Zweck der Sicherheit und des Wohllebens, womit jene sich brüsten, auch so ganz aufrichtig gemeint sey.

Es hat auf dieser Welt immer zwei große Partheien gegeben, die sich in Ansicht und Ausübung der Dinge himmelweit von einander unterscheiden. Die Ersten sagen: Das Erste und Nothwendigste dieses Lebens ist, daß man satt sey, und das Zweite, daß man sich dieses Sattseyns freue. Die Zweiten sagen: Das Sattseyn ist allerdings das Erste und Nothwendigste dieses armen Erdenlebens, aber nicht, damit man sich des Gefühls dieser Sattheit freue sondern damit man die zweite Nothwendigkeit dieses Daseyns erfülle, damit man auch die himmlische Welt der Ideeen, die im Menschen niedergelegt ist, erspähen und erkunden könne. Jene Ersten mögten mit der obigen Beschreibung der Polizei schon zufrieden seyn — sie wollen ja nur als Mastvieh in das fette Gras dieser Erde getrieben werden — die Zweiten würden sich höchlich dagegen empören, weil sie nur in dem Genuß setzen, was die gemeinen Genüsse verachten lehrt, weil sie nur in den geistigen Gütern und in dem geistigen und idealischen Streben des Menschen seine Würde und Bestimmung erblicken und verehren. Daß die Polizei mit holsteinischer und mecklenburger Wirthschaft die Erde gern zu einer großen Fettweide einkoppeln und die Menschen als Mastochsen drein treiben und wiederkäuen lassen mögte, das wollen wir ihr verzeihen. Sie ist bloß auf das Irdische angewiesen, und in so fern sie uns gesunde Luft gesundes Wasser gute Butter fettes Fleisch gutes Brod wohlfeilen Wein Sicherheit auf der Landstraße und dergleichen sehr liebe und unentbehrliche Lebensgüter verschafft und erhält, wollen wir ihr danken, daß sie da ist. Aber dagegen müssen wir uns allerdings aus allen Kräften sperren und uns mit allen möglichen Einreden verwahren, daß sie nicht auf ein Gebiet überschweifen wolle, wo sie nimmer heimisch werden darf. Alle Welt würde O je! schreien: wenn ein Metzger, der Kälbern und Hämmeln sehr gut die Feiste abzufühlen versteht, bei Universitäten oder Gymnasien als Vorsitzer der Prüfungsgesellschaft angestellt würde und dort wie ein Gall die geistigen Organe heraustasten sollte; und wir sollten nicht lachen, wenn in unsern Staaten solchen, welche die kleineren Bedürfnisse der Erde besorgen und sich so oft in dem untersten Kreise mit den gemeinen Trieben und Nöthen der menschlichen Gesellschaft beschäftigen müssen, die Wache und Hut der höchsten und heiligsten Dinge übergeben würde?

Doch ich wollte über die Preßfreiheit sprechen, und ich bin unwillkührlich über ein anderes Uebel gerathen, das ihr ganz nah liegt ja unter welchem sie eben liegt. Die Vortheile und die Nothwendigkeit der Preßfreiheit sind von so manchen Seiten erörtert und beleuchtet, daß ich sie hier nicht wieder aufzuzählen brauche. Auch wäre es eine unnütze Mühe und hieße wahrlich Wasser zum Wein tragen, da alle Welt sie lange kennt und versteht. Lieber will ich etwas über die Klemme sprechen, in welcher sie sich dermalen in Teutschland noch befindet und über die möglichen Nachtheile und Gefahren, die sie etwa haben könnte und die ihre Gegner, wie mir und den meisten däucht, immer viel zu hoch anschlagen.

Sie ist in Teutschland in der Klemme, wie Teutschland selbst in mancherlei Klemmen ist, worüber man vor den Leuten weder sprechen mag noch darf. Wenn ja hie und da ein Fürst und Minister sich ihrer annimmt, wenn ja hie und da ein Lichtlein für sie aufgeht, gleich läuft eine erschrockene und bleiche Menge mit der fürchterlichsten Feuerangst und Feuerlärm hinzu und gießt volle Wasserströme darüber aus, daß das Lichtlein erlöschen oder im trüben Mittelglanz zwischen dem hellen und dunklen Element kümmerlich fortglimmen muß. Wir wollen unsere Meinung ehrlich aussprechen. Wenige Regierungen giebt es in Teutschland, welche die Preßfreiheit aus reiner Liebe dulden würden, aber doch schämen sie sich und gebärden sich vor den Leuten, als liege es nicht an ihnen, daß sie nicht im vollen Glanze über ganz Teutschland leuchte. Diesen letzten kömmt nun die äussere Politik zu Hülfe, zum Theil auch die innere. Sie sagen dem Volke: Wir sind aus Pflicht und Ueberzeugung die wahrsten Freunde der Gedankenfreiheit und des geistigen Lebens und Webens, wir bei unserer gerechten und freiherzigen Verwaltung könnten durch die Preßfreiheit nur gewinnen; aber der Druck von aussen und innen, der auf uns zurückwirkt, die Schonung, die wir den Ansichten der verbündeten Höfe und benachbarten Kabinette schuldig sind, machen uns die Vorsicht und Behutsamkeit nothwendig; wir müssen günstigere Zeiten abwarten. Haben sollt ihr die Preßfreiheit gewiß, aber sie euch jetzt schon zu geben wäre unklug und würde uns mit vielen Mächten auf eine unangenehme und vielleicht gefährliche Spitze stellen können.

Diese Ablehnungen und Entschuldigungen wegen Vorenthaltung des ersten Geschenks des Himmels sind nicht ohne Grund. Obgleich jeder einsichtige Freund des Vaterlandes innig überzeugt seyn muß, daß Teutschland nur durch geistige Freiheit, nur durch einen hohen und idealischen Schwung der Geister gerettet werden und das ersetzen kann, was ihm an irdischer politischer Gediegenheit abgeht, so muß er, wenn er die wunderliche Zusammensetzung der teutschen Staaten betrachtet, schon gestehen, daß es einige giebt, die ihrer Natur nach, wenn sie ihr unnatürliches und kümmerliches Leben behaupten wollen, ewige Feinde geistiger Lebendigkeit und idealischer Freiheit seyn müssen; und er darf sich also nicht wundern, wenn diese bei jeder freien Aeusserung des Zeitgeistes, bei jeder frischen und muthigen geistigen Erscheinung Weh und Zeter schreien und jakobinische Umkehrungen Mord Brand und alle Gräuel der Wildheit weissagen. Auch über die Fremden darf er sich noch weniger wundern. Sie müssen ganz einverstanden seyn mit unsern Polizeien und Büchergerichten und den Verschneidungsanstalten, die man Censuren nennt, welche die lebendige und muthige Zeit so gern wieder in den alten matten und gleichgültigen Schlaf versenken mögten. Ihnen könnte nichts erwünschter seyn, als daß uns die letzten zwanzig Jahre mit allen ihren ungeheuren Leiden und Freuden endlich wie ein dunkler Traum verschwebten und daß wir in den Jahren gepriesener teutscher Ordnung Sittlichkeit und Herrlichkeit, in den Jahren 1740 und 1760 wieder erwachten. So ist leider die Politik der Staaten gegen einander fast immer gewesen, schadenfroh und feindselig ja unchristlich und heimtückisch, selbst diejenigen Güter einander nicht gönnend, welche das Christenthum doch jedem versprochen ja als den höchsten Preis und die höchste Aufgabe des kurzen irdischen Lebens geboten hat. Einige dieser fremden Staaten, die bei uns leider immer als die Herren mitspielen und mitsprechen wollen, können ihrem Wesen nach das Freie und Kühne und die Herrschaft der Ideeen nicht leiden, welche ihnen zu viel Dunkles und Barbarisches beleuchten würden; andere ahnden in uns eine Macht und Herrlichkeit, die sie gern nicht aufkommen liessen und deren gewissen Tod sie in dem Streben gewisser Leute bei uns entdecken, welche jede Idee als einen Feuerbrand von Umwälzungen und Umkehrungen verschreien und verketzern: versteht sich, wenn diesen gewissen Leuten ihr dummes und dunkles Streben gelänge und sie dem entfesselten teutschen Riesenjünglinge wieder einbilden könnten, wie sie ihm manches Jahrhundert eingebildet haben, daß er ein abgelebter kraftloser kindischer Greis sey.

So ist allerdings die Klemme, aber nicht so groß, daß die Ablehner und Entschuldiger eine volle und genügende Entschuldigung hätten. Wenn sie den hohen und edlen Muth hätten, das Edle und Hohe zu wagen und die nothwendig mitfolgenden Uebel und Unbequemlichkeiten zu dulden, von der Gesinnung und Liebe des ganzen großen Volkes getragen und gehalten, würden sie fremde und einheimische Widersacher der Freiheit abweisen und zurechtweisen können. Aber freilich das müßte auch in einem solchen Stile geschehen, der öffentlich seyn und von jedermänniglich vernommen werden dürfte.

Nun von den Gefahren und Nachtheilen der Preßfreiheit:

Wenn man auch zugestehen wollte, die Preßfreiheit sey etwas Nützliches ja Vortreffliches, so scheinen diejenigen, welche sie jetzt verlangen, doch mehr ihrem eigenen vielleicht ihrem bösen Willen zu folgen als das Ganze und was dem Ganzen ersprießlich ist im Auge zu haben. Die Zeiten sind zu stürmisch und wild gewesen, Furcht und Hoffnung Zorn und Haß und alle gewaltigen Leidenschaften sind zu sehr in Bewegung gesetzt, als daß die Menschen dieses Geschenk, wenn es ein Geschenk ist, mit Anstand und Mäßigung gebrauchen sollten. Wir haben es ja schon in einzelnen Proben gesehen. Unbeschränkte Preßfreiheit erlauben hieße jetzt allen wilden Leidenschaften den weitesten Kampfplatz einräumen, alle Partheien nähren, die schon Lust haben einander zu zerreissen, und neue Partheien erschaffen, ja die wenigen klaren und hellen Ideeen, das bischen Vernunft und Mäßigkeit, die noch in den Menschen sind, in dem chaotischen Strudel der Kämpfe und Streite, die dann entstehen würden, vollends begraben. Haben wir noch nicht Umkehrung und Verwirrung der Begriffe und Gemüther genug, so würden wir dann die Fülle bekommen. Gebt nur die Preßfreiheit, und ihr gebt die geschwindeste Einleitung zu den fürchterlichsten Umwälzungen.

Was wir schon gesehen haben, wird dann täglich allgemeiner werden. Hoch und Niedrig Klein und Groß Berühmt und Unberühmt Edel und Niederträchtig Tugend und Laster wird in dem blinden und wilden Hader so unter einander gemischt und verwirrt werden; alle Achtung und Ehrfurcht vor den erhabensten Staatsmännern würdigsten Gelehrten und glänzendsten Verdiensten wird verschwinden und alles Ehrwürdigste und Heiligste wird der Schadenfreude und dem Gelächter des Pöbels ungestraft preisgegeben werden. Alle Mäßigkeit aller Anstand wird aufhören, und wer wagt, die Folgen davon zu berechnen, wenn endlich alle Begriffe verwirrt, alle Gefühle für Ehre und Schande abgestumpft sind, wenn keinem mehr daran gelegen ist, vor dem Volke als ein rechtlicher und würdiger Mann zu gelten? O diese gepriesene Freiheit, die billiger Frechheit heissen sollte, wohinaus wird die uns führen?

Und das soll man vor allen andern Dingen beherzigen, den größten Schaden, welchen die Preßfreiheit anrichten würde, sie würde uns entteutschen, sie würde uns zu einem andern Volke machen. Das Mäßige das

Sanfte das Stille das Milde das Sinnige, kurz was in einem höheren Sinn das Sittliche Wissenschaftliche und Philosophische heissen könnte, würde durch dies Unwesen bald untergehen, und mit ihm die schönsten und stillsten Tugenden, die selbst die Fremden immer als einen Vorzug an den Teutschen geehrt haben. Unruhige wilde trotzige stolze Gesellen würden wir werden voll Ehrgeitz Ungehorsam und Rauheit. Man klingelt uns immer vor: Wir Teutsche sind nicht genug politische Menschen, dazu muß uns die Freiheit der Rede und Schrift machen. — O welche Menschen würden wir werden, wenn politische Menschen so sind!

Und das Christenthum und die alte teutsche Frömmigkeit und die Demuth, die erste christliche Tugend? Wer diese höchsten und größten Güter der Seele zu schätzen weiß, wer weiß, was unbewußte Liebe und Unschuld sind, wer diese Liebe und Unschuld auch zwischen den Herrschern und Beherrschten als das höchste aller Dinge achtet, der wird uns durch eine ungebührliche Gedankenfreiheit nicht in einen demokratischen Trotz hineintreiben lassen, der Heiden in Athen und

Rom wohl einmal geziert haben mag, der aber christlichen Staaten ewig fremd bleiben sollte. Die Preßfreiheit aber hat vor allem noch das Schlimme mit sich, daß ihre Vergehungen gewöhnlich eine Straflosigkeit mit sich führen, welche keinem andern Verbrechen zu Theil wird. Die sich auf Kniffe und Pfiffe der Wörter und Gedanken auf eine gescheidte Einkleidung und Verkleidung der Ideeen und auf eine geschickte Vermäntelung und Verblümung und Umblümung des Persönlichen verstehen, werden dem Richter fast immer entrinnen. Ein gefährliches Beispiel von Gesetzlosigkeit. Deswegen findet man auch in vielen Staaten die Preßfreiheit so unzulässig, weil es so schwer ist, Gesetze zu finden, die sie zügeln und ihre Verbrechen zur Strafe bringen. So daß diese Anstalt, die man als eine Pflegerin und Nährerin hoher Gemüther und großer Gedanken und Gefühle preist, gar leicht auch die gefährlichste Pflegerin und Nährerin aller Tücke und Bosheit und des hämischesten und giftigsten Hasses wird.

Diese und ähnliche Gründe gegen die Preßfreiheit, zum Theil mit den allerschönsten Moralien aufgestutzt und mit den allerchristlichsten Ausrufungen und Seufzerlein verziert, kann man alle Tage hören und lesen. Es würde sich auch wenig oder nichts dagegen sagen lassen, wenn das Böse in der menschlichen Natur so überwiegend wäre, als solche es darstellen, und wenn das teutsche Volk so leicht in das politische Springen und Galoppiren oder gar ins Fliegen und Ueberfliegen zu bringen wäre, als es ihnen däucht oder als sie andern einbilden wollen und sich vielleicht nicht einbilden. Aber wir meinen das hat sich, und die unsre jüngsten Geschichten und unsers Volkes Karakter kennen werden dreimal mit uns rufen: das hat sich.

Was den Grund betrifft Jetzt nur nicht! alle Leidenschaften sind zu aufgeregt, die Welt ist noch zu wenig befestigt, alle Verhältnisse liegen noch unbestimmt und unentwickelt unter einander; jetzt, wo alles so brennbar ist, nur diesen neuen Feuerbrand nicht noch hineingeworfen!, so kann man ihn grade umkehren und sprechen: Nicht in Zorn und Haß nicht in Untreue und Ungehorsam noch Lust an Wildheit und Umwälzung liegt die Gährung der

Gemüther und die Unzufriedenheit der Menschen, sondern eben darin, daß es immer nur klingt: Jetzt nur noch nicht! Wann soll denn das wirkliche Jetzt eintreten? So haben die Teutschen nun in vier Jahren gefragt. Denn daß sich durch Nichts nichts setzen und entwickeln läßt, daß aus Nichts nichts werden kann, das wissen sie wohl. Wie soll die Welt sich befestigen? wie sollen die rechten Verhältnisse sich finden und entwickeln und endlich bestimmen, wenn der Flug des Geistes nicht reitzend und belebend über dem chaotischen Stoff hinschweben darf? wenn die Einsicht und Tugend und Kraft der Besten nicht zu Hülfe gerufen wird? Gebt uns nur Preßfreiheit, fangt nur endlich an Verfassungen und Stände einzurichten, so werden jene verworrenen und tollen Begriffe und Träume über Staat und Gesetzgebung, worüber ihr klagt, jener endlose und spiegelfechtische Krieg aller gegen alle, jenes dumme Geschrei der Schriftsteller, wovon ihr nur gern das dümmste laut werden lasset, sich endlich selbst schlichten und stillen. Sobald hier unten auf der festen Erde etwas Festes gemacht worden, werden die leeren Plänkeleien und Scharmützel droben in den Lüften, die freilich meistens ein Krieg um nichts sind, von selbst ernstere und würdigere Gefechte werden. Denn wo Freiheit und Leben seyn soll, muß immer Krieg der Geister seyn. Das dürfen wir aber gegen alle Anklage kühn behaupten, daß diese in Teutschland keine Umwälzungen machen werden; dazu ist, wie sie mit Recht bemerken, des teutschen Volkes Karakter zu kühl mild und mäßig. Nur ein entsetzliches Leid, nur die finsterste Nacht der Knechtschaft und Willkühr, worin auch keine Hoffnung bliebe, daß es je wieder licht werden könne, nur eine schimpfliche Unterjochung durch Fremde, wo das scheußlichste Unrecht schon alle Ordnung zerrüttet hätte, könnte in Teutschland solches hervorbringen; oder auch, wenn diejenigen, welche jetzt allein die Preßfreiheit haben, diese so gebrauchen wollten, daß dem Teutschen um den Untergang seines geistigen Besitzes bange würde, da könnte der fürchterliche Druck einen noch fürchterlicheren Gegendruck veranlassen.

Was wir schon gesehen haben, wird dann täglich allgemeiner werden. Ja was wir schon gesehen haben? was ist es denn? Einzelne Pamphlets, die sich um Persönlichkeiten drehen, wodurch einzelne Staatsmänner oder Beamte und Gelehrte beleidigt und gemishandelt oder auch nur öffentlich hingestellt sind? — Das ist freilich unvermeidlich, wann Preßfreiheit da ist, ja es ist nothwendig mit der Preßfreiheit verbunden. Wo Freiheit ist, muß, wer öffentlich auftritt, sich auch öffentlich behandeln und verhandeln und mitunter wohl mishandeln lassen. Diese Stärke des Gemüthes, diese Tugend muß er haben. Mag er das nicht, so setze er sich in der Werkstatt hin und nähe Schuhe und Röcke, oder an den Zahltisch und ziehe Rechnungen aus, statt daß er Heere befehligen oder Staaten einen neuen Rock anmessen will — oder er treibe den Pflug ins Feld und pflanze seinen Kohl, statt daß er durch Bücher unterweisen und strafen oder gar glänzen will. Ich nannte die Geduld des Oeffentlichen eben eine Gemüthsstärke, eine Tugend. Die freien Völker des Alterthums hielten sie für eine der größten Tugenden, die einen Biedermann schmücken können; sie haben es vielen hoch angerechnet, daß sie in ihrer Zeit den

Muth hatten, für das Vaterland Feindschaften zu übernehmen und Tadel und Schmähungen auf sich zu laden. Denn allerdings prüft das Freie und Oeffentliche die Männer, es lockt Haß und Feindschaft hervor. Ich sage nicht, daß es Haß und Feindschaft macht; denn gewiß schafft es weniger Groll und Haß als das Unfreie und Geheime. Bei dem Zustande des Unfreien und Geheimen kriecht und wimmelt und krimmelt und wurmt alles durch einander und zerdrückt zerquetscht zernagt und zerbeißt sich in der blinden Wuth, ohne daß es weiß wen; bei dem Freien und Oeffentlichen wird der edle Kampf freilich auch lauter, es springen aber nicht immer Hyänen und Tiger hervor, (noch weniger Schlangen, deren Wurmverließ ist das Dunkel) sondern auch stolze Löwen. Ein Volk, das lange nichts Politisches und Oeffentliches mehr gehabt hat, muß freilich erst wieder fest und stark werden, damit es gesunde frische Kost der Rede und oft etwas zu herbe Kost der Schrift verdauen lerne. Unserer gutmüthigen teutschen Weichlichkeit, die fast alles in gesellschaftliche Verhältnisse und Beziehungen hinabzuzerren gewohnt ist, was hoch über diesem engen Kreise schwebend bleiben sollte, thut das vor allen andern noth. Daß bei dieser Oeffentlichkeit auch das herrlichste und leuchtendste Verdienst in Staatsmännern Gelehrten und andern öffentlichen Menschen verkannt und gemishandelt, daß ihre besten Absichten und trefflichsten Ideen von absichtlicher Bosheit oder verblendeter Partheisucht zuweilen müssen misgedeutet und verdrehet werden, das ist das Unvermeidliche. So liegen jedem hohen Gute ihre Uebel immer sogleich zur Seite. Aber was wirklich trefflich würdig und herrlich ist, wird wohl zuweilen auf einen Augenblick verkannt und verdunkelt werden aber nie auf immer beschmutzt und benachtet werden können. So siegreich ist die Wahrheit in allen Zeiten gewesen, und immer am siegreichsten, wo die meiste Freiheit herrschte. Gebärdet euch nur nicht, als ob ihr für den Anstand so viel Sorge hättet. Es ist der allerschlechteste Anstand, wo stumme und zierliche Knechte sich Verbeugungen und Bücklinge vormachen und einander einbilden, daß ein leeres und lügenhaftes und verschnittenes und verziertes Leben auch ein Leben ist. Alle knechtische Staaten, während sie die Freiheit des Wortes und der Idee unterdrückten und die kleine Persönlichkeit schirmten, da sie keine große gelten lassen, haben den Anstand gegen die Sitten immer gern verletzen lassen, sie haben liederliche und schändliche Schriften ungestraft drucken und vertheilen lassen und Spielhäuser und H . . . ser unter öffentlichen Schutz genommen, als jeder Stolz und jede Hoheit des Gemüthes in Bann und Acht war. Den allerjüngsten Beleg dieser Behauptung haben uns Fouché, der unsterbliche Großmeister aller Polizei, und Napoleon geliefert. Waren die Einkünfte jener Häuser der Schande und des Elends nicht recht eigentlich für den Unterhalt der hohen Polizei und für ihre geheimen Ausgaben und Besoldungen berechnet und angeschlagen? Gebärdet euch nur nicht, als wenn ihr für die Ehre so zarte Sorge traget; wahrlich diese Freiheit ist recht eigentlich für die Ehre erfunden. Sie wird Ehre und Schande nicht in einander verrinnen und in gleichem Schmutze liegen lassen; ja diese erste Sonderin und Scheiderin diese größte Alchimistin vom Anfang der Zeiten wird das Gold schon von den Schlacken sondern. Wer mit Ehre gerüstet ist, darf dann wohl auftreten; jeder

Schmutz, den man auf ihn wirft, fällt immer wirkungslos von seiner glänzenden Glätte ab. Wer aber Makel der Ehre an sich trägt, sehe sich vor, wohin er tritt; wahrlich seine Feinde werden sie ihm nicht schenken, er muß sie öffentlich hören. Das Volk aber — wir sprechen von dem teutschen Volke, das immer als ein treues gerechtes und wahrheitliebendes Volk anerkannt worden ist — wird gerechtes Gericht pflegen, und Ehre und Tugend, die wohl auf Augenblicke verleumdet und verkannt werden können, werden wohl Ehre und Tugend bleiben. Das aber ist immer gut, daß jeder, wo und wie hoch er auch stehe, der sichern Rechtschaffenheit und Wandellosigkeit erinnert werde, daß er fühle, er kann nur ein Ehrenmann scheinen, wann er es auch ist. Den Stolz aber sollen wir noch lernen, daß die Menschen, was sie im Stillen und Geheimen von uns reden und urtheilen, auch als lautes und öffentliches Urtheil aussprechen dürfen. Denn das kann ein Fürst oder Minister oder Feldherr oder berühmter Gelehrter und jeder, der in der bürgerlichen Ordnung irgend hoch und über viele gesetzt ist, wohl wissen, daß die ihm immer nur Süßes und Wohlgefälliges und Ohrenschmeichelndes sagen ihm etwas vorlügen, daß vielmehr die verschiedensten und ungleichsten und oft ungerechtesten Urtheile über ihn gefällt und die abgeschmacktesten und unmöglichsten Forderungen an ihn gemacht werden. Warum will er sich nicht zu dem Stolz überwinden, dies auch öffentlich werden zu lassen? Was schadet es dem Sonnenberge, wenn sich unten an seinem Fuße Nebel sammeln und zuweilen seine Strahlenscheitel bedecken? Siehe zu einem so Stolzen werden auch schöne Wahrheiten emporklingen, auch manches süße Lob und lieblichen Preis wird er vernehmen, die er sich bei der Oeffentlichkeit zueignen kann, weil sie ihm aus einem mehr reinen Element kommen. Und wenn auch die größte Verwirrung und Verblendung wäre, wenn ein edler Mensch und das Streben und Wollen eines edlen Menschen lange verleumdet gemishandelt und verkannt werden könnte, jeder Wackere wird durch sein Gewissen getröstet und daß die rechte That und die rechte Tugend endlich doch bleiben, was sie sind, und aus aller der Umnebelung und Verdunkelung strahlend hervorleuchten.

Und sie fürchten, die Preßfreiheit

wird uns entteutschen, uns zu einem ganz andern Volke machen, alle unsre milden und stillen Tugenden aus unsern Herzen bannen, und mit allen wilden und wüthenden Leidenschaften des Stolzes Hasses Ehrgeitzes und der Unruhe wieder einziehen, sie wird uns Trotz für Sanftmuth Ungehorsam für Stille Uebermuth für Demuth Barbarei für Wissenschaft Geschwätz für Philosophie geben, und was der überflüssigen Sorgen mehr ist.

Freilich etwas entteutschen wird sie uns hoffentlich, zu einem etwas andern Volke wird sie uns hoffentlich machen. Aber, lieben Leute, es ist nicht alles teutsch, was ihr teutsch nennt; vieles ist sogar recht unteutsch und in jenen Zeiten weiland nimmer an den Teutschen erfunden, welche die Geschichte als ihre größten und glücklichsten Zeiten preist. Jene Faulheit und Gleichgültigkeit, woran wir so lange gekrankt haben, wo wir wohl neugierig fragten, was sich am Ohio und Ganges an der Themse und Seine begab, aber kaum, wie es am Rhein und an der Elbe stand, jene Faulheit, wo wir die

Hände in den Schooß legten und Gott im Himmel und wer sonst wollte walten und regieren liessen und uns bei der Schmach oder der Ehre des Vaterlandes dumm angafften, als ginge uns das nichts an, als dürften wir darüber nicht räsoniren sondern stehe es den Herren Polizeimeistern und ihren Zeitungsschreibern zu, wie wir darüber denken und empfinden sollten, fängt gottlob an etwas selten zu werden; jene gemeine philisterige Ruhe, wo alles vortrefflich ist, wenn nur der Einzelne alles seinem Leibe zur Bequemlichkeit und Genußlichkeit eingerichtet findet, nimmt freilich auch alle Tage ab. Aber den alten Teutschen suchte man nicht hinter dem Ofen oder auf der Bärenhaut, wann von Vaterland und Freiheit oder von Ehre und Kampf und Gefahr für's Vaterland die Rede war; dann fand man ihn sicher in der Volksversammlung oder auf dem Schlachtfelde. Und von solchen Männern haben wir den Namen Teutsche geerbt und wahrscheinlich auch das, was man teutsches Gemüth oder teutsche Tugend nennet. Dahin müssen wir aus der verderblichen Gleichgültigkeit und Nichtigkeit, worin wir versunken waren, wieder verteutscht werden, was jene Entteutschen nennen. Freilich bei freien Verfassungen und freiem Leben treten auch die Gebrechen und Unarten der menschlichen Natur kräftiger und kühner hervor, man wird dann allerdings mehr Stolz und Troß und Ehrgeiß und Unruhe und Uebermuth sehen, als wo nur Ein führender und stimmgebender Leithammel ist, dem alle Schöpse blindlings nachbäen und nachtreten. Aber dem armen Leithammel wie geht es ihm in Noth und Gedränge? Da muß er immer zuerst den Sprung ins Wasser wagen und weiß noch nicht, ob jene ihm nachspringen werden. Ist Milde Sanftmuth Stille und Demuth wirklich im teutschen Karakter, sie werden nur schöner leuchten und wirken und lieblicher erscheinen, wann Männlichkeit Tapferkeit und Stolz und jede hohe Ehre und kühne Tugend durch die Männerbrust klopfen. Sind wir, worüber die Eigenen und Fremden einig sind, die stillsten langmüthigsten und mäßigsten aller Europäer, (ja zu viele Geduld werfen sie uns oft vor) warum sollten wir jeßt die Freiheit nicht so gut ertragen können, als unsre Väter sie einst ertrugen? — und das waren blinde Heiden und wir sind erleuchtete Christen — warum sollte das bei uns nur Laster hecken und brüten, was bei unsern Stammverwandten den Engländern und Schweden, bei welchen löbliche Freiheit und Oeffentlichkeit herrscht, alle christlichen und bürgerlichen Tugenden nur in einem schöneren Glanze erscheinen läßt?

Und das Sinnige und Tiefe in uns das Sittliche Wissenschaftliche und Philosophische sollte durch diese Freiheit gefährdet, die Wissenschaft sollte Barbarei und die Philosophie Geschwätz werden? Ich weiß, daß nicht bloß Polizeiminister und Polizeimeister, Diener der Leiblichkeit, so sprechen, sondern daß selbst manche Diener der Geistigkeit, die sich einbilden, auf keinen niedrigen Ideenflügeln zu schweben, solche Unglückspropheten sind. Aber ich denke, es hat mit dieser Weissagung nichts auf sich. Ist das Sinnige und Tiefsinnige, was als Uranlage im teutschen Volke seyn soll, so oberflächlich, daß es vergehen muß, wann die Menschen von einem gediegenen und gehaltreichen irdischen politischen Leben ergriffen werden, so war es der Mühe nicht werth, von der Tiefe etwas zu rühmen.

Ist das Sittliche so lose, daß es durchaus in der Kerkerwelt und Ofenwelt des Kleinlichen und Engen gehalten werden muß, damit es sittlich bleibe; getraut es sich nicht sich mit hohen Gelüsten und Trieben zu messen und gegen kühne und vermessene Begierden und Suchten in den Kampf zu treten, so mag es auch hinfahren in der letzten Probe, es mag, was man sagt, etwas glänzender zur Hölle fahren. Wir haben dann ausgelebt und werden unter den Völkern nicht länger als Volk bestehen. Was sich hier aber, damit das Unweise als Weises und das Unrechte als Rechtes erscheinen soll, hinter Wissenschaft und Philosophie versteckt, ist etwa gleichen Gehalts mit dem, was man von Christenthum und Religion so oft heuchlisch im Munde führt. Das ist häufig die tugendhafteste Frau, welche über die Leichtfertigkeit anderer Frauen die wenigsten Seufzer ausstößt, und der verehret Gott oft am besten, der seinen Namen am seltensten ausspricht. Ich weiß, wie hoch Wissenschaft und Philosophie über der Erde und über dem Irdischen schweben können und oft schweben sollen; aber wehe uns, wenn sie nie zur Erde herabkämen oder wenn sie so feine Aetherluft geschluckt hätten, daß sie die grobe Luft hier unten gar nicht mehr vertragen könnten! Ich weiß auch, wie teutsche Gelehrte den Stand der teutschen Wissenschaft und der teutschen Philosophie gedeutet haben und zum Theil noch deuten, und worin viele von ihnen die teutsche Herrlichkeit gesetzt haben; ich weiß, daß sie grade unsre politische Elendigkeit, unsern Mangel an einem großen politischen Herzen, um dessen Wärme als um den Mittelpunkt sich alles bewegte und bewegen müßte, als das gelobt haben, was uns im großen Sinne zu einem wissenschaftlichen und philosophischen Volke erzogen habe und allein als ein solches erhalten könne; ich weiß endlich auch, daß sie Manches in unserer Wissenschaft und Philosophie als etwas Einziges und allein durch die völlige Abgeschiedenheit und Sorglosigkeit um das Aussenleben Erreichbare gewiesen und gepriesen haben, was das Gelächter des Auslandes und zum Theil wahrlich nicht der Stolz des Inlandes ist. Und endlich bin ich so frech gradezu zu erklären, daß ich die Wissenschaft und Philosophie nicht einen Deut wert halte, welche sich unfähig oder gar für zu vornehm hält, an meiner Erde und an meiner Erdennoth Theil zu nehmen und mir die Erde und die irdischen Dinge einrichten und verwalten zu helfen. Nein, ehrliche Teutsche, eure Wissenschaft wird kein Leben, eure Philosophie keine Liebe kein Gemüth, wenn beide nicht auf das Leben, ich sage auf das gemeine und gewöhnliche Leben, ihren Glanz werfen. Vielmehr je frischer kühner stolzer muthiger ihr in den gewöhnlichen Verhältnissen des Lebens einherschreitet, desto frischer und muthiger werden jene dort oben ihren Sonnenflug wagen. Es ist an sich gar kein getrenntes Leben, es ist alles Leben Einer Art Einer Natur Eines Gottes; es ist an sich kein Groß und Klein kein Hoch und Niedrig kein Gemein und Ungemein — wo alle Kräfte am herrlichsten streben, da gedeiht alles am besten: Ein großer Frühling der Dinge wandelt selbst der Himmel leuchtender darüber hin. Grade was der teutschen Philosophie und Wissenschaft fehlt, das kann sie durch Verfassung und Preßfreiheit gewinnen. Schaffet unten nur etwas Festes und Gesetzliches, eine frische lebendige Gestalt und ein freies schönes Maaß der Dinge, und die teutschen Gelehrten und Philosophen werden lernen, daß das bloße Fliegen und Steigen und Ueberfliegen und Uebersteigen selbst die kühnste Wissenschaft und Philosophie bodenlos und gestaltlos macht und in der Himmelsluft droben eine Herrenlosigkeit walten läßt, wie sie unten auf der Erde ist.

Und auch mit dem lieben Christenthum kommen sie uns noch und mit den Gefahren, die ihm in der Ideenfreiheit drohen sollen, und gebärden sich, als könne das Christenthum, das man doch eben die Lehre des Lichts nennen könnte, durchaus das Licht nicht ertragen und als sey für seine Demuth und Stille und Beschaulichkeit die Gleichgültigkeit gegen geistige Güter und die dämmernde und in dicken Nebeln tappende Dummheit das Nothwendigste. Wir haben gewiß einen hohen Begriff von der Unschuld und Liebe, die billig zwischen den Herrschern und den Beherrschten seyn sollte, und einen noch viel höheren Begriff von der Unschuld und Liebe des Christenthums, und wissen auch wohl, daß der Mensch selig zu preisen ist, der diese hohen Güter bewußtlos besitzt und genießt; aber in irdischen Verhältnissen hat die Kinderunschuld, die man auch wohl eine kindische nennen kann, selten lange ausgehalten; der eine muß den andern hienieden nur gar zu oft erinnern, daß wir seit Adam in einer Welt voll Sünde leben, und jeder Thorwärter und Landreiter und Polizeiwächter und Nachtwächter sagt uns bei jedem Schritte, daß hier die Unschuld verloren ist und daß auch die Majestätsträger und Gesetzeshüter nicht mehr daran glauben dürfen. Aber eine höhere Unschuld eine schönere Bewußtlosigkeit des Zwanges und der Gewalt, deren unsre Gebrechlichkeit nun einmal nicht entbehren kann, erschafft sich noch alle Tage, ein wirklich kindliches und christliches Verhältniß der Liebe, wo Freiheit Gerechtigkeit Hochherzigkeit und Freigebigkeit mit geistigen wie mit irdischen Gütern die Richtschnur der Regierungen sind. Das Christenthum lehrt freilich Treue Gehorsam Demuth Hingebung als die ersten menschlichen Tugenden, es lehrt die Erde und die irdischen Güter als ein Nichts ansehen, damit die Sehnsucht nach den himmlischen Gütern wachse; aber eine gedankenlose Knechtschaft und eine Geduld, welcher alles Irdische und alle irdischen Verhältnisse, worin auch die Keime und Entwickelungen von Tugenden und Lastern geschlossen sind, gleichgültig seyn sollen, lehrt sie nirgends, sondern eben aus ihrer hohen Geistigkeit folgt, daß alles das zuerst gesucht und erstrebt werden muß, wodurch die geistige Kraft im Menschen wächst und die Begier aus dem kleinen und gemeinen Kreise des Bedürfnisses zu etwas Höherem empor gehoben wird. Auch hat die Erfahrung nie und nirgends gewiesen, daß ein freigesinnter und auf irdische Rechte stolzer Mann nicht der frommste und demüthigste vor Gott seyn könne. Was hilft es, daß man einander mit Lügen abspeist und der gerechtesten Sache mit einer kleinlichen und beklommenen Heuchelei falsche Scheine umhängt? Wir wollen es kurz aussprechen: Die Sünde ist eine so große Willkühr, als nur die Tyrannei seyn kann; Gott ist die höchste Tugend und Nothwendigkeit und deswegen die höchste Freiheit. Damit der Mensch frei sey, darum unterwirft er sich dem Gehorsam des göttlichen Gesetzes. Damit der Mensch als Bürger frei sey und irgendwo Herr, da er es nicht allenthalben seyn kann, darum unterwirft er sich dem weltlichen Gesetze und der weltlichen Obrigkeit. Wir haben alle Lust zu herrschen; deswegen dienen wir so viel: jedem Gehorsam liegt das verhüllte Geheimniß einer Herrschaft zum Grunde. Dies gilt hier unten, wie es dort oben nur gelten kann: in der Idee ist diese untere Welt nothwendig immer ein Ebenbild der oberen. Aber freilich wir sind Christen und sollen es seyn, und das muß sich in unserm ganzen Leben und in unsern Staatseinrichtungen und Ordnungen offenbaren; unsere Freiheit, auch wo sie bloß eine irdische und weltliche Freiheit ist, darf den Trotz und Stolz von Sparta Athen und Rom und die wilden Aufwallungen und Ausschweifungen von Korcyra und Syrakus nicht mehr zeigen; sie muß andere Früchte tragen, als das Heidenthum weiland trug. Das wird sie unwillkührlich allenthalben schon von selbst thun, wo das Volk mit dem Christenthum getränkt ist; wo aber Ruchlosigkeit und Gottvergessenheit mitten im Christenthum ein Heidenthum der Ideeen und der Ansichten schaffen, da helfen auch alle eure Warnungen nichts, sie mögen sich so fromm gebärden, als sie wollen. Wir haben allerdings in unsern Tagen ein solches junges Heidenthum mitten im Christenthum gesehen, aber doch wie weit von dem alten! Und nimmer hat auch jenes Volk, worauf wir anspielen, selbst in seiner größten Verwilderung es ganz verleugnen können, daß der Sohn Gottes und seine milde und himmlische Lehre Erbarmen mit aller Kreatur in die Welt gebracht hat. Aber gegen die falsche und zuweilen etwas hündische Auslegung des Sprüchleins die Liebe hoffet alles glaubet alles duldet alles müssen wir uns im Namen der ewigen Wahrheit und des ewigen Rechts, welche auch die Grundlehren des Christenthums sind, auflehnen und verwahren. Christus der Heiland hat ja alles Bitterste und Blutigste eben für sie ertragen und geduldet, eben weil er gegen pharisäischen Knechtsdienst und schön übertünchte Laster, die sich Frömmigkeit Gehorsam Friede und Glückseligkeit überschrieben, zu streiten in die Welt gekommen war. Wir haben jetzt manche himmeläugelnde Priester Sacheverell, welche das himmlische Evangelium misbrauchen, damit sie uns unser irdisches Evangelium, das auch durch Gottes Wunder verkündigt ist, wegpredigen und wegheucheln.

Endlich noch ein paar Worte über das Letzte, über die Klage, es sey so schwer, die Vergehungen der Preßfreiheit zur gebührlichen Strafe zu bringen, hier können viel leichter als sonst irgendwo Verbrechen dem Richter entschlüpfen, und so werde das schlimme Beispiel von Gesetzlosigkeit und Straflosigkeit täglich erneuet; auch werde durch die Preßfreiheit dem Hasse der Schadenfreude und Bosheit ein zu weites Feld geöffnet und die schlechtesten Leidenschaften werden dadurch oft genährt und befriedigt, obgleich ihre Vertheidiger sich immer gebärden, als habe sie nichts als das Edle Hohe Ungemeine zum Ziele ihres Strebens.

Ja ja, ihr lieben Leutchen, hier steckt eben der Knoten, hier ist der Schaden, wovor euch grauet, daß ihr nicht auch die Gedanken und die Rede sogleich zu gemeinen Verbrechen stämpeln könnt, wo ihr das ganze Volk zum Mitrichter habt und jeder die Akten mit durchliest. Viel bequemer ist es freilich, die Worte und die Gedanken in der Geburt zu ersticken und euren Reichscensor mit pharaonischen Hebammenweisungen zu versehen. Das ist freilich ein gefährlicher Proteus. Wenn ihr ihn los lasset, spielt er in den mannigfaltigsten und oft in den übermüthigsten Verwandlungen mit euch und fährt bald hiehin bald dahin und äfft und prellt euch vielfältig; denn mit euren gewöhnlichen groben Polizeifäusten ist er nicht zu fassen. Ihr stellet euch nun hier auch, als sey euch bange um die Majestät der Gesetze, da euch doch bloß um die Haut bange ist. Denn hier wird recht eigentlich um eure Haut gespielt werden. Darum ist es hier so schwer hineinzutasten, weil es nicht jedem Dummkopf leicht ist, wie er mit Einem groben Strich Ideen vernichten kann, von welchen er vielleicht nichts versteht, auch zu entscheiden, was hier That und Verbrechen oder bloß Meinung und Urtheil ist. Denn das müßt ihr freilich erlauben, daß nicht bloß über Gedanken Ideen Entwürfe und Ansichten sondern auch über Einrichtungen Anstalten und Thaten wieder Gedanken Ideen und Ansichten gegeben werden können, daß die Bücher wie die Schritte der Beamten und die Beamten wie der Inhalt der Bücher dargestellt gelobt und getadelt werden können, wie jeder sie mit seinen Freunden zwischen den vier Wänden lobt und tadelt. Nur wo bestimmte Thaten angeführt werden als solche, welche jeden Menschen bürgerlich schänden, da mag der Angegriffene, wenn er sich nicht auch über solchen Schmähungen erhaben glaubt, auf bürgerliche Weise vor dem Richter sein Recht suchen und von dem Ankläger oder Verleumder seine strenge Genugthuung fordern. Alles Andere bleibt frei und erlaubt wie öffentliches Urtheil und Ideenspiel, das einem edlen Volke nicht verkümmert werden soll. Und was thut es dem trefflichen Staatsmann, wenn er von diesem oder jenem Schriftling in seinen Ansichten und Entwürfen der Dinge engherzig kurzsichtig befangen eigensüchtig oder gar standessüchtig und Gott weiß was noch mehr gescholten wird? was thut es dem würdigen und tiefsinnigen Schriftsteller und Gelehrten, wenn Partheihaß ihn verschwärzt Verblendung ihn eine Zeitlang falsch beurtheilt, ja wenn er in seinen Werken in effigie (zu teutsch bildlich) verbrannt *)

*) Das ist ja dem Schreiber dieses auch schon widerfahren und mögte ihm noch wohl von einigen zugedacht werden, wenn sie dürften. Und er lebt Gott sey Dank noch.

oder aufgeknüpft wird? Siehe der Ausgang ist, wie ich oben gewiesen habe. Das Treffliche schwimmt immer oben, und kein Partheihaß konnte einen Aristides Hopital Chatam Pitt je zu Schelmen machen noch hat er die unsterblichen Werke eines Demosthenes Macchiavelli Luther Milton Burke je vernichten noch ihre Verfasser mit Schande brandmalen können. Freilich auch Schadenfreude und Bosheit werden oft wach seyn und auf ihren Raub lauern und wie sie würdige und verdiente Männer herabsetzen können. Aber sind denn diese letzten vertheidigungslos? haben sie nicht das ganze Volk als Mitrichter und alle Guten als Vertheidiger? entscheidet nicht endlich über jeden Sterblichen sein Leben und der Leumund, den er zunächst bei denen hat, die ihn kennen und lieben? Und schänden diese Schänder der Ehre und Tugend sich nicht selbst am meisten? So ist es in der That, und so wird es immer seyn: ein Schwerdt hält das andere in der Scheide? Und wer endlich gegen die Achtung der Besseren gleichgültig ist, dem kann man es ja wohl gönnen, unter dem Schirm der allgemeinen Freiheit wie ein wüthender Hund so mit durchzulaufen.

Aber ich sage es, wo die rechte Oeffentlichkeit ist und das ganze Volk über nichtswürdige Hetzereien und Durchstechereien der Lüge und Feigheit eine strenge Rüge hält, da werden der Hunde mit so unverschämtem Fell immer wenige seyn.

So habe ich etwas breit gesprochen, fast aus gemeinen und gewöhnlichen Beziehungen und Gründen für das Ungemeine und Hohe. Ich scheine so das Unbedingte durch ein Bedingtes herabgesetzt zu haben. Aber diese Sache ist so gut, daß man selbst aus dem niedrigsten Standpunkte siegreich kämpfen kann und ihr Höchstes gar nicht einmal zu berühren braucht, wo dann alle die kleinen und kleinlichen Rücksichten und Sorgen flugs zu Boden fallen müssen. Aber mehr als auf alles dieses und über und gegen alles dieses müssen die Gedanken und Worte auch über und gegen ein Uebel rollen, welches gottlob bei uns noch nicht älter ist als zehen bis zwölf Jahre: ein Uebel, woran jeder schütteln muß, dem es an Wohl und Wehe und Ehre und Sittlichkeit des Volkes und Vaterlandes zu thun ist. Mag man mich, weil ich das fünfte und fünfzehnte Mal immer wieder auf denselben Gegenstand zurückfahre, breit lächerlich thörigt schelten, ja mag man sagen, ich sey toll und närrisch, hier sitze ein donquixotischer Narr festgebannt, was kümmert es mich? Ich würde mich in innigster Seele verachten, wenn ich hier nicht heftig und zornig werden könnte, ja ich würde hier die zarte und feine Behandlung für ein Verbrechen halten. Ich rede von einer blinden und übergeschnappten Verwirrerin und Aufhetzerin der Gemüther, die allein darin eine Entschuldigung ihrer Frevel trägt, daß sie blind und verworren ist: ich rede von der zu vielen und zu fleißigen und bestellsamen Polizei. Mag sie ihren ganzen Haß gegen mich wenden — ich habe es schon oft erfahren, wie sie mich liebt — ich will ihr noch einmal sagen, was sie ist und was sie seyn darf und seyn soll, ich will sie den Herrschern und dem Volke noch einmal als einen Spiegel hinhalten, damit sie sich in ihr beschauen und zittern. Das aber will ich am wenigsten scheuen, daß sie das Abgedroschene wiederholen werden: du schreiest und tobest so gegen uns, weil du zitterst, du könnest in unsern Netzen gefangen werden. O sie hätten mich lange eingefangen und gehängt und geköpft, wenn sie dürften. Ja ich zittre vor diesem blinden schielenden schleichenden lauschenden wälschen und unteutschen Uebel, aber wahrlich nicht um den Leib und um das Leibliche, sondern um etwas, wohinter es herjagt, wie es nur einen Schimmer davon erblickt, aber was es noch immer nicht haschen kann, weil es ihm zu fein und hoch ist.

Blind ist diese wälsche Pest, dieses alte Uebel, das bei uns gottlob noch ein junges Uebel ist und das wir noch wohl ausrotten können, ehe es tiefere Wurzeln schlägt. Es ist ein blindes Ding in aller Beziehung, man mag nun an ein Thier denken, das Blindschleich heißt oder etwa an das, was die Bauern in Nordteutschland blinde Dinger nennen, Geschwüre, die am Leibe hin und her schleichen und plötzlich kommen und vergehen. Blind ist es sogar in der Hinsicht, daß man nicht einmal genau sagen kann, was es ist: eben weil es zu den verlarvten Krankheiten gehört. Die Leute, welche in Beschreibungen Begränzungen und Bezeichnungen der Dinge die schärfsten sind, haben Polizei noch nie beschreiben, wohl aber hin und wieder umschreiben und bezeichnen können. Woher das? Nicht so sehr wegen ihrer Tiefe als wegen ihrer Fläche, weil es nichts Wirkliches sondern mehr einen Mangel bezeichnet, wie es denn auch an dem Nichtigsten und Vergänglichsten der Erde arbeitet.

Die das Ding, das auch in den besten Händen leicht in das Unedle Schleichende und Laurende ausarten kann, edel meinen und hoch stellen, sagen wohl: Die Polizei ist die zartere fast unsichtbare vorhersehende beschirmende behütende still warnende sanft ermahnende, leise hemmende leise strafende Liebe und Treue des Herrschers, welche mit tausend Augen und Ohren sieht und hört, wo die Menge blind und toll ist, welche die Lüste und Verbrechen im Keime belauscht und sie erstickt, ehe sie flügge werden können. So ist ihr liebendes Aug ihr leiser Tritt ihr zarter Athem ihr sanftes Wort und ihre sanfte Hand wie Gottes höhere Liebe und Gnade fast ungesehen und unvernommen allenthalben und richtet wie alle zarteste und menschlichste Leitung und Erziehung das Größte aus, während sie nur mit lauter Kleinigkeiten beschäftigt und auf alle Mängel Gebrechen und Schattenseiten der Welt und des Menschen gewandt scheint.

Wir wollen dieses Bild einen Augenblick gelten lassen — denn eine so milde und zarte Polizei ist doch nicht undenkbar, so wie die Polizei auch wohl mal in die Hände zugleich der gescheidtesten und freundlichsten Menschen kommen könnte. Aber diese Zartheit diese Feinheit diese Umsicht und Einsicht, welche ein solches Bild voraussetzt, kann sich im Zank und Zwiespalt der irdischen Dinge und grade der kleinsten und gemeinsten irdischen Dinge, worin das Wesen der Polizei eben am meisten gefangen ist, nicht behaupten. Das ist das Loos menschlicher Beschränktheit und irdischer Unvollkommenheit, daß, wer immer mit dem Einzelnen Kleinen und Gewöhnlichen oder gar in dem Mangelhaften Gebrechlichen und Verbrecherischen umfangen und beschäftigt ist, jene Liebe Unschuld unb Seelenheiterkeit selten bewahren kann, die das Ungewöhnliche Edle und Hohe grade voraussetzt. Darum haben alle Menschen, die es mit der Tugend und Hoheit ihres Geschlechts wohl meinen, immer gesagt, und alle freie und hochherzige Völker haben es immer als Grundsatz ausgesprochen und behauptet: Von dem Uebel, das Polizei heißt, so wenig als möglich! Denn wäre der leitende warnende belauschende und behütende Geist, wovon man wenigstens ein Urbild aufstellen kann, auch die Liebe und Menschlichkeit selbst, so würde er doch böse Früchte tragen. Da kann man sagen: Geschieht das am grünen Holz, was soll am dürren werden?

Gern hört die Polizei die Vergleichung, wo man sagt, sie sey eine fortgesetzte und planmäßige Erziehung des Volks durch die Regierung, eine stille und sanfte Warnerin vor Sünden und eine geduldige Ausjäterin und Ausrotterin von Verbrechen. So meinen es gewiß redliche aber bei aller Redlichkeit kurzsichtige Männer, die bei der Polizei angestellt sind. Aber was wissen die von Erziehung? ja wie wenige Menschen verstehen überhaupt so Großes und Tiefes, als die Erziehung ist! Wir wollen bei dem Gleichnisse bleiben, so wird jeder begreifen, was wir meinen. Das kann man täglich von der Erziehung sehen, daß das Zuviel auch da verderblicher ist als das Zuwenig oder Garnichts. Wie viele fromme und rechtschaffene und sonst in jeder Hinsicht gescheidte Aeltern erziehen eben durch das Zuviel aus ihren Kindern Heuchler und Bösewichter! Durch ein gesundes und frisches Leben durch das stille Beispiel von Rechtschaffenheit Keuschheit und Frömmigkeit durch ein einzelnes lebendiges und kühnes Wort durch ein menschliches Ergreifen des Augenblicks und der Stunde, wo der junge Mensch seine Seele dem Göttlichen und Heiligen aufgethan hat, dadurch werden die recht tiefen wahren treuen und frommen Menschen gebildet. Jede Lehre, die sich zu sehr eine Absicht merken läßt und auf ein bestimmtes Ziel hinsteuert, jede ängstliche Begleitung Behütung Belauschung und Beschleichung der Triebe und Handlungen der Kinder macht Sünder und Lügner. Durch das Gesetz ist die Sünde in die Welt kommen sagt der Apostel. Ihr aber könnt diesen Vers nicht auslegen und werdet ihn gegen mich gewiß misbrauchen. Wenn dies bei Kindern und Jünglingen geschieht — und man kann es alle Tage sehen — wo die nächste und süßeste Liebe der Aeltern so thörigt sorgt und wacht, wie sollte es bei dem Volke nicht mehr geschehen, wo auch die redlichsten Versorger und Wächter doch nothwendig in fernerer und kälterer Liebe stehen müssen? Wenn Kinder sich freuen, selbst liebenden Aeltern, die sie thörigt leiten und halten wollen, zu widerstreben und sie zu täuschen, wie sollte ein Volk es nicht viel mehr thun gegen solche, von welchen es innere Herzensliebe weder erwarten noch fordern darf?

Wir hatten vor zwanzig und dreißig Jahren auch Polizei im heiligen römischteutschen Reiche, aber keine, die je so viel Lärm gemacht und sich auf einen so hohen Olympus der Herrschaft und auf ein so leuchtendes Zion der Wächterschaft gesetzt hat, als die Polizei von heute. Sie war einzeln da und trieb ihr Werk, das keinesweges ein großes Werk ist, ohne Lärm und Prunk, war auch, wenn man die großen Hauptstädte von 100,000 bis 300,000 Einwohnern ausnimmt, wo die Zusammenströmung alles Herrlichsten und Gemeinsten Edelsten und Bübischesten größere und strengere Hut nothwendig macht, zunächst in den Händen des Volks und der Gemeinden, und sorgte so ziemlich leidlich für Luft und Licht Wasser und Feuer Butter und Brod Wein und Bier und für die Sicherheit der Häuser und Straßen; welches eigentlich der Bezirk ist, den sie nie verlassen sollte. Die Herren von der Polizei waren damals kleine und unbedeutende Leute, sie sind seitdem vorgerückt und haben sich des Größten und Höchsten beflissen und mit ihrem guten Willen werden wir sie nie wieder auf die niedrigere Fläche herunterbringen, wo sie nur mit dem Einzelnen Kleinen und Gewöhnlichen zu thun hatten. Vorher waren sie Diener des Markts und der Landstraßen, die ihr Geschäft des Aufpassens und Haschens bescheiden verrichteten; jetzt nennen sie sich stolz Diener des Throns Stützen der Herrschaft Beobachter und Leiter der öffentlichen Meinung Zügler und Dämpfer des unruhigen Volksgeistes und Tag- und Nachtwächter nicht der unreinen Leiber allein sondern auch der unreinen Geister; so daß man sagen kann, ihr Umfang sey der Umfang der ganzen idealen Philosophie: die Pflegung Bewahrung und Leitung aller menschlichen und göttlichen Kräfte Triebe und Leidenschaften; und daß sie mit einer Gelenkigkeit und Fliegigkeit des Geistes, die sonst nie gesehen worden, von dem Gewimmel des Jahrmarktlärms zu Göttergelagen des Olympus und von dem Verhör eines armen Galgendiebes zur Gallschen Betastung und Abschätzung des Schädels eines Leibnitz und Göthe überspringen können, und sie allein von allen Sterblichen.

Ich sagte oben, alle freisinnige und hochherzige Menschen und Völker hätten lange den Ausspruch gethan: Von dem Uebel, das Polizei heißt, so wenig als möglich! Meine Meinung aber will ich in dem größten Gegensatze aussprechen: Lieber gar nichts davon, als zu viel! Denn in dem ersten Falle kann man wohl mal faule Fische essen und vergifteten Wein trinken müssen, ein Trunkenbold oder Narr kann wohl mal mit Faust und Stock auf einen losbrechen, ein Dieb einem die Taschen leeren, ein Räuber einem den Hals umdrehen, aber die Seele können diese alle einem nicht verderben; in dem zweiten Fall aber versammeln sich alle schadenfrohen Neuntödter der Seele mit einander, alle listigen und schmeichlischen und meuchlischen Kriechteufelchen und Schleich-teufelchen der Hölle finden sich ungeladen ein und können nicht leicht von der Versamm-lung abgehalten werden. Wie geht das zu? ist etwa die Polizei mit einem besondern Aus-satze behaftet, die allen andern menschlichen Einrichtungen fehlt? entwickelt sich etwa in ihr eine Bosheit oder Gewalt, die nicht auch in andern wäre? Ich will das aussprechen, was sie durch die allgemeine Gebrechlichkeit entschuldigt.

Es ist aller Menschen ohne Unterschied und Ausnahme Art und Unart, daß sie an sich reissen und herrschen wollen. Wer von dieser Art und Unart gar nichts hätte, müßte hier auf der Erde strax vergehen. Sie ist nicht so barmherzig, daß auf ihr etwas leben könnte, das ohne allen eigensüchtigen und sichselbstvertheidigenden Trieb wäre. Der Gehorsam ist verloren das ist die Klage des frommsten Priesters; der Gehorsam ist ver-loren das ist die Losung jedes Polizeimeisters. Und ein gerechtes Geschrei, wenn es gerecht gemeint ist. Jener kindliche Gehorsam der höchsten Freiheit und Unschuld, der nicht sün-digen konnte, ist seit Adam dahin, und weil er dahin ist, müssen wir unruhige und frevelnde Menschen Richter Vorrichter Nachrichter Unterrichter Ueberrichter Einrichter Ausrichter Aufrichter und Gott weiß was mehr für Richter und Päbste und Erzbischöfe Polizeiminister und Finanzminister Priester und Professoren und viele andere nothwendige Uebel erdulden. Und auch kein König und Fürst kann es übel nehmen, wenn ich sage, daß er ein nothwendiges Uebel ist, das ohne Adams Apfelbiß nicht in der Welt seyn würde. Weil nun der Ungehorsam Wächter Beherrscher Bändiger und Bestrafer fordert, darum sind die vielen Arten und Diener der höchsten Majestät des Gesetzes und des Throns. Aber damit auch sie — denn auch in ihnen steckt Adams Sünde — sie, die eben den verlornen Gehorsam wiederherstellen sollen, nicht von selbst auch wieder ungehorsam werden und über die Gränzen ihrer Befugniß und Gewalt hinausdringen, darum hat man einem jeglichen eine Schranke zu setzen und einen bestimmten Bezirk des Amtes abzumarken gesucht. Nur die höchsten Gewalten sind in gewissem Sinn unbeschränkt. Diese sind auf der Erde der König der Priester der Gelehrte der

Hausvater und endlich die Fünften die Polizeidiener und Polizeiherren. Der König muß frei und unbeschränkt gedacht werden, weil er den immer eingeschränkten Bürgerstaat durch das Gesetz und durch freies kühnes und edles Walten täglich erlösen und befreien soll; der Priester, weil er von dem freiesten himmlischen Reiche des Gehorsams und der Seligkeit predigt; der Gelehrte, weil er mit dem Adler und der Lerche immer in der sonnigen Höhe der Ideen leben und schweben soll, wo selbst die weitestschiessende irdische Kanone ihn nicht mehr erreichen mag; der Hausvater, weil er in seinem Hause noch unbeschränkter herrscht als selbst der König in seinem Reiche, nemlich allein durch das ungeschriebene Gesetz des Herzens; und der Polizeidiener endlich, weil es sehr schwer ist, seinen Bezirk genau abzugränzen. Das ist die Wurzel des Uebels, da steckt die Krankheit, worüber wir jammern: weil er nach so vielem tasten und spähen und in allem mitrühren und mitkramen darf, so kömmt der Polizeidiener und Polizeiherr sich so leicht gleich einem unbeschränkten Könige vor, und gebietet und verordnet so gern im Namen der

Majestät, und verläuft sich also so leicht in Gebiete anderer Behörden, und wird in Gesinnung und Ausübung ein Tyrann. Dies Unbeschreibliche und Unbegränzliche der Polizei und ihres Gebietes — dies fürchten die Menschen, die sich auf Freiheit verstehen, hierin sehen sie die Willkühr und das Verderben. Ich spiele einmal mit Gleichnissen: ich kann noch viel deutlicher zeigen, wie dies nicht aus angeborner Bosheit der Polizei sondern vielmehr aus angeborner Unart der menschlichen Natur entspringt. Darum, weil diese Herrschsucht, diese Anlage zur Tyrannei, eine Folge des Sündenfalls, uns allen angeboren ist, haben die Menschen in freien Staaten die Gränzen aller Aemter und Dienste der Gewalt genau bestimmt, und in unfreien Staaten — man kann sagen, je unfreier, desto loser — haben sie sie nur so ungefähr beschrieben und umgränzt und statt nach festen Gesetzen wird da nach ungefähren Anweisungen und Maaßgebungen regiert. Der Mensch, welcher so nach dem Unbestimmten und Ungefähren lebt und regiert, dem keine feste Gränze vorgestellt ist, wobei auch Furcht und Ehrfurcht und für den Verbrecher Schrecken als strenge Wächter und Warner mit gezücktem Schwerdte stehen, bildet ihm selbst bald eine Macht ein, die er nicht hat, und nebelt und schwebelt und taumelt und baumelt in aller Willkühr und, wenn er herben und bösen Gemüthes ist, endlich in aller Tyrannei hin und her. Ich spreche von Selbsteinbildungen und Täuschungen der Herrschaft. Ich will dies gleich in einer lieben Ironie zeigen, worunter unser aller gemeinsame Art versteckt liegt. Der Rathsdiener in den Städten, der an vielen Orten auch der Herrendiener heißt, trägt er in seiner Einbildung, eben weil er in den vielfältigsten Beziehungen und Geschäften zu der Welt und dann zu den verschiedenen Behörden der Obrigkeit hin und her läuft, nicht den stolzen Keim aller ihrer Geschäfte Ansprüche und Verdienste in sich und spricht immer aus Wir? Und der Universitätspedell, vollends wenn er einige lateinische Wörter auswendig weiß, stellt er nicht alle Fakultäten mit scherzhafter Wichtigkeit in sich dar? Und der Küster dünkt er sich fast nicht mehr als sein Pastor, weil er eben Mehreres zu beschaffen hat, womit jener nichts zu thun hat? Woher diese Erscheinung? Aus dem unbestimmter Dienst, aus dem Dünkel, daß ein solcher armer untergeordneter Diener, weil er sich zu gleicher Zeit in Vielem hin und her treibt oder vielmehr hin und her getrieben wird, glaubt das auch selbst ausgerichtet und gemacht zu haben, weswegen er auf den Beinen ist. — Und nun die Polizei? wie soll ein Polizeidiener sich retten, auch wenn er nur in dem Vielerlei und Wirrwarr des Jahrmarkts und der Gassen und Landstraßen umgetrieben wird, wie soll der Arme sich vor dem Gedanken retten, daß er mit in dem Innersten der Weltregierung sey, ein täglicher und ämsiger Nachbesserer und Nachschöpfer des etwas unvollkommen und stümperhaft gerathenen Werkes Gottes? wie soll er, da sein Gebiet allenthalben in alle möglichen fremden Gebiete Ausgänge hat, in dem Uebermuthe und der Willkühr der Einbildung nicht grade immer in das höchste Gebiet hinaus wollen? ja sich schon in der Mitte desselben zu stehen wähnen, wenn er sich grade auf der plattesten Fläche des niedrigsten umtreibt? — Ernstlich gesprochen und weit hinaus aus diesem bittern Scherz — hier ist nicht die Polizei allein, hier sind wir alle: So herrlich sind wenige

Sterbliche begabt, daß sie zugleich das Einzelne und das Ganze das Gemeine und das Ungemeine immer in Einem Leben beisammen haben können, daß der Geist zugleich das Niedrigste und das Höchste mit gleicher sonniger Heiterkeit verwalten könne.

Also das steht fest, herrschen will ein jeder von uns; wer in unbestimmten Schranken des Lebens und des Amtes steht, idealisirt sich gern zu dem Höchsten hinaus und hinauf. Was ist also natürlicher, als daß die Polizei von jeher aus einer Markthüterin und Diebesbelauscherin eine Gedankenhüterin und Geistesbelauscherin hat werden wollen? Wie jedes Ding kraft des inwohnenden Naturgesetzes aus seinen Anfängen immer nach seinem höchsten Ziele streben muß, so ist der Polizei höchstes Ziel nothwendig immer, von dem leiblichen Haschen zu dem geistigen von der Diebeslauscherei der Landstraßen und Schenken und H . . . ser zu der Diebeslauscherei der Köpfe und Herzen, kurz zu den diebischen Gedanken der Menschen vorzurücken. Das heißt mit dürren Worten: Jede Polizei, die in ihrem eigentlichen untergeordneten Berufe mit den niedrigen Bedürfnissen und Gebrechen und Verbrechen der Menschen zu thun und diese zu beobachten und mit einer Art geheimer Wache zu umgeben hat, will ihrer Natur oder vielmehr der herrschsüchtigen Menschennatur nach eine hohe und geheime, d. h. eine Gedankenpolizei werden. Sie fängt für den Leib und mit dem Leibe an und ihr höchstes Ziel in dem Bezirk bleibt immer, einen verschmitzten Gauner zu dem zu bringen, was im Lübschen Recht das Freie Höchste heißt; sie muß nothwendig mit dem Geist und den Geistern endigen wollen, muß aber da unvermeidlich die Spuren ihres ersten Wesens wieder offenbaren, wo eben ein solches Freies Höchstes idealisch im Hintergrunde schwebt: ein Stäupen Hängen und Köpfen der Gedanken.

Solche hohe und geheime Polizei solche Gedankenklapperjagd und Geistesplackerei war bei uns Teutschen vor fünfzehen Jahren noch etwas Unerhörtes; bloß eine Hauptstadt im Vaterlande ward damals beschuldigt verkappte Fliegen- und Mückenfänger der Gedanken zu besolden. Wir verdanken diese vortreffliche Anstalt wie so manches andere Unsaubere den Wälschen. Man meinte sich gegen ihre Tücke und Schliche besser wehren zu können, wenn man ihre Waffen gegen sie selbst kehrte. So ward das Unlöbliche und Unteutsche ihnen nachgemacht. Man übte sich in der Giftmischerei, jedoch mit dem guten Vorsatze und dem geistlichen Vorbehalt des Gewissens, sowohl das Recept als die Töpfe und Tiegel zu vernichten, wann die wälsche Gefahr vorüber sey, und dann wieder in einem reinen und teutschen Leben zu wandeln. Alle Regierungen verkünden uns öffentlich, die Späherei und Lauscherei die Briefbrecherei die Angeberei die ganze weitgreifende und weitschleichende Sünde sey nun abgeschafft. Wir müssen den Worten ja wohl glauben; aber das müssen wir gegen diese Ankündigungen erinnern, daß in vielen teutschen Landen alle freie und unschuldige Bewegung der Menschen, wie sie weiland bestand, noch immer gehemmt ist, daß alle Menschen unter dem Titel der öffentlichen Sicherheit wie die Schelme und Spitzbuben betrachtet und behandelt werden, kurz daß die meisten der gehässigen Weisen und Arten, wie wir sie von den Wälschen bekamen, und die vielschreibenden und vielgeschäftigen Polizeikammern und Polizeibuden nach wie vor bestehen, daß auch manche Polizeidiener die Art und die Gesinnung, worin sie einmal geübt waren, schwerlich so bald ablegen werden, wenn auch von oben herab ausgesprochen wird, es soll bloß die kleine und unschuldige Polizei seyn, welche für den Magen und die Kehle am thätigsten ist? — Ich glaube nicht, daß wir ein schlechteres Volk geworden sind, als wir vor zwanzig Jahren waren; ich mögte sogar sagen, wir sind besser als damals. O goldne Zeit, wann kömmst du wieder? Es sind nun zwanzig Jahre, als ich zu Fuße und zu Wagen von Stralsund bis Triest ganz Teutschland durchreiste, und nirgends hat man mich nach meinem Paß gefragt als in Wien. Wie frei wie ungezwungen wie ungestört und ungeplagt lebte ging stand und schlief man damals! und es waren wohl nicht mehr Diebe und Mörder damals als jetzt, vielleicht ein paar hundert unbedeutende Gauner und Tagediebe mehr als jetzt liefen und streunten etwas länger ungestraft durch die Welt herum; aber das große und hohe Freie und Edle war wirklich frei und edel und ward dafür gehalten, bis die Richter den Beweis führten, es sey es nicht. Welcher Biedermann ergrimmt nicht in seiner Seele, wenn er denken muß — was er ja oft mit Augen sehen muß — daß die Majestät des Glaubens in erbrochenen Briefen verletzt ist, wenn er sich hinstellen muß vor den Polizeiherren und sich angaffen und zeichnen lassen, wie man Spitzbuben angafft und zeichnet? und dann ausser diesem tiefen Seelenschmerz, der nicht bloß um die Schändung des eigenen göttlichen Ebenbildes trauert, noch die vielen Kränkungen und Hudeleien der Armen und Unwissenden. Wahrlich solches, immer fortgesetzt und an den meisten Orten mit dem festen Ausbau von List und Verschmitztheit noch vermehrt und zu einem Gefangnenbau der Geister zusammengeschnürt, muß das treueste Volk in ein untreues das redlichste in ein lügenhaftes das einfältigste in ein verschmitztes Volk verwandeln, und Himmel und Erde kann man gegen eine solche Schmach anrufen, die eben so unteutsch als unchristlich ist.

Ich weiß, was die Leute sagen, die nicht bloß die Leiber sondern auch die Geister peinigen können, die alles Stolze und Hohe, was sich in der Zeit bewegt, als tollen Aberwitz oder jakobinische Verruchtheit verschreien. Ihr Geschrei von dem Ungehorsam und der Bosheit des Volkes und seiner sogenannten Führer und Verführer ist eitel und leer; höchstens können sie hie und da über Narrheiten schreien, aber Narrheiten sind keine Verschwörungen. Da ist wenigstens die Wuth und Gefahr nicht, wo sie sie sehen und zeigen. Sie liegt anderswo; sie liegt am meisten in ihnen und in der unseligen Hetzerei und Grollerei und Durchstecherei, die sie veranlassen und schaffen; sie liegt in der Dummheit, die nicht in das Licht sehen will, in der Feigheit, die sich vor Ruhm und Ehre fürchtet, in der Faulheit, die ihr Daunenbett wieder polstern mögte, in dem Eigennutz und Uebermuth, der zum alten verlebten Besitz zurück will, in dem Haß, der fremde Dienstbarkeit fast lieber mögte als eigne Freiheit, in der Lüge, die gern über die Zeit hinhüpfen und verkleidet wiederkommen und sie verleugnen und sagen mögte: Liebe Freundin, Sie irren sich wohl in der Person, ich habe Sie nie gesehen; sie liegt aber am meisten in den schleichenden kriechenden schlangenzüngelnden und fuchsschwänzelnden Künsten, womit elende Menschen, welche meinen, das

Leben dieser Zeit lasse sich zur allgemeinen Belustigung wie ein Affe in einen Kasten sperren und herumführen, die Hohen und Herrscher bestricken mögten, daß sie uns alle wieder lahm matt und geistlos hinlegen mögten für jenen faulen Todesschlaf, worin wir vor dreißig und zwanzig Jahren lagen, für jene traurige Vergessenheit und Gleichgültigkeit gegen das Vaterland, die uns damals besaß.

Das ist das große Uebel, das ist jetzt unser zweiter unser teutscher Napoleon, das ist der schleichende lispelnde und flüsternde Widersacher und Verderber, der Hasser des Lichtes und der Freiheit von Anfang; man kann seine verbotenen Schlangenkünste, womit er eine edle und freie Menschenjagd Teutschlands, wo alle Geister jauchzen und klingen mögten, in eine gemeine Thierhetze verwandeln will, nicht genug aufdecken. Und wenn wir diesen grinsenden und ingrimmigen und in seinen Künsten über all unser Glück und unser bestes Streben satanisch hohnlächelnden Teufel Napoleon oder Davoust den Zweiten walten lassen, so wird seine schreckliche Weissagung Wahrheit: die Umwälzungen, worüber er jetzt den unzeitigen Feuerlärm erhebt, werden kommen und die Katze der äsopischen Fabel wird mit blutigen Zähnen ihre leichtgläubigen Nachbarn verschlingen. Fahrt nur so fort, braucht nur alle Künste finsterer Angaben und frecher Verleumdungen, reitzt durch Haß und Neid und Verdacht nur alle Geister zum höllischen Kampf mit einander, reißt nur eine immer tiefere Kluft zwischen den Herrschern und den Beherrschten, predigt Liebe Treue und Glauben nur recht fleißig als die da gewesen sind, flüstert den Fürsten und Königen nur ein, daß Gedankenfreiheit und Preßfreiheit Religion und Thron untergraben, daß die hohe Polizei und Inquisition und Jesuiten und — wenn sie bei uns wachsen können — Hofpriester und Hofpolizeimeister allein das wankende Europa retten können — fahrt nur so fort mit allen Künsten und Listen und Scheinen und Lügen zu blenden und zu behexen und der blutige Zirkel wird fertig werden, worin eure Dummheit und Bosheit — denn ihr seyd beide dumm und bös — sich im äffischen und äffenden Wahnsinn rundtreibt. Keiner wird endlich den Ursprung des Unheils mehr wissen, so wenig als er dann einen Damm wissen wird gegen die fürchterliche Ueberschwemmung, die hereinbrechen wird. Drückt plagt neckt preßt und hetzt nur immer so fort, als ihr im Anlauf seyd, verleumdet nur alles, auch was die gehorsamsten und frommsten teutschen Herzen teutsch und frei wollen, als Unsinn und Verbrechen, ihr werdet Recht behalten, ihr werdet eure Umwälzungen und Umkehrungen mit Gottes Hülfe ja noch erleben: ihr Unglückskrähen, die da Gewitterregen krächzen, wann die Wolken hell sind.

Frei ist die Rede der Wahrheit und des Rechts, und frei muß sie seyn in dieser kranken und überspannten und doch so edlen — nach drei schläfrigen Jahrhunderten edelsten — teutschen Zeit. Ich will sie nicht nennen, die immer von Bündnissen und Verschwörungen sprechen - ihre Namen sind bekannt genug. — Aber machen sie nicht einen Bund und eine Verschwörung, reicht ihre zusammenverklettete und verklitterte Pest nicht durch viele Lande und Herrschaften des Vaterlandes? Das Gute und Wahre hat nie die Wuth von Geheimnissen und Verschwörungen gehabt, sein Leben ist das Licht, worin alle leben und gedeihen, und dieses Licht soll es nicht scheuen.

Aber sollten die Finsterlinge und Ankläger und Beseufzer der Zeit siegen und uns Rede und Schrift überwältigen, sollten die Schergen der Dummheit und Faulheit teutsche Menschen zu stummen und hündischen Knechten machen, was Napoleon wollte und nicht konnte und deswegen als ein gebundener Sünder in St. Helena sitzt, dann hätten Gott und Schicksal in den letzten Jahren ein furchtbar ironisches Spiel mit uns gespielt, eine Tragikomödie, wie sie die Geschichte nicht kennt.

Dieses finstere und feige Treiben, diese Handlangerei der Hölle, deren Wesen in Lügenkünsten und Haß und Argwohn besteht, sprechen von Gehorsam und Liebe, und sie reissen Gehorsam und Liebe aus allen Herzen mit den Wurzeln aus und machen das Volk feig schleichend lügnerisch mistrauisch grollisch listig und verschlagen, kurz sie säen alle die Laster aus, an deren Brüsten das Unthier an der Seine groß gesäugt war, das uns nun bald dreißig Jahre erschreckt hat. Denn wenn das Wort und der Gedanke, die göttliche Freiheit des Menschen und des Christen, sich schämen oder in Knechtsgestalt auftreten und sich eben mit dem bischen Lumpen verhüllen sollen, was eine engherzige und kurzsichtige Polizei ihnen gönnt, wenn alle Menschen, auch die friedlichsten und unbescholtensten von jeder Polizei gleich gebornen Schelmen und Gaunern — geborne Sünder sind sie freilich, aber nicht vor dem gestrengen Herrn Polizeimeister sondern vor dem barmherzigen Gott — von Amtswegen betrachtet werden dürfen, dann ist es mit unserm Glücke aus, und auch Teutschland werden sie allmälig zu den Gräueln und Lastern auferziehen, wogegen sie so hellstimmig schreien, sie werden die Umwälzungen und Verbrechen aus ihm herauspressen, die in unsrer Geschichte sonst unerhört waren. Wenn die Liebe zerstört ist, wenn die Regierungen und ihre Diener nicht mehr an Liebe und Ehre glauben, so wird bald der Haß drein schlagen und alle finstere Geburten der Hölle werden Gutes und Böses in Einer verderblichen Mischung fassen und zerschmettern.

So ist das Uebel dieses Zuviels in der Aufsicht und Leitung und sogenannten wohlgemeinten Erziehung des Volks, die, über sich und über ihre Verhältnisse zur Welt geblendet, von der Regierung über Leiber zur Regierung über Geister fortschreitet, so ist das böse Uebel dieser Verworrenheit, daß sie durch den ungebührlichen Krieg und Kampf, den sie auf einem Gebiete anfängt, das ihr ewig fremd bleiben sollte, weil ihre Beschränktheit auch bei dem besten Willen auf demselben nie heimisch werden kann, immer neue Kräfte und Kämpfer gegen sich hervorlockt und also auch ihr Heer mehren muß, damit sie dem selbstgeschaffenen Feinde gewachsen sey. Daher ist es nothwendig, daß eine jede Polizei, je geschäftiger sie ist, desto mehr Geschäfte bekommen muß; denn sie schafft sie selbst. Darum von Jahr zu Jahr die Ausbreitung ihres Umfanges und die Vermehrung ihrer stehenden Truppen. Wir haben ja das glänzendste Beispiel davon noch jüngst unter Napoleon gesehen, der die ungeheure Polizei, wie alle Tyrannen thun müssen, vorzüglich für die eigene Sicherheit als seine Leibwächter besoldete. Wenn sie es bis zu der Höhe gebracht hat, daß jeder zehnte Mensch des Volkes auf irgend eine Weise einer der Späher Aufpasser Herumträger und Helfer für sie ist, dann mag der Herrscher an Gemüth und Verstand ein Gott vom Himmel seyn, das Volk, das mit Argwohn und Mistrauen überfüllt wird, hat auf immer die Liebe verloren und mit ihr jede Tugend, und wir sind dann vergangen, wir sind dann verwälscht auch ohne Wälsche durch Künste, welche die Unsrigen von ihnen lernten, und kein Gott kann uns die alte Unschuld und Treue wiedergeben.

Und ist dies finstere Bild bloß ein Spiegel dessen, was werden kann, wenn alle Bessere nicht mit Muth und Geist und Wort das Rechte thun? ist es bloß ein warnender Spiegel möglicher Zukunft? Nein leider fängt es schon an ein Spiegel der Gegenwart zu werden. Geh nur umher im Vaterlande, treuer und wohlmeinender teutscher Mensch, geh nur umher, besuche die Schenken und Plätze, wo der Bürger und Bauer sich versammelt und seine Freude und sein Leid erzählt, geh umher und schaue und horche, wie es am Tage ist. O wie ganz anders als sonst! Kein so unschuldiges Vertrauen, keine solche Liebe mehr, bei vielen sogar Hoffnungslosigkeit, auch da eine grundlose, wo die Regierungen es treu und redlich meinen: denn die Polizeien legen es ihnen ja alles zum

Bösen und Verderblichen aus, und endlich empfangen die Menschen selbst das nur als eine Gabe der Furcht und der Noth, was sie sonst als ein freies Geschenk der Liebe und Gnade empfangen haben würden. — Geh zu den sogenannten Gebildeten, da ist Mistrauen und Scheu leider nur zu allgemein und zu gerecht, und wenige wissen noch, wessen sie sich zu den andern versehen sollen, und die Redlichsten und Freiesten werden oft für verkleidete Diener und Mückenfänger einer geheimen und unsichtbar schleichenden und schnobernden Macht gehalten und als solche verdacht und verleumdet. Wer konnte das sonst in Teutschland? Diese gräuliche Pest aller Wahrheit und Sittlichkeit, diesen schändlichen Glauben an Lüge Verrätherei Durchstecherei und heimlicher Herumträgerei und Angeberei? haben das bloß die Wälschen zu uns gebracht? ist das bloß aus Fouchés und Savarys und Napoleons Schule? O weh, daß ich hier immer Fragzeichen machen muß! So weit sind wir, und wohin könnten wir nicht kommen, wenn das Unheil noch zwanzig dreißig Jahre so dauerte und Polizeigesetze, die sonst nur als Gewohnheiten geübt wurden, endlich in Folianten gesammelt und studiert werden müßten? Es ist dies das größte Unglück des gegenwärtigen Teutschlands und keiner soll es gelinder zeigen, als es ist. Die hierin das Heil der Staaten und die Sicherheit der Fürsten sehen, die diese Anstalt immer mehr zu etwas Bleibendem und Vollkommenem ausbilden mögten und von Erweiterung und Ausbildung der Polizei sprechen, die sind schlimmer als jene, welche sie für Jakobiner ausschreien, selbst wenn sie Jakobiner wären. Die Armen wissen meistens nicht, was sie thun und wie sie vom bösen Feinde geblendet sind. Sie handeln mehr aus feiger Furcht vor dem Zeitalter, dessen Richtung sie nicht fassen können, als aus Absicht des Bösen oder Freude am Bösen. Die meisten sind verworren, indem sie verwirren; denn der polizeiliche schleichende lauschende anklagende lügende aufhetzende und verwirrende Geist ist ja nimmer ein teutscher Geist gewesen.

Ich muß hier in ruhiger Uebersicht dessen, was der gerechte Zorn stürmisch ausgesprudelt hat, zum Schluß einige Worte anführen, die in einem andern Buche *) von mir geschrieben stehen. Sie lauten also:

„Es liesse sich ein Buch schreiben, wie eine „Regierung es anfangen müsse, um ein Volk „zu verbotenen Ränken heimlichen Stämpelungen und Zettelungen und heillosen Umwälzungen zu erziehen.“ Ein solches Buch würde ein rechter Fürstenspiegel seyn, der die Gefahren des Throns da zeigte, wo sie wirklich sind. Nicht das Offene das Freie das Hochherzige und Ungestüme in Worten und Thaten ist das Gefährliche sondern das Verdeckte das Sklavische das Listige das Geschmeidige und Kriechende. Ich will dem Manne, der Zeit hat, die Quellen zeigen, aus welchen er schöpfen kann, um dieses lehrreiche und verdienstliche Buch, das etwa in vier tüchtigen Bänden zu vollenden wäre, zu verfassen. In der Römischen Geschichte die Geschichtschreiber von Augustus bis Romulus Augustulus, in der Byzantinischen Geschichte von Konstantin dem Großen bis Konstantin dem Letzten, in der Geschichte von Venedig und hie und da

*) S. Den Wächter. Dritten Bandes viertes Heft, S. 353 — 58.

von Florenz und Genua und dann in der Pariser Verwaltungsgeschichte von Ludwig dem Vierzehnten (vielleicht schon von Ludwig dem Elften an) bis Napoleon wird er den reichsten Stoff zu verarbeiten finden. Er wird in diesem Stoffe die Mittel finden, die man gebrauchen muß, um ein ganzes Volk listig verschlagen argwöhnisch unruhig neuerungslustig und meuterisch zu machen. Nur recht viele Auflaurer und Angeber und Polizeimücken und Spionenschmeißfliegen, nur recht fleißig hinter den Thüren und Tapeten ja hinter den Briefsiegeln gestobert und geschnobert — und auch das ruhigste und stillste Volk wird schon die Kniffe lernen, wodurch man sich gegen eine solche Pest decken kann; aber es wird auch die unselige Fähigkeit und Empfänglichkeit erlangen, dem Schleichhandel, den die Regierung unbefugt und heillos durch seine Gefühle und Gedanken hin treibt, mit einem eben so heillosen Schleichhandel zu begegnen. Wann Liebe und Vertrauen verschwunden sind, dann mag nichts auf Erden bestehen und selbst der Beste und Gerechteste mag sich dann nicht mehr sicher halten. Das könnte man als eine gewaltige

Unterweisung und Vorbereitung der Franzosen zu ihrer jammervollen und fürchterlichen Umwälzung aktenmäßig und geschichtlich erweisen, wie viel die Polizeiminister von Argenson an den Robespierren und Dantonen vorgearbeitet haben und wie die gepriesene geheime Polizei, die alles wußte, die Schule jener Klubs und Höhlen geworden ist, deren blutige Hinterlist und in düsterer Finsterniß gesponnene Ränke uns ehrliche Teutsche nach einander erstaunt und erschreckt haben. Diese Einsichten diese Aufklärung diese Bildung der Gesellschaft — diese schaffen die Prätendenten und Aspiranten, vor deren heilloser Leichtigkeit und Bereitwilligkeit zu allem Wilden und Bösen das Buch (Vom Wiener Kongreß von Herrn de Pradt) warnt, das uns zu diesen Betrachtungen veranlaßt. Man erzählt uns, daß, wer einmal Waarenschleichhandel und Falschmünzerei getrieben hat, sich des Reitzes zum Betruge nicht gern entwöhne, daß aber viel schwerer zur Stille und Einfalt zurückzubekehren sey, wer einmal die süße Speise des geistigen Schleichhandels gekostet hat. Der Trieb der Ränke Durchstechereien und heimlicher Zettelungen soll dem un- widerstehlich seyn, der einmal von dem bösen Baum dieser unseligen Erkenntniß gegessen hat. Es wird gegen die Theoristen und Idealisten viel geschrieen; aber die schlimm- sten aller Theoristen und Idealisten sind die- jenigen, welche die Polizei schafft. Darum haben auch alle Völker, die innen ruhig und aussen frei seyn wollen, die geheimen Po- lizeien als die Pest des Staats und der Ge- sellschaft gehaßt und sich lieber einige Unbe- quemlichkeiten Beschädigungen und Unsicher- heiten gefallen lassen, als daß sie diese gefähr- lichen Maschinen, die wahren Höllenmaschinen der Freiheit, bei sich hätten aufstellen lassen.

Viele treffliche Geschichtschreiber und Staatslehrer haben den Despotismus so be- zeichnet, daß er die Regierungsweise sey, wo in keiner Verfassung und in keinen Ständen und Klassen zwischen dem Herrscher und sei- nem geringsten Unterthan etwas in der Mitte stehe, da in solchem politischen Zustande ja auch die höchsten Würdenträger nur Staub seyen, den die Willkühr einen Augenblick mit Glanz verziere und dann wieder in alle Winde blase; sie haben bemerkt, es sey in solchen

Staaten eine unaufhörliche Erschütterung und Umwälzung, wo die verschiedenen Kräfte, (nemlich die sklavische Volksmasse und der unumschränkte Herrscher) eben wie vom Zufall geworfene Kugeln, bald oben und bald unten liegen; daher sey das Leben des Herrschers in solchem Staate nicht sicherer als das Leben des Bettlers, alles sey zufällig plötzlich ungeheuer, nichts ruhig gleichmäßig gerecht, und Strang und Schwerdt, welche die Willkühr wie sie wolle um jeden Nacken schlingen und in jede Brust stoßen könne, fahren mit eben der fürchterlichen Gerechtigkeit des blinden Zufalls im unstäten Wechsel auf sie selbst zurück. Dies ist jener Zustand, wo die Macht dem Unterthan zu nah steht, wo die Netze immer ausgespannt sind, worin alle Welt sich gefangen fühlt, wo die Umwälzungen nicht aufhören, weil die schlauen und furchtsamen Gedanken der unglücklichen Menschen immer auch wider Wissen und Willen Umwälzungen spinnen und weben; denn in den Brüsten, welche Argwohn und Trug besessen haben, wird alles zu höllischen Gespinsten ausgesponnen.

Darum und dieser großen Lehre und Warnung der Geschichte gehorchend, welche die einzige Lehrerin und Meisterin der Fürsten und Fürstenräthe ist, müssen die guten und treuen Regierungen vor allen Dingen zuerst darauf sinnen, wie sie die Staatsmaschine, die bei sehr entwickelten Zuständen der menschlichen und politischen Gesellschaft immer das natürliche Streben hat zu künstlich werden zu wollen, so sehr als möglich vereinfachen. Besonders aber wäre das ein Kunstgriff verständiger Regierungen, alles wegzuschaffen, wodurch sie dem Volke zu nah kommen und bei demselben Verdacht und Mistrauen erregen; unter welchem das zu viele Polizeien, was man mit einem gewöhnlichen Volksausdruck ein zu vieles Regieren nennen könnte, billig obenan steht. Zu diesem Kunstgriffe würde auch das gehören, die Zweige der kleinen Gerichtspflege der kleinen Polizei der kleinen Verwaltung dem Volke selbst mehr zu übergeben und sie mehr von dem Volke ausgehen zu lassen. Grade in diesem vielen Kleinen geschehen die meisten Misgriffe und die gewöhnlichsten Ueberschreitungen und Verletzungen; und daher häufiges Misvergnügen und Klagen über die Regierung. Wenn aber der Herrscher dies, woran so Weniges von der Majestät hangt, dem Volke selbst in die Hände gäbe, so hätte es sich, wenn nicht alles geschähe, was oft gar nicht geschehen kann, nur an ihm selbst zu halten, und viele Beschwerden und gehässige Beschuldigungen, die aus den vielen kleinen oft unvermeidlichen Unvollkommenheiten und Neckereien und Plackereien des Lebens erwachsen, hätte die Regierung von sich dadurch abgewälzt; die Diener dieser Geschäfte Bedürfnisse und Zucht- und Strafmittel erschienen dann nicht als unmittelbare Diener der höchsten Gewalt und „diese höchste Gewalt würde also von „der kleinen Volksnoth und den kleinen „Volksbedürfnissen und Volksplagen in jener „wohlthätigen Entfernung gehalten, deren „es bedarf, damit der Thron nichts von „seiner himmlischen Majestät verliere."

Nun noch ein paar Worte Nachrede dieser leidvollesten und zornvollesten Gegenstände.

Sie sagen und klagen, diese bestellsamen und dienstfertigen Herren, die auch den Geistern gebieten wollen, man müsse die tolle Zeit und die tollen überspannten und verrückten Menschen derselben hemmen und herumholen, wie man scheuen und wilden Rossen thut; sonst werden sie durchgehen und Kaiser und Könige und alle Thronen Ehren und Herrlichkeiten zertrümmern. Darum müsse die Polizei die sorgsame und wohlthätige Warnerin Hüterin und Hemmerin der Geister seyn. Sie weissagen mit einer Art Zuversicht, wenn man sie auf ihre Weise noch zehen Jahre so gewähren lasse, werde das wilde Feuer, welches allein durch die französische Umwälzung und die Grundsätze derselben genährt worden, meistens verdampft seyn und die Großsprecher, die jetzt von Freiheit Selbständigkeit Verfassung Preßfreiheit Teutschheit Wälschthum und Christenthum und Heidenthum und von andern Thumen so gewaltig tönen, werden dann ausgeklungen haben und alles werde wieder seyn wie in jener glückseligen stillen und gehorsamen Zeit von 1760 und 1780, welche sie als eine paradiesische Zeit voll Frieden und Freuden dieser Zeit, worin wir leben, immer gegenüber stellen.

Gesetzt, was wir ja einmal annehmen können, jene Zeit fünfzig und dreißig Jahre hinter uns sey in Vergleichung mit der gegenwärtigen auch eine edle hochmenschliche und hochteutsche Zeit gewesen, so könnten diese armseligen Menschen mit allen ihren schleichenden Künsten ja wohl an den Zeichen, die sie sehen und die sie auch an diesem Buche wieder sehen müssen, lernen, daß die mächtigen Geister, wogegen sie in die Schranken treten, ihnen unsichtbar und also unverwundlich sind, daß sie überhaupt nach einem Gefühle, das sich jedem Gesunden und Unbefangenen von selbst aufdringen muß, durch die gewaltigsten Kräfte nicht zu hemmen geschweige zu unterdrücken und zu ersticken sind. Sie werden auch die mächtigsten Männer zerschmettern, die gegen sie treten, als wenn sie den Strom der Weltgeschichte hemmen wollten. Warum schaut ihr nicht fester nach St. Helena, nach der Felsklippe im weiten öden Weltmeer? Seht euch doch um nach eurem Vorbilde. Was jener eiserne Riese und Titane thörigt und stolz einst wollte, wodurch Nebukadnezar vor Jahrtausenden zum Thier ward und wie ein Ochs Gras fressen mußte, jenen Stolz und Uebermuth wollt ihr? und wir sollen wieder das Thier anbeten, das bloß Klauen und Eingeweide aber keine Seele hat? und doch seyd ihr weder Nebukadnezare noch Napoleone. Wahrlich jener Letzte hätte selbst als Tyrann die Welt beherrschen können, wenn ihm das Geheimniß dieses Zeitalters irgend klar geworden wäre; er sitzt auf der Felseninsel, weil er die Welt mit fremden Künsten leiten und beherrschen wollte, welche diese Zeit verabscheuet.

Da ihr euch auf Klugheit und List und Kunst so viel einbildet, so solltet ihr schon aus Klugheit anders handeln, als ihr thut; ihr solltet die frischen Geister, die ihr übermüthige und verbrecherische Geister scheltet, durch den Wind, womit ihr ihnen das Licht des Lebens auszublasen meint, nicht noch zu lichteren und heisseren Flammen anblasen. Denn das sage ich euch, ihr mögt die Zeit für einen Teufel oder für einen Gott halten, so kräftig sind ihre Lebenskeime, daß sie lebendig zur Welt kommen wird. Ihre Nothwendigkeit ist nicht von den Menschen, ist nicht bloß die Zusammenverschwörung einiger überspannten Narren, wie man die Schriftsteller nennt, ist nicht bloß die Zusammenverschwörung einiger elendigen Jakobiner, welche die Welt umkehren wollen, kurz sie ist nicht die Nothwendigkeit von Menschen — denen mögten auch eure schwachen Künste noch gewachsen seyn — sondern sie ist eine Nothwendigkeit Gottes. Es ist ein Zeitalter, wo die Weltgeschichte und Menschenentwickelung einen ungeheuren Wendepunkt hat, wo etwas ganz Neues werden soll, und eher mag eine Mücke ein rollendes Gebirg im Lauf aufhalten, als alle teutsche Polizeien zusammen diese unendliche Last von Gefühlen und Gedanken, welche den chaotischen Strom einer den meisten noch verborgenen Schöpfung fortwälzen. Ihr gebärdet euch freilich höhnelnd dabei, ihr weissaget freilich: es wird viel Geschrei und wenig That seyn, es wird ein elendes Mäuschen aus dem schwülstigen Berge kriechen; aber um Gottes willen warum macht ihr denn so mächtige Gegenanstalten und zittert so vor dem Mäuslein? Nein, ihr habt wohl eine Ahndung von etwas Ungeheurem, was nicht bloß nah, was zum Theil wirklich schon da ist. Aber weil eure Augen in Blödigkeit und eure Herzen in Lieblosigkeit so geblendet und erstarrt sind, daß ihr nur das Wüste und Unheilige nicht aber das Heitre und Heilige der ungeheuren Zeit sehen und verstehen könnet, so begegnet euch mit Recht, was denen immer geschieht, welche die Sünde gegen den heiligen Geist begehen, daß ihr immer tiefer in die Verwirrung hineingerathet und vor dem Kleinen zittert und euch des Großen nicht freuen könnt.

Wenn ich so offen zu den Anklägern Verleumdern und Aufhetzern der Zeit spreche, welche Haß Neid Mistrauen Zwietracht und Feindschaft aller gegen alle entzünden und in eitlen und tückischen Schlangenkünsten uns allen Trost und alle Wonne der letzten Jahre verkümmern und unser Stolzestes zu Narrheit und unsere Hoffnung zu Verzweiflung verdrehen mögten, so leugne ich ja keinesweges die Ueberspannungen und Uebertreibungen die thörigten Wünsche und die hirngespinstischen Ansichten so vieler Zeitgenossen, die oft so wunderseltsam sind, als kämen sie plötzlich von einem fremden Planeten herabgeschneit; ich leugne auch bei einigen nicht einen unruhigen und ungehorsamen Geist, der wohl seine Lust hätte an Umkehrungen, bloß weil es Umkehrungen sind. Das sage ich aber noch einmal, daß grade diese Hetzer und Zettler, welche alles, auch die fliegendsten und idealischesten Geister, mit ihren groben Polizeinetzen bestricken und einfangen wollen, sehr mit schuld sind, daß es in einzelnen Worten und Werken übertrieben wird. Die meisten Zeitgenossen sehnen sich nach etwas Stillem und Würdigem nach etwas Festem und Freiem, das ihnen das Leben sichert; sie haben der schönen Worte und Gedanken und Plane und Entwürfe und Verfassungen und Gesetzgebungen hin und her genug ja übersatt gehabt und werden auch mit einer leidlichen Bürgschaft ihres künftigen Zustandes, mit einer leidlichen Magna Charta ihrer Bürgerrechte zufrieden seyn. Wann wir das große Gut erst haben, wann wir wirklich erst auf Ständen und auf einem gesicherten und geregelten Bürgerleben ruhen, dann mag viel metaphysischer und metapolitischer und hyperidealischer Wind durch und um die Köpfe der Menschen hin und her sausen, dann mag aller mögliche politische Unsinn in Worten und Schriften umhergetragen werden, die Erde steht dann wieder fest, und gewiß wird sie dann zuerst den Ueberfluß von Polizei auskehren, deren armseige und schwächliche Künste sie für die Bewahrung und Behauptung dieser Festigkeit am wenigsten bedarf.

Nein so nicht, auf diese schleichende Weise und mit diesen kleinlichen Künsten der List und Verschmitztheit nicht, wird die Zeit beruhigt. Tugend und Kraft muß drein gesetzt werden, damit viel Nichtiges Wildes und Ueberspanntes, worüber auch die Besten klagen müssen, gebändigt und vernichtet werde. Jede Zeit, die großer Art ist, kann nur durch sich selbst geboren werden, ihr Gemeines kann nur durch ihr Edles ihr Wildes nur durch ihr Kräftiges und ihr Wüstes nur durch ihr Lichtes überwunden werden, und darf auch durch nichts Anderes überwunden werden. Es muß anders werden, und es wird ja wohl anders werden. Die Herrscher werden ja wohl begreifen, daß es anderer Aerzte und Geburtshelfer der Zeit bedarf als dieser bangen Schwächlinge, die das glänzende Riesenkind, weil ihnen vor seiner starken Zukunft bange ist, am liebsten gleich tödteten. Haben wir nur erst Verfassungen und Landstände, dann wird ja auch über die übertriebenen und übertreibenden Polizeien hoffentlich die Polizei kommen und ein gehorsames geduldiges und gutmüthiges Volk wird hinfort nicht mehr wie ein Verbrecher belauscht und bewacht werden.

Denn das ist der Sinn der Freiheit und war von jeher im teutschen Lande brauchlich und üblich, daß die kleine und mittlere Polizei, die aber bloß für leibliche Bedürfnisse und leibliche Sicherheit zu sorgen hat, ganz dem Gau und der Gemeinde wieder zurückfallen muß, für welche ihre Ausübung nothwendig ist. Nur in den großen Hauptstädten von Achtzigtausend oder Hunderttausenden Einwohner, wo Menschen und Laster aus allen Ländern und Gesindel und Sittenverderbniß auf eine schlimmere Art zusammenfliessen, mag eine genauere und zahlreichere Polizei eingerichtet werden. Die geheime Polizei aber, diese geborne Feindin alles geistigen Lebens und Wirkens, diese lauschende Mörderin aller Liebe, wird dann auf immer geächtet seyn, diese Schande der Menschheit, die sich auch die hohe Polizei nennt, worin aber kein freier Mann je Hoheit gefunden wohl aber des Wunsches einer Hamannschen Erhöhung derselben hundertfünfzig Ellen hoch über der Erde sich nie hat erwehren können. Nur in Zeiten des Krieges, wo Gewalt für Recht gilt und List gegen List gebraucht werden darf, mag sie ihre bunte Schlangenfahne aufpflanzen und das Gaunergesindel der Welt als Schergen um sich versammeln.

Diejenigen, welche in dieser Zeit nichts als Unruhe Aufstand Ungehorsam Brand und Mord sehen und alle Freiheit zu Frechheit und jedes kühne Wort zu Aufruhr stämpeln, haben auch von dem Größten und Heiligsten gehört, was so flachen Seelen ewig eine Fabel bleiben muß: sie stellen ihr irdisches Reich gegen das himmlische und wissen viel von christlicher Friedseligkeit stiller Demuth und vertrauender Hingebung zu erzählen und über unchristlichen Uebermuth und heidnischen Zorn der Zeit zu klagen. So muß das Heiligste sich misbrauchen lassen, so können diese die göttliche Lehre Christi in einen Steckbrief der Freiheit umdeuteln. Ja es giebt eine christliche Liebe und eine christliche Demuth, welche die Güter dieser Erde nicht höher anschlagen, als sie werth sind; es giebt einen christlichen Frieden im Innersten des Herzens, welcher durch die Achtserklärungen und Verdammungen dieser Welt nicht erschreckt wird; aber es giebt auch einen heiligen christlichen Zorn, einen gerechten Haß gegen Satan und sein Reich der Verdummung und Verfinsterung, wovon uns der

Erlöser selbst, der göttliche Heiland, der in menschlicher Gestalt als der Sanftmüthigste und Geduldigste auf der Erde unter den Menschen wandelte, das Beispiel und Vorbild gegeben hat. Dieser Zorn und Haß muß brennen, er muß kämpfen und ringen auf Tod und auf Leben, wenn das Christenthum selbst, wenn die geistige Freiheit des Worts und des Gedankens, wodurch wir ein göttliches Geschlecht sind, angegriffen und gekränkt wird. Jener Friede der Knechtschaft, den sie wollen, jene hündische Kriecherei der Seelen, die sie Gehorsam nennen, jenes stumme Schweigen jene gedankenlose Gleichgültigkeit und faule Feigheit, die ihnen gefällt, weil jeder Schlechteste und Jämmerlichste dabei ein Herr seyn kann, das ist weder Menschthum noch Heidenthum noch Christenthum; es ist ein Tod der Verwesung ein faules Nichts es ist gar kein Leben. Geistige Regsamkeit frisches Streben redliche Wahrheit kühne Rede freie That fröhliches und muthiges Wandeln auf Erden, das ist die göttliche Liebe, das ist Gottes Ebenbild, das heißt Christenthum. Die Erde hier, dies Land des Wechsels und der Vergänglichkeit, ist für keinen ewigen Frieden gemacht, am wenigsten für den Frieden, welchen Kerker und Polizeikünste und Censuredikte stiften. Dieser Friede der Schöpse und Gänse, welchen kein Wolf und Fuchs mehr durch die Heerde läuft, war zu aller Zeit die Schmach der Menschheit und der schwüle ägyptische Brütofen aller Laster. Diesen Frieden haben die übermüthigsten Tyrannen und Zwingherren immer am meisten im Munde geführt, wenn hingegen die tapfern und gerechten und christlichen Könige und Fürsten Freiheit Freude Muth und Wort walten liessen und dachten: Meinen wir es redlich, Gott wird es wohl machen und uns die Welt regieren helfen. O diese, die sich schämen sollten bei ihrem finstern und geistlosen Treiben die christliche Lehre und den Heiland zu nennen, wo sie das Dumme Thierische Knechtische und Lügenhafte wollen, warum denken sie nicht wieder an ihr großes Vorbild, an Napoleon den Großen? Wie oft, und immer, wann er betrügen überlisten und Ehre und Freiheit der Herrscher und Völker mit Tigerlust und Katzenlust morden wollte, hat die gräßliche Katze gelobt: „Alle „meine unendlichen Arbeiten und Kämpfe „sind für den Frieden, alle meine Sorgen

„bei Tage und meine Nächte ohne Schlaf sind „für das Glück der Welt. Ich ziehe nur in „den Krieg, damit der ewige Friede komme; ich „werde die Völker durch einen solchen Bund „verbinden, daß der Krieg ein Mährchen „werden soll. Die Völker sind geboren ein„ander zu lieben und ich will sie zwingen „einander zu lieben. Dann wird eine solche „Glückseligkeit auf Erden seyn, daß alle „Philosophen und Ideologen und Ideali„sten und Theoristen ihre dünnen und me„taphysischen Gespinste von Staatsverfassun„gen und Gesetzgebungen und von Menschen„rechten und Bürgerrechten und von andern „Herrlichkeiten in den Ofen werfen können „Brod daran zu backen. Das glückliche und „freie Volk wird auf solche Träume und auf „die zierlichen Geschwätze von Philosophen „und Sophisten nicht hören." — O was saget ihr, ihr, die an die hohe Lehre glaubt, daß ihr mit Feuer und Geist getauft seyd? und du, o wundersame Zeit, ja zu wundersame Zeit, worin wir leben, wie gefällt es dir in fürchterlich gräßlicher Ironie dasjenige oft zusammenzupaaren, was sich gebärdet, als ob es das Ungleichste wäre?

IV.

Orden, geheime Gesellschaften.

Darf ein christlicher Staat geheime Gesellschaften in seinem Schooße dulden?

Nein.

Warum nicht?

Darum darf er sie nicht dulden, weil der Erlöser durch den Heiligen Geist, den er allen Gläubigen versprochen hat, jedem das höchste Geheimniß verheissen hat, die himmlische Einkehr Gottes in seiner Brust, das größte und tiefste aller Geheimnisse; weil das Christenthum diejenige Lehre ist, welche, nicht in sich geschlossen noch verschlossen, auf keinen geheimen Schrecken und Wundern ruhet, welche nur Priester besitzen und auslegen und soviel ihnen gefällt davon mittheilen, sondern weil jeder fromme und gläubige Christ das herrlichste Wunder aller Tage und Stunden in sich erleben mag. Als die Lehre von Gott und von den himmlischen Dingen als die Versöhnung und Erlösung des Menschen und seine Vereinigung mit dem heiligsten und seligsten Leben verkündigt und mit dem unschuldigen

Blute des Erhabensten und Reinsten versiegelt ward, da ward alles geheime Priesterthum auf ewig abgeschafft alle sogenannten innerlichen Lehren, von welchen bloß die Geweihtesten wissen sollten, von dem Tage an, als Christus am Kreuze starb, auf ewig verdammt. Licht und Wahrheit hieß die Lehre des Heilands und Licht und Wahrheit ward allen seinen Bekennern verheissen und befohlen. Wenn nun das Höchste und Größte nicht geheim seyn darf, wie sollte das Mittlere und Niedrigere das in einem christlichen Staate dürfen?

So klingt es aus den höchsten Gründen, aber es sind viele geringere Gründe, und ich will einige davon berühren.

Der Staat muß wissen, was sich in ihm begiebt, was zu jeder Stunde der Trieb die Noth und die Lust des Volkes ist. Er muß, damit die Regierung in dem rechten Geleise bleibe, immer den Geist vernehmen können. Wenn nun die Menschen sich zusammenthun und Geheimes treiben — selbst wenn dies Geheime etwas an sich Erlaubtes ja Löbliches ist — so kann es sich begeben, daß die Regierung, welche die sehendste und hörendste seyn soll, allein die Blinde und Taube ist. So daß aus jenen geheimen Versammlungen, wenn nicht Feindseliges und Boshaftes doch Zweckwidriges und Plötzliches auf sie und ihre Bewegung eintreibt, welchem sie nichts entgegensetzen kann, weil sie vorher auch gar nicht ahnden konnte, daß und woher es kam. Kräften aber, die in geschlossenen Verbrüderungen und Gesellschaften wurmartig weben und brüten und oft wunderliche Gespenster ausbrüten können, kann sie nicht begegnen, weil es draußen vielleicht kein einziges Zeichen davon und vielleicht nie einen Keim ihrer Geburt giebt. Solche Gesellschaften also müssen, wenn sie auch das Beste wollen und beabsichtigen, ihrer Natur nach die Regierung häufig in die Lage setzen, daß sie etwas Widersprechendes und Unzweckmäßiges geschehen lassen oder in der Eile, wo der unvorbereiteten das Plötzliche begegnet, selbst dergleichen thun muß.

Aber wie, wenn diese Gesellschaften, die sich auf Geheimnisse verbunden und verschworen haben, gar das Verbotene und Unlöbliche wollen, wenn sie, von schlechten und verschlagenen Vorstehern und Obersten geführt, sich dunkeln und feindseligen Strebungen gegen den Staat hingeben, in welchem sie leben, wenn sie seinem Zweck oder dem, was immer als erster Zweck eines Staats gedacht werden muß, in ihrer beschirmten Finsterniß entgegenarbeiten und seinen Bau unterminiren? wenn sie sich wohl gar den offenen Feinden des Vaterlandes zum Dienst hingeben, den sie auch mit ihrer Nacht zudecken können? — darf dann dieser Staat im Staate geduldet werden? darf, da ja irgend eine dieser Möglichkeiten immer Wirklichkeit werden kann, der Staat überhaupt Geheimverbundenes dulden?

Sagen die Glieder der geheimen Gesellschaften: Die Vorsteher des Staats wissen um unsere Geheimnisse und billigen sie, nur alles Volk mag sie nicht wissen und kann sie nicht fassen — so mögen sie Dummköpfe mit solcher Antwort befriedigen; die auf den Grund sehen und deswegen gern auf jeden Grund sehen und wissen wollen, was hinter solchen Vorwänden und Scheinen steckt, nehmen eine so leichte und leere Erklärung nicht für gediegen an. Wer einmal meint etwas Geheimes zu besitzen und vor andern voraus besitzen zu dürfen, wer meint besser zu seyn als das Volk und dem Volke nicht Rede und Antwort geben zu dürfen, wie sollte der ein so zartes Gewissen haben, daß er grade Einem oder Zweien oder Dreien die Wahrheit sagte? Und wollten sie auch die Wahrheit sagen redlich und treu, die Geheimniß treiben und das Ihrige mit Dünsten und Floren umhüllen, wissen zuletzt wahrlich selbst nicht mehr, was sie wissen und wollen. Das ist, auch wenn sie es redlich meinen, die gerechte Strafe ihres Vornehmthuns. Auch darum darf in den Staaten des Christenthums keine Geheimnißkrämerei kein Eleusis kein Samothrake kein ägyptisches chaldäisches oder magisches Priesterthum seyn, wie in der heidnischen Welt weiland, weil jeder Christ durch Jesum Christum mündig und des Geheimnisses würdig erklärt ist. Was alle wissen und theilen dürfen, damit dürfen Wenige nicht als mit etwas Alleinigem spielen. Und sagten jene in geheimen Gesellschaften Verbundenen und Verbrüderten, sie wissen mehr als der Erlöser und seine Apostel für das Heil der Leiber und der Seelen, so wären sie ja in einem christlichen Staate nicht zu dulden, erstens nicht, weil sie sich über das Christenthum erhöben, zweitens am meisten deswegen nicht, weil sie für sich behielten, was, wenn es mehr noch als das Christenthum allen ein Heil werden könnte, nothwendig von redlichen Staatsbürgern auf das geschwindeste allen mitgetheilt werden müßte. Denn das steht fest, und ich weiß nicht, wer es niederrütteln und niederschütteln will: Ist das Geheime, weswegen sie sich zusammenschliessen, schlechter, als was die offene und allgemeine Lehre des Heils uns giebt, so ist die Geheimnißkrämerei ein leerer Tand; ist aber das Geheime reicher und besser als das Christenthum, so sündigen die Geheimnißvollen an der Menschheit, daß sie allen vorenthalten, was auf das geschwindeste zum Gemeingute der Menschheit gemacht werden müßte. Ich sehe nicht, wie die Geheimen aus der Klemme dieser beiden Gegensätze herausschlüpfen wollen.

Das ist gewiß: Besteht eine geschlossene geheime Gesellschaft aus lauter mittelmäßigen und einfältigen Menschen, so werden diese durch die Geheimnißkrämerei, womit solche gewiß doch nichts anzufangen wissen, durch die zusammengewickelte Masse von Unbeweglichkeit und Hülflosigkeit nur noch dummer und flacher; besteht sie aber aus lebendigen gescheidten und geistvollen Leuten, so verläuft sie sich eben so leicht in das Entgegengesetzte: Das Schlaue Listige Verschmitzte wird dann leicht zu sehr angesprochen und entwickelt. Denn das ist eben den frischen und lebendigen Kräften eigen, daß ihr Feuer, wenn man irgendwo einen Deckel darauf legt, sey es auch nur der Deckel des Geheimnisses, ohne Luft und Licht trüb und freudenlos in sich selbst verglimmen und versinken oder auch langsam kriechend irgend einen kleinen Theil zünden und ganz durchbrennen muß, da es hingegen nach allen Seiten frei verbreitet allen hätte Licht Glanz und Wärme geben können. Was seiner Natur nach nicht schlummern noch rasten kann sondern wirken und streben muß, das kann in einer mittelmäßigen oder gar in einer absichtlichen Beschränktheit nie sein volles Daseyn finden, muß aber, wenn es gehemmt wird, sich meistens ein verkehrtes suchen und findet es auch. Die als himmlische Genieen oder erhabene Feldherren und Völkerführer zur Freude der Welt geleuchtet haben würden, wenn der ganze volle Strom des allgemeinen Lebens auf sie hätte brausen dürfen, können hier bis zu kleinlichen Spitzköpfen Anzettlern und Durchstechern erniedrigt werden. Denn grade sie, weil sie von Natur mächtig und trefflich sind, können sich in dem engen Leben einer abgesonderten Gesellschaft am wenigsten befriedigt finden und bedürfen des vollen Weltbildes und der vollen Weltkraft, damit sie auf der rechten Bahn bleiben, auf welcher die Schöpse, wann sie einmal darauf gesetzt sind, leichter strax fort gehen.

Das Leben der Bürger gehört ganz dem Staate, in welchem sie leben; was sie an Geist Muth und Kunst von Gott als Mitgift erhalten oder durch Arbeit und Fleiß erworben haben, darauf kann er den gerechtesten Anspruch machen und darf nicht dulden, daß etwas sich einzeln absondere und anderswo ein geheimes sogenanntes lustigeres und besseres Spiel des Geistes treibe, als in ihm zu finden ist. Denn, wie gesagt, wer das Gute und Herrliche hat, der soll es nicht unter den Scheffel stellen sondern zum Gemeingut aller machen. Dies ist beide des Bürgers und des Christen Pflicht. Ein guter Staat darf auch nicht dulden, daß unter der Gebärde und dem Schein, als könne er das

Beste und Lichteste nicht ertragen, geschlossene Gemeinschaften etwas Besonderes für sich haben. Dies ist eine Beleidigung für ihn. Sagen aber jene Geheimen: der Zweck unserer Gesellschaft ist so fein und ätherisch und überirdisch, das, was uns verbindet, ist so übersliegend und überschwänglich, daß es in das Staatsleben kaum eine Einwirkung haben kann — so fragt die Regierung wieder mit Recht: Wie? ist es denn feiner und überschwänglicher als das Christenthum, das sich doch nicht so vornehm und überfein hält, aller Welt in einfältiger Oeffentlichkeit anzugehören? Ist das, so ist es ja billig, daß ihr diese eure Ueberfeinheit und Ueberschwänglichkeit in einen Kampf mit dem Christenthum einlasset, damit wir sehen, welches von beiden geistig und sittlich das Siegende ist, und damit dieses Siegende dann oben bleibe. Denn wir glauben in jeder Beziehung an die Lehre: Niemand kann zweien Herren dienen.

Dieser Dienst zweier Herren mit voller Liebe und vollem Gemüthe ist eben so unmöglich, als daß ein Mann zwei Frauen habe und beide gleich sehr liebe. So ist die

Beschränktheit der irdischen Natur. Der Staat muß fürchten, daß ihm von der Liebe entzogen wird, die ihm gebührt, ja er muß bei solchen Gesellschaften fürchten, daß durch Misbrauch oder Misverstand zuweilen auch durch schlüpfrige und ränkevolle Karaktere der Oberen etwas entstehen kann, das sich grade gegen ihn wendet und desto gefährlicher wirkt, weil es unter der Decke des Geheimnisses als eine Blindschleich im Finstern wurmt. Er muß einen Staat im Staate fürchten, also eine Sonderung und Zersplitterung seines Lebens. Und hätten die Herrscher und Regierer, die Hochwaltenden und Scharfschauenden, auch die volle innere Einsicht und Durchsicht solcher geheimen Genossenschaften, was sie doch wahrlich immer nicht haben können, hätten sie auch die Kunde der Unschuld oder Unbedeutenheit derselben, so verhält es sich anders mit dem Volke, mit allen den Bürgern, die mit ihrem Thun und Treiben in einem ganz offenen Leben wandeln. Für diese, die jene Geheimnißvollen gern Pöbel nennen und unwürdig zu ihrer Höhe emporgehoben und zu ihrer Tiefe hinabgelassen zu werden, hat das Geschlossene und

Abgesonderte nicht bloß einen innern Vorwurf sondern häufig auch etwas Grauuvolles und Gespenstisches mit sich, einen Abgrund, der dem heiteren christlichen Reiche des Lichts, worin sie wandeln sollen, geradezu entgegen steht. Man hört dies ja wohl in den wundersamen und oft gräulichen Mährchen, welche das Volk sich über solche Gesellschaften erzählt. Auch das ist das Schlimme, daß diese Absonderung sogar dienen kann, zwischen Volk und Regierung Mistrauen zu erregen. Denn sagt die Regierung: Seyd nicht bange vor diesen unter sich Verschlossenen, liebe Leute, es ist alles Gute und Löbliche unter dem nächtlichen Mantel jener Geheimnisse, nichts gegen Gott König Staat und gute Sitten, so nimmt das dem Volke den Verdacht nicht, als ob jene Geheimen, eben weil die Regierung sie lobt und duldet, vielleicht auf verbotenen Schleichwegen für die Regierung gegen sie wirken. Diesen Verdacht hört man so häufig aussprechen, namentlich gegen die Freimaurerei, weil auch Könige Fürsten und Staatsminister oft Eingeweihete derselben sind. Und hat das Volk so Unrecht? Wenn das Evangelium und auch das Gebot der Regierungen ein offenes freies und unversteckes Handeln und Wandeln von jedem Bürger fordert, wie dürfen von den letzteren denn gewisse Genossenschaften patentisirt werden, als ob sie edler wären und etwas Edleres wollten, als alle wollen sollen? Ja ich sage noch einmal: Wenn der christliche Priester, der Verkündiger und Ausleger des höchsten Geheimnisses von der Menschwerdung Gottes, kein Geheimnißträger und Geheimnißkrämer seyn darf, wenn dieser, der Idee nach der Helleste und Weiseste, in Einfalt und Ernst, in Oeffentlichkeit der Lehre und des Lebens dem gemeinsten Christen gleich seyn soll, wie darf über das Höchste Höheres gesetzt werden? Antwortet mir.

Aber wenn diese Gesellschaften auch eben keinen gefährlichen Staat im Staate bilden, woraus eine demselben feindselige Lehre und Richtung hervorgehen, woraus Mistrauen Zwietracht und Umkehrung werden könnte, so wirken sie dadurch am verderblichsten, daß sie, wie alles was sich absondert und in einem vornehmen Geheimniß zusammenschließt, die nothwendige Sucht haben, dasjenige an sich zu ziehen, was durch Geburt Reichthum

Macht und Geist ausgezeichnet ist. Ihrer Natur nach und damit sie bei den Leuten, die draussen sind, etwas bedeuten, müssen sie Jagd machen auf die sogenannten guten Köpfe. Dieser Behauptung wird niemand widersprechen; sie liegt zu tief in dem Wesen solcher Gesellschaften. Sie entziehen also der großen Gesellschaft, gegen welche jeder die ersten unerlaßlichen Pflichten hat, einen Theil des lebendigen Lebens. Denn die guten Köpfe hat die Natur eben nicht reicher ausgesäet, als sie Salz ausgestreuet hat unter die ungeheure Masse von Erde Thon Gries Dreck Sand und Staub. Sie sind für die ganze große Masse als das bittere und reitzende Gewürz berechnet, damit die Faulheit, wozu der irdische Trieb immer zurücksinken will, erregt und bewegt werde. Ich will nun nicht sagen, daß solche geheime Orden und Gesellschaften die guten Köpfe ganz auffressen und verschlingen, so daß der übrigen weiteren Bürgergesellschaft davon nichts zu Gute käme; aber das wird keiner leugnen, daß mancher gute Kopf, der ein allgemeines und mächtiges Licht des ganzen Volks hätte werden können, wenn er nicht zu früh in Geheimnißträgerei hineingerathen wäre, durch sie häufig nur eine einseitige und ganz falsche und verkehrte Richtung bekömmt und, wenn das auch nicht grade geschieht, doch mit leeren und unbedeutenden Spielereien und Scheinen kostbare Jahre vertändelt, ehe er über seine und der Welt Bestimmung zur Klarheit kömmt, und daß die verlorne Zeit nimmer wieder einzuholen ist. Denn jeder Mensch, der großartig und vielgestaltig von Gott geschaffen ist, bedarf von Anfang an, damit er das klare Weltgefühl und den festen Weltblick gewinne, des allgemeinen Volkslebens, damit er seiner Natur inne werde und sich besinne, was er die dreißig vierzig Jahre, die er hier unten in Kraft wirksam seyn kann, denn eigentlich beginnen kann und soll. Das sage ich hier beiläufig, daß, wenn für die Herrlichsten und Reichsten in der Absonderung schon solche Gefahr droht, es mit den Verworrenen und Halben noch wohl viel schlimmer aussehen mag. Wenn die große Kraft, die aus viel gediegenerem Erze zusammengegossen ist, schon so zerhalbt und zerdrittelt und zerviertelt wird, wie muß es hier nicht den Gewöhnlichen gehen! Dies sey nur ein Wink. Die es wissen, wissen wohl, wohin ich zeige und wo der Tand und die Sünde sitzt.

Also weil das Christenthum als das Höchste Tiefste und Geheimste doch das Geheimniß nicht duldet, weil das Fleisch in ihm Geist und das Wort Leben und das Bild Wahrheit und das Dunkel Licht geworden ist, darum darf in einem christlichen Staate sich nichts hinstellen mit der Gebärde, als trage es Tieferes Reicheres Geheimeres und Geistigeres. Weil der Staat als die allgemeinste und weiteste Genossenschaft, damit allen wohl sey, aller seiner Bürger Kräfte Arbeiten Streben und Gedanken erfordert, weil er nicht gestatten darf, daß edelste und muthigste Anlagen, welche ihm hätten Leben und Schwung geben können, vielleicht im thörigten Tande oder doch für fremde ihm fern liegende Zwecke verspielt werden, weil er alles Lebendigste Geistigste und Muthigste in seine offene Sonnenbahn reissen muß, damit es dort für Tugend und Menschlichkeit ringe und kämpfe, darf er etwas nicht bestehen lassen, das fern von der großen Gesellschaft, fern von der Gemeinschaft des Volkes, worin doch immer das Größte und Göttlichste, wenn es überhaupt auf Erden ist, gedacht werden muß, ein einzelnes und geheimes Leben leben will.

So scheine ich denn alle geheime Gesellschaften Verbrüderungen und Orden in die Acht zu erklären? Ja, ich muß es nach meiner Erfahrung thun, weil von Zweien Eins geschehen muß, entweder daß sie sich in eine nichtige und wüste Leerheit hineinspielen, was wohl bei den meisten der Fall seyn mag, oder daß Satan, der in jeder Absonderung, welche Geheimnisse und geheime Weihen predigt, der nicht alle Christen fähig seyn sollen, mächtig ist, die Teufelei der Eitelkeit der Hoffahrt und Lieblosigkeit, oft noch etwas Schlimmeres, darin ausbrütet, und weil das Evangelium und das christliche Bürgergesetz gebeut, daß wir im Lichte wandeln und mit den Worten und Gedanken wie mit den Thaten und Werken an das Licht hervor sollen. Ein christlicher Staat darf also nach dem Urleben und dem Urbilde seines Wesens nichts dulden, was diesem Wesen widerspricht. Wir erinnern uns alle noch der Zeit wo das Treiben geheimer Gesellschaften bis zu einem wahren Unwesen gesteigert war, wie es manche lebendige Kräfte, die der Welt besser hätten frommen können, in öder Tändelei und falscher Geistigkeit und leeren Spielen der Fantasie verschlungen hat, wie derjenige den Leuten fast ein nichtiger und unbedeutender und geistloser und schutzloser Mensch däuchte, der nicht irgend einer geheimen Gesellschaft angehörte. Die Sucht dieser nichtigen Geheimnißkrämerei und Geisterschauerei, (ich sollte sagen Geistergucherei) die eitle und großthuende Ordenswurmerei, fast immer das Zeichen einer leeren Zeit und einer Verfinsterung und Verwirrung der geistigen und leiblichen Freiheit, wo bei der Ohnmacht tüchtigen Wirkens und Wollens die wüsten und dunkeln Triebe mit stolzen Wahnen und eitlen Zierrathen im Geheimen so gern ihr Wesen treiben, scheint gottlob sehr vergangen, und wir hoffen von der frischen Jugend, welche die nächsten Jahrzehende führen soll, daß sie mit der ganzen Fülle von Kraft und Tugend lieber draussen unter allem Volk in dem Sonnenschein und der Sonnenfreude des lebendigen Lebens bleiben und sich nicht zu den verbleichten Schatten und Gespenstern wenden wird, womit hohle und leere Köpfe und Herzen, welche weder die einfältige Ueberschwänglichkeit des Christenthums noch die Hoheit des Lebens fassen können, von jeher etwas haben ergaukeln und bedeuten wollen, was ihnen sonst kein Mensch geglaubt hätte.

Giebt es gar keinen Fall, wo geheime Gesellschaften oder Orden erlaubt wären? Ich kann mir keinen solchen denken. Aber Verschwörungen könntest du die je erlaubt nennen? Ja, allein diese, aber auch nur in einem einzigen Falle. Jedem ist der Lärm von geheimen Verbindungen und Verschwörungen noch im schmerzlich frischen Andenken, der vor einigen Jahren erhoben ward, jener übertriebene Lärm, der auf jeden Fall zu spät kam; denn der Einzige, dem er hätte nützen und der sich davon etwas in sein Gedankenbuch hätte eintragen können, Napoleon Bonaparte, war schon nach St. Helena abgeführt. Damals ist von Freunden und Feinden viel gefragt worden: ob denn alle geheime Verbindungen und Verschwörungen, auch wenn sie die besten und löblichsten Zwecke hätten, verwerflich seyen? Die meisten haben geantwortet, sie seyen durchaus verdammlich, und der Staat dürfe auch keine einzige dulden, welche reitzende Scheine und Anstriche sie sich auch geben. Und ich stimme der Ansicht nach mit den meisten überein, ich sage, daß jeder, wenn auch nur an einem dünnen Fädchen, in des Teufels Gewalt ist, dessen Tugend und Muth, gelte es himmlische oder irdische Güter, sich nicht offen in jede Gefahr stellt. Aber Einen Fall giebt es doch, einen fürchterlichen Fall, wo ich eine geheime Verbindung und Verschwörung nicht bloß für etwas Erlaubtes sondern auch für etwas Löbliches halte: Denn immer tritt ihr Recht ein, wenn ein fremdes Volk oder ein tückischer Tyrann, der weder von menschlichen noch göttlichen Rechten weiß, Freiheit Wahrheit Wort und Rede unterjocht hat und mit schrecklicher Gewalt und noch schrecklicherer List, von allen gemeinsten Lüsten der menschlichen Natur unterstützt, dahin strebt das ganze Geschlecht zu Hunden Affen und Schlangen zu verthieren. Leugnete ich dies, so würden Timoleon und Brutus Gustav Wasa und Wilhelm von Nassau Wallace und der Sandwirth von Passeyr Dörnberg und Romana ihrer Ehren entkleidet und zu dem finstern und tückischen Geschmeiß der Lüge und des Verraths hinabgestoßen werden müssen. Es sind einige, welche sprechen, sie müssen es: ich glaube, mehr aus der Feigheit der Sicherheit als aus der Liebe der Wahrheit.

V.

Die teutsche Wehrmannschaft.

Das ist das Größte von vielem Großen, was wir in diesen letztvergangenen Jahren erlebt haben, daß der alte teutsche Wehrmann wieder in seiner Heiligkeit auferstanden ist und sich auf dem blütigen Todesfelde bewährt hat. Was sonst als bloße Ansicht und Meinung Einzelner von Eigensucht oder Dummheit hätte verketzert werden dürfen, weil sie immer hätten einwenden können: Das ist Hirngespinst und Schwärmerei, das geht hier unter dem Monde nicht an, das ist bei unserer jetzigen zu künstlichen Kriegsart nicht ausführbar, du rasest Freund, das steht jetzt auf dem breiten und sichern Staale der Erfahrung. Denn man darf sagen: was sich in so rohen Anfängen so trefflich erprobt hat, wie sollte es nicht noch probehaltiger erscheinen, wann es sich zur Vollendung ausgebildet hat? Diese große Erscheinung darf nun durch unsre Gleichgültigkeit und Faulheit nicht wieder zu Grabe gehen sondern jeder Biedermann muß rüstig und unabläſſig, wie er kann, ſein Scherflein Verſtand Liebe und Muth mit drein werfen, damit eitle Herrſchſucht und Gleißnerei und feiger und fauler Eigennuß uns dies große Gut, was wir nur durch das bitterſte Elend der letzten fünfundzwanzig Jahre haben gewinnen können, nicht verkehren oder gar unter den Händen wegſtehlen.

Ich habe über dieſen großen Gegenſtand, einen der wichtigſten und höchſten für unſere Sicherheit Ehre und Freiheit gegen die Fremden und für unſere Kraft und Tugend im Innern, oft meine ſchwache Stimme erhoben. Ich thue es hier noch einmal. Worauf unſre Freude und unſer Stolz ruhet, was, wenn es verkehrt und übel gebraucht würde, unſer herbſtes Weh werden könnte, darüber darf auch oft Geſagtes zum dritten und vierten Male wiederholt werden, das kann in allen ſeinen Beziehungen und Verhältniſſen aus den verſchiedenſten Geſichtspunkten nicht genug betrachtet und beleuchtet und allen vor die Augen geführt werden. Denn nichts iſt als dieſe große Wehrmannſchaft, was allen ſo ohne Unterſchied angehört und worin alle ſo mitten drin ſind.

Welche Männer unsere Altvordern weiland gewesen, wie frei wie tapfer wie wehrhaft, davon haben ihre Feinde, mit welchen sie kämpften und die sie endlich niederkämpften, uns wider ihren Willen das herrlichste Gemälde hinterlassen müssen. In jener älteren Zeit und auch noch die ersten Jahrhunderte, als das himmlische Evangelium von Jesu Christo mit allen seinen Segnungen zu ihnen gekommen, war die Wehrhaftigkeit so das ganze Leben, daß Mann Waffe und Besitz nur Ein Wort und Einen Begriff hatte. *) Der freie Hausvater war die geborne Wehr des Vaterlandes. Wer nicht beschirmen konnte, durfte auch nicht besitzen, Memmen und Feige waren ehrlos wie erblos.

Nach dieser glorreichen Jugend und nachdem in den ersten Jahrhunderten des germanischen Christenthums der wilde Uebermuth und die stolze Kraft des Heidenthums erweicht und gemildert war und nun mit neuen Trieben und Strebungen und Gelüsten und mit allerlei

*) Man denke an die teutschen Wörter Degen und Wehr und an das isländische Wort Arf: Waffe Erbe Landgut.

daraus entspringenden Kämpfen und Gegenstreiten eine neue bürgerliche Entwickelung begann, zeigte sich die germanische Tugend unter schwachen Herrschern und bei wankenden Trieben und noch weichen Entwickelungen dessen, was sich erst gestalten sollte, beinahe ein ganzes Jahrhundert in einer solchen Schwäche, daß oft Schaaren von nur 20,000 bis 30,000 Normännern und von 50,000 bis 60,000 Avaren oder Magyaren das große Germanien ungestraft verheeren und überziehen konnten, vor welchem die gewaltigsten Kaiser Roms in der Zeit ihrer blühendsten Macht hatten zittern müssen. Dies war die traurige Zeit, wo das Lehnwesen, auf eine wundersam eigenthümliche Weise mit dem Bilde und Wesen der Hierarchie verbunden, aus Anfängen und Keimen, die uralt waren, sich über das ganze Volk verbreiten die meisten freien Männer in Fesseln schlagen und fast niemand in voller Freiheit und in eigenem stolzem Gefühl des Seyns bestehen lassen sollte. Nach diesem traurigen Bildungsübergange kamen im zehnten Jahrhundert herrliche Kaiser und baueten das zerfallene Germanische Reich wieder auf und offenbarten, daß nicht Feigheit noch

Weichlichkeit die Schmach des vorigen Jahrhunderts verschuldet hatten, sondern ein Uebel, an welchem alle zu höherer Bildung und Entwickelung damals schreitende germanische Völker eine Zeitlang kranken mußten; und zwar die meisten derselben viel länger als die Teutschen, weil in ihnen zugleich die Anlagen und Triebe verschiedenartiger Völker mit mußten in chemischer Mischung zusammengegohren und verarbeitet werden. Doch war die alte herrliche Freiheit verschwunden, die Mehrheit des Volkes war von Hörigkeit und Knechtschaft gedrückt. Die großen Herrschergeschlechter, welche Gott uns gegeben hatte, damit wir nicht polnisch anfingen und polnisch endeten im Uebermaaße beides von Freiheit und Knechtschaft — polnische Edelleute polnische Leibeigene — erkannten die Schwäche und das Uebel, wo ihre Wurzel war: sie schufen Städte, in welchen sich im leisen Fortgange der Jahrhunderte durch sichere Bürgerordnung und stille christliche Tugend und Tapferkeit, als die der heidnischen Vorfahren gewesen war, ein neues Leben der Zucht und Freiheit, wie es nun in der Welt seyn durfte, entwickelt hat. So erwuchsen freilich mit der

Zeit wieder freie Männer, aber die alte freie und stolze Wehrschaft der Väter erstand nie wieder. Teutschland hatte nun wieder einige herrliche Jahrhunderte, leuchtend durch große und siegreiche Kaiser, durch eine gewaltige Macht drinnen und draussen, durch Zucht Sitte Reichthum und Freiheit in den Städten, bei welchen lange die Herrlichkeit des Volkes seyn sollte. Darauf als die Fürsten mächtiger und unabhängiger und die Kaiser weniger gewaltig wurden, zerstückelte und zertheilte sich allmälig die Majestät des Reichs, und schon war mehr Schein als Macht mehr Erinnerung als Gegenwart. Doch wirkte das Andenken der Vergangenheit und der Muth und Stolz des wiewohl sehr getheilten Volkes nach aussen hin noch immer so, daß Germanien bei den Fremden das an Völkern und Reichthümern unerschöpfliche und durch Gewalt der Waffen unbesiegliche Land hieß. Zu dieser Zeit, wo bei zersplitterter Macht doch in jedem Einzelnen noch ein stolzes fröhliches und freudiges Leben war und die politische Schwäche des großen Volkes zudeckte, erschienen zuerst die Schaaren von waghälsigen Miethlingen, welche im Vaterlande und bei den Nachbarn auf den

Kriegslärm zusammenliefen und unter dem Namen Teutsche Landsknechte berühmt genug sind: wilde abentheuerliche Gesellen, die sich jedem, der sie brauchte, um Lohn zum Todtschlagen verdangen, eine trotzige Titanenbrut, meistens ohne Gott Religion und Vaterland, wenn nicht etwa ein sehr edler oder stolzer Anführer wie der Emser der Frunsberg der Schärtlin ihnen auf einige Zeit eine höhere Gesinnung mittheilte. Neben diesen entstanden jedoch im sechszehnten Jahrhundert durch die unaufhörlichen Kriege mit Frankreich und den Türken hie und da im Vaterlande stehende Soldaten, wenigstens für eine geraume Zeit stehende; denn bei längerem Frieden wurden sie gewöhnlich wieder abgedankt. Das kann man als das Verhältniß annehmen, daß Länder, die jetzt 150,000 Mann unterhalten, damals zu Zeiten des höchsten Gedränges nur 30,000 bis 40,000, im Frieden etwa 2000 bis 5000 Mann hielten. Derjenige aber, welcher in seinem Lande zuerst ein bedeutenderes stehendes Heer einrichtete, das nachher immer beibehalten und von Jahrzehend zu Jahrzehend vermehrt ist, war der abscheulichste und schleichendste Tyrann, den die Geschichte kennt:

der feige und hinterlistige König von Frankreich Ludwig der Elfte verruchten Andenkens. Der dreißigjährige Krieg in der ersten Hälfte des siebenzehnten Jahrhunderts, jener wilde Titanenkrieg, wo die Göttersöhne, in innerer Zwietracht gegen einander entbrannt, wie es schien, jede letzte Kraft und Tugend zur äussersten Anstrengung spannten, um sich und das Vaterland unter Trümmern zu begraben, war auch das letzte Zeitalter jener gewaltigen Banden, die man Landsknechte heissen kann. Da sah man im Uebermaaß jene kriegerischen und tapferen Schaaren, welche gleich der kadmeischen Knochensaat in wilder Wuth geboren Freund nicht von Feind Recht nicht von Unrecht Heimath nicht von Fremde Gott nicht von Teufel unterschieden und sich einander todtschlugen, weil Todtschlagen ihnen Lust und Heldenschwung däuchte, und welche besiegt von dem Schlachtfelde sogleich dem Sieger zuliefen immer aber dem Meistbietenden zufielen. So war nicht bloß der Gemeine und Korporal, nicht bloß der Hauptmann und Rittmeister, welche nun dem Kaiser dann der Liga dann dem Friedländer dann den Schweden und Franzosen im ewigen Wechsel sich verkauften, sondern Obersten und Feldherren spielten oft dieselbige unwürdige Rolle.

Dies Kriegswesen wüst wild und roh und ohne alle Gesinnung und Tugend wie weit war es in christlicher Zeit und sogar im Kampfe um das Christenthum, wie einige jenen jammervollen Krieg wenigstens meinten, von jenem edlen und hochherzigen Heidenthum entartet, wo jeder mit den Waffen in der Hand Weib und Kind und den freien Leib und freien Herd selbst schirmte und es für die größte Schmach angesehen hätte, wenn er die Hütung und Bewahrung so theurer Güter der unsichern und faulen Gesinnung eines Söldners hätte überlassen sollen! Aber es sollte noch viel schlechter werden.

Schon in dem dreißigjährigen Kriege spielte die falsche und trügerische Politik der Wälschen die Hauptrolle, ja Frankreich gab in den letzten sechszehen Jahren desselben zum Theil den Stoff her, wodurch die verderbliche Flamme, die endlich fast wenig mehr von Hochsinn und Heldenthum hatte, bis zum letzten matten Tode genährt ward. Frankreich war seit jenem oben genannten König Ludwig dem Elften, seit den Jahren 1470 und 1480, ein gewaltiges Reich geworden, und einer finstern und schleichenden Politik war es gelungen, alle einzelne Freiheit und alle mittlere Gewalten in schlauer Reihenfolge der Ueberlistung Schritt vor Schritt immer mehr zu untergraben; gegen das Jahr 1650 waren sie ganz zerstört und ein ehrgeitziger und herrschsüchtiger König konnte, wie es ihn gelüstete, die ungeheuren Kräfte ungehemmt gebrauchen. Von dem Jahre 1660 (vorher war er noch unmündig) bis zum Jahre 1715 regierte Ludwig der Vierzehnte das Land, den sein Volk den Großen genannt hat, den wir Teutschen aber als den unruhigen und lug- und trugvollen Belauscher Ueberlister Räuber und Schänder unserer Ehre und Herrlichkeit nicht mit preisenden Namen nennen dürfen. Dieser eitle hoffärtige und eroberungslustige König setzte Europa ein halbes Jahrhundert in eine athemlose Bewegung und zwang die Fürsten und die Völker zu den ungeheuersten Anstrengungen. Er war es auch, von welchem sich der Anfang der furchtbaren Last der zahlreichen stehenden Heere herschreibt; denn in der Maaße, wie er seine Kriegsmacht mehrte, mußten diejenigen auch thun, welche seine

Herrschsucht verschlingen wollte. So wuchs das schlimme Uebel durch die letzte Hälfte des siebenzehnten Jahrhunderts und durch das ganze achtzehnte Jahrhundert bis zum Jahre 1792, dem Anfange des französischen Umwälzungskrieges. Nach der Zahl der Soldaten, die ein Staat unterhielt, ward die Macht und der Glanz der Majestät gemessen; wer die meisten und geübtesten Miethsoldaten hatte, der schien der mächtigste Gebieter zu seyn. In Teutschland war es wie in allen andern Ländern, ja wegen der Vielherrschaft zum Theil noch schlimmer, und kein Land Europas unterhielt nach der Zahl seiner Einwohner so zahlreiche Heere als unser Vaterland. So daß in den Jahren 1770 und 1780 in Europa die Meinung ziemlich allgemein war, wenn Teutschlands Könige und Fürsten ihre geübten und tapfern Kriegsschaaren zusammenzögen und unter Einem Heerführer alle für Einen Mann stehen liessen, daß diese die Welt auf ihre Hörner nehmen könnten.

Und diese Miethlinge, diese stehenden Söldner, was waren es zum Theil für Menschen? Bei manchen Heeren und auch bei dem Heere des unsterblichen Friederich von Preussen oft Haufen heimathlosen Gesindels, die man mit einem eigenen Namen die Ausländer nannte, die unsichersten gesinnungslosesten und treulosesten aller Menschen, die man, damit sie nicht wegliefen, im Frieden in Festungen einsperren mußte und im Kriege allein im Siege hoffen durfte bei sich zu behalten, das leichteste und abentheuerlichste Geflügel des ganzen teutschen Volkes, das immer von dem einen zum andern lief und neues Handgeld nahm und neuen Fahnen schwur, und von welchen viele sich rühmten, sie hätten zwanzig und dreißig Potentaten gedient. Auf solchen sollte nun die Ehre und Freiheit des Volkes ruhen. Es hatte sich durch Brauch und Misbrauch, am meisten aber durch den Untergang oder Verfall der stolzen Freiheit der Städte in den früheren Jahrhunderten im stillen Gange der Zeiten dasjenige gemacht, was in den alten Geschichten immer erschienen war, wann Tyrannen geboten, welche den Händen der Bürger das Schwerdt nicht vertrauen wollten, oder wann entartete Völker unaufhaltsam dem Verderben zueilten; die meisten Bürger des Staates hatten sich als faule und feige Weichlinge, als solche, welchen das Vaterland kaum etwas anging, den Uebungen und Beschwerden des Kriegs entzogen und bezahlten die herzlosen Miethlinge, welche, obgleich von Geburt meistens Teutsche, mit untreuer Gesinnung im Vaterlande so lange auf und ab gelaufen waren, daß sie zuletzt die ganze Welt als ihr Vaterland ansahen und ächte Kosmopoliten und Weltbürger geworden waren. Ja die widerliche Erscheinung sah man in jenen Tagen, daß die Officiere, welche Ritterspsoren und Schärpen trugen, als Ehrenmänner geachtet und beneidet werden konnten, wenn man die Gemeinen als die unglücklichsten und oft als die verworfensten Geschöpfe meinte ansehen zu dürfen.

Die natürliche Folge dieser Unnatürlichkeit war, daß, wiewohl teutsche Treue Ehrlichkeit Arbeitsamkeit und Rechtschaffenheit die Welt noch immer so leidlich erhielt, doch alle hohen politischen Ideen und Gefühle fehlten, aller Stolz und Hochsinn des Bürgers entschlafen war und die Menschen kein unsterbliches Vaterland und keine unbefleckliche Ehre ihres Volkes kannten und fühlten. Das öffentliche Leben jener Zeit war klein gleichgültig matt und geistlos; wohl konnten die Menschen sich an einzelne hohe Namen hängen und von ihnen forttragen lassen, aber an ewigen Ideen und unsterblichen Freuden des Geistes hatten sie keine Wonne und Weide.

Den Karakter dieser Mittelmäßigkeit des Lebens und dieser Gleichgültigkeit und Mattigkeit der Gemüther, welche vom dreißigjährigen Kriege bis zum französischen Umwälzungskriege volle hundertvierzig Jahre dauerte, trugen auch die Kriege. Es hat in jener langen Zeit sehr große Feldherren aber wenig großartige Kriege gegeben. Denn die meisten Kriege dieser Epoche sind offenbar meistens nur halb diplomatische Kabinettskriege gewesen, nur einigen ist hie und da durch den großen Karakter des Herrschers oder durch Wechselhaß der Streiter ein kleiner Strich von Volks- oder Weltkriegen beigemischt. Man hatte zu jener Zeit, als unsere Landsknechte zuerst gehört wurden, im vierzehnten fünfzehnten bis sechszehnten Jahrhundert, in Italien die sogenannten Condottieri, berühmte Feldhauptleute, welche sich mit ihren Schaaren den Meistbietenden verdangen und auf den Schlachtfeldern gern mit der möglich kleinsten Gabe Blut bezahlten. Da hatte man erlebt, daß Schaaren von 10,000 und 20,000 Mann drei bis vier Stunden mit der größten Wuth und Erbitterung, wie es schien, gegen einander rannten und auf einander trafen und daß die eine Parthei, die überwunden heissen sollte, etwa fünf bis zehen Todte und fünfzig bis hundertfünfzig Gefangene verlor, damit das äffische Spiel doch einen kleinsten Schein des Ernstes gewänne. Daß der Teufel zu diesen höllischen Spielen lachte und daß die Geschichte sie als Gräuel verdammen muß, versteht sich. Solch ein verruchter Spaß ist nun freilich von den Teutschen und von andern ernsten Völkern nie mit dem fürchterlichen Schicksale getrieben, aber doch sind die meisten Kriege, welche in den erwähnten hundertvierzig Jahren geführt sind, mehr fast Spaßkriege als Ernstkriege zu nennen. Ich nenne sie Spaßkriege in Hinsicht der innern Bedeutung oder vielmehr Leerheit an Bedeutung; denn freilich unblutig waren sie nicht wie die Lügenscherze der Condottieri weiland, sondern schwer genug an Elend und Jammer für die Völker, dadurch fast am jammervollsten, daß sie meistens beinahe um nichts geführt zu werden schienen und gewöhnlich, nachdem sie in langsamer Mattigkeit oft fünf bis zehen Jahre hingeschleppt waren, die Welt und die Herzen und Gesinnungen der Menschen in derselben Lage liessen, worin sie gewesen, als sie begannen. Es war nemlich kein Welttrieb keine Weltnoth noch Weltfreude keine Nothwendigkeit des Schicksals und der Menschheit, worum sie geführt wurden, sondern die meisten entspannen sich durch den Ehrgeiz einiger herrschsüchtiger und eroberungslustiger Fürsten, um Hochzeiten Erbschaften und persönliche Vortheile und Zwiste einzelner Herrscherfamilien, oft um Gezänk von einzelnen Ministern Hofdamen und Beischläferinnen, so daß höchstens hin und wieder ein Mann darin vorragen konnte durch ausserordentliche Feldherrngaben und Menschentugenden, selten der Ursprung und das Ziel des Krieges der Art war, daß die Weltgeschichte davon wird zu melden haben. Man denke nur an einen der jüngsten Kriege, an den sogenannten Siebenjährigen Krieg, der einst vom Ganges bis zum Missisippi ertönte und den Zeitgenossen ein unvergängliches Weltwunder däuchte, welch eine kleine Spur zieht er durch die Geschichte und wie bald wird auch sein Herrlichstes vergessen seyn! Nur Einer ragt darin hervor wie der Montblanc unter seinen Brüdern, unter den Bergen, die als Maulwurfshügel zu seinen Füßen liegen, Ein Mann, durch Großartigkeit des Karakters der Angelstern des Jahrhunderts, sein hellestes Licht und sein glänzendster Darsteller. Wann der ganze Siebenjährige Krieg wie so viele Kriege um nichts ein unbedeutendes Mährchen scheinen wird, Friedrich der Zweite wird immer der Held und der Glanz des achtzehnten Jahrhunderts bleiben in seinen Tugenden wie in seinen Mängeln. Wann es so steht, wann die Geschichte und ihre Begebenheiten nicht aus dem Volke und der Nothwendigkeit eines allgemeinen Triebes und Verhängnisses sondern aus den Einzelnheiten und Launen und Trieben der Personen geboren zu werden scheint, dann ist ein Zeitalter, wie große Einzelne es auch hie und da noch aufweise, immer ein kleines und lebloses und seelenloses Zeitalter, und ein solches ist die Zeit vom dreißigjährigen Kriege bis zum Jahr 1789, wo die französische Umwälzung begann, im Ganzen allerdings zu nennen, obgleich zuweilen auch für hohe Zwecke und Güter gekämpft worden.

Als nun das Kriegswesen so stand und die Kriege so in langsamer Quälerei und mit einer gewissen Hofartigkeit und Kabinettszierlichkeit, als seyen sie nur Zeitvertreib der Fürsten und ihrer Minister, geführt wurden, und die, welche grade nicht mit der Haut bezahlen mußten, kaum wußten, ob sie Spaß oder Ernst seyen, als der gedungene und kümmerlich genug bezahlte Söldner der einzige Wehrmann war und alles andere Volk in leerer Gleichgültigkeit Bequemlichkeit und Gemächlichkeit der Sitten und in den leersten und nichtigsten Freuden und Zeitvertreiben darnieder lag und der Tapferkeit Mannlichkeit Freudigkeit und Wehrlichkeit der Altvordern und des hohen Stolzes und Muthes der Freiheit gar vergessen hatte, da begann an den Ufern der Seine der fürchterliche Vulkan sein Feuer zu speien, der nach dreißigjähriger Arbeit noch immer Flammen in seinen Eingeweiden trägt, die man nur mit Mühe bändigen kann, daß sie nicht mit neuer Verwüstung über die Länder ausbrechen. Der Gewalt, welche von hieraus über alle Völker hinbrauste und uralte Thronen und Herrlichkeiten erschütterte und zerbrach, konnte man mit den gewöhnlichen Mitteln nicht begegnen, sie war zu heftig ungestüm und lebendig, sie war ein mächtiger Trieb, das eigentliche Leben der Zeit. Jedem Triebe aber, welcher fast wie mit einem Siegel der Nothwendigkeit erscheint und, wie dunkel er seyn mag, doch meistens in Einer Richtung nach Einem Ziele fortschießt, muß dasjenige nothwendig erliegen, was weder Trieb noch Ziel hat. So ist es denn geschehen, daß Europa von den Franzosen umgekehrt und zuletzt das Spiel eines hinterlistigen und grausamen Eroberers geworden ist, der jetzt im fernen Ocean seine Verbrechen und seine untergegangene Herrlichkeit betrauern kann. Die französische Umwälzung hat die verlorne Idee des wahren Krieges wieder in die Welt gebracht, sie hat gezeigt, wie fürchterlich und unüberwindlich Heere seyn können, die von einer Idee oder nur von einem dunkeln gemeinsamen Triebe beseelt werden, selbst wenn dieser Trieb einer der untersten und schlechtesten wäre. Alle Mächte, alle Heere, die durch Rüstigkeit und Fertigkeit und Uebung und Glanz auf den Paradeplätzen für die ersten

Heere Europas gehalten wurden, haben der Gewalt nicht widerstehen können, welche eine Volksgewalt war. So daß eine Zeit war, wo die Meinung von der Brauchbarkeit und Trefflichkeit der stehenden Heere viel geringer war, als sie seyn durfte.

Endlich hat sich diese Gewalt, welche unter Napoleon in seinen letzten acht Jahren schon der schlechteste aller Triebe geworden war, auch zu uns gewendet. In der Noth, wo alle gerüstete und geübte Heersmacht fehlte, hat man versuchen müssen, ob das teutsche Volk, von welchem viele ungläubig behauptet haben, es sey einer wälschen Aufloderung und Begeisterung unfähig, nicht auch zu entflammen wäre, ob es nicht, durch den bloßen Trieb und lebendigen Sinn eines heiligen und gerechten Zorns getrieben, den rechten Krieg führen könnte. Man hat mitten in der Schmach der langen und gräulichen Unterjochung Freiheit und Vaterland gerufen, Fürst und Herr Bauer und Bürger Alt und Jung hat zu den Waffen gegriffen, der teutsche Wehrmann kriegsfreudig und gottesfürchtig frei und tapfer ist nach langen Jahrhunderten wieder ins Feld gerückt, und Gott ist mit ihm gewesen, und in wenigen Monaten ist der Feind zerschmettert und bald in seinen eigenen Gränzen angegriffen und besiegt worden: erst in Paris sind die Wehren still gestanden.

Was soll man hieraus lernen? und was haben die Völker daraus gelernt?

1) Daß ein stehendes Heer, wenn es auch aus lauter Eingebornen besteht, weder die leibliche noch geistige Kraft hat, ein Land allein zu beschirmen, sobald die Zeiten irgend gefährlich werden. Denn jedes stehende Heer, auch das beste, wird leicht etwas vom Volke Abgesondertes Insichgeschlossenes Sichvornehmerundbesserdünkendes und entbehrt also nur zu bald aller gewaltigsten und größten Belebung der wahren Liebe und des wahren Muthes, welche nur aus dem Herzen des Volkes in dasselbe einströmen und ihm die geistige Unüberwindlichkeit geben können.

2) Daß also die verlorne und nach langer schlimmer Zeit wieder entdeckte und wieder gefundene teutsche Wehrmannschaft nun nimmer wieder darf aufgegeben werden, wenn Völker nicht der Raub des ersten besten frevelnden und glücklichen Eroberers werden

wollen, der mit größeren geübten Haufen, als man ihm von dem Paradeplatz entgegen=führen kann, über sie herfährt.

Diese treufeste ehrenfeste und mächtige Wehrmannschaft ist in sittlicher und politischer Hinsicht die größte Erscheinung, welche dem vom langen starren Schlafe wiedererstandenen Vaterlande die letzten Jahre geboren haben, und mit löblichem Eifer weisen Fürsten und Volk sich allenthalben gleich bereit, dieser glänzenden Geburt der Zeit zu pflegen und sie zu voller Jugendkraft und Jugendschönheit zu erziehen. Ihre bestmögliche Schöpfung und Einrichtung ist die größte Aufgabe des Tages geworden. Wir sagen hier noch einige Worte über ihren Zweck und über die Vortheile, die sie dem Staate bringt, und über die Vorzüge, die sie vor jedem stehenden Heere hat.

Der erste große Zweck der Wehrmannschaft ist, daß jeder Bürger des Staats wieder in sein natürliches Recht und seine natürliche Pflicht eingesetzt wird, die männlichen Künste immer zu üben und nach dem Muster der Vorfahren mit den Waffen in der Hand das Vaterland zu schirmen und, wenn Gott will, für das liebe Vaterland das Leben zu lassen.

Der zweite Zweck ist, die sündliche Gebrechlichkeit des stehenden Heers immer mehr zu verringern und, wie sehr es irgend die Umstände erlauben, abzuschaffen. Jedes stehende Heer wird im Frieden gar zu leicht etwas Abgestandenes und Todtes etwas Geistloses und Eingebildetes, woran sich Tand und Eitelkeit genug hängt. Die stehenden Heere sind seit hundertfünfzig Jahren die Plage und Noth der Völker Europas gewesen, für ihre fortgehende Vermehrung und Unterhaltung haben alle Kräfte der Länder über das Maaß gespannt und angestrengt werden müssen, für sie müssen die meisten Völker noch seufzen. Was von dieser ungeheuren Last durch eine zweckmäßig eingerichtete Wehrmannschaft des Vaterlandes abgewälzt werden kann ist ein Gewinn für die Freude die Sittlichkeit und den Wohlstand. Die Wehrmannschaft ist eine Einrichtung, die dem Christen und Freien gleich sehr geziemt, die stehenden Heere wird jeder, der sie nicht als ein nothwendiges Uebel betrachtet, für ein Unglück erklären müssen.

Welche Vortheile hat die Wehrmannschaft für den Staat?

Wenn er sie im Frieden auf das einfachste und natürlichste einrichtet, so gewinnt der Staat wohl die Hälfte der Ausgaben, die er jetzt auf das stehende Heer wenden muß. Er kann seine Unterthanen erleichtern; er gewinnt also fröhlichere anhänglichere Bürger. Oder er kann das Geld, was das stehende Heer sonst kostete, zu gemeinnützigen wohlthätigen Zwecken verwenden. Er gewinnt, wie er nun nicht von Einzelnen sondern von dem Muth und der Liebe aller getragen wird, selbst das Gefühl und Bewußtseyn eines frischeren und stolzeren Lebens, als er bei der kälteren und steiferen Art des zwangvollen stehenden Dienstes haben konnte; immer aber hat er das hohe Gefühl, daß er nur untergehen kann, wann seine letzte freie Wehr erschlagen ist. Dies Gefühl giebt Liebe Vertrauen Stolz tiefere Würde und edlere Weltansicht. So treibt in der großen Reihe der Dinge immer ein Leben das andere eine Tugend die andere hervor. Was sonst kleinlich matt muthlos und geistlos, in allen seinen Theilen zerspalten und zerrissen, fast wie eine künstlich zugeschnittene und bereitete Leiche da lag, woran jeder flachste Spitzkopf seine diplomatischen und kabinettlichen Künste zeigen konnte, das wird nun wirklich ein Lebendiges ein Gemeinsames ein Ganzes im Staate, und ohne Geist und Kraft mag keiner etwas bedeuten, wenn im Volke Geist und Kraft ist.

Die Wehrmannschaft hat Vorzüge vor dem stehenden Heere. Welche sind die?

Sie ist, zweckmäßig eingerichtet über die Hälfte wohlfeiler.

Sie ist das Heer des Vaterlandes, sie gehört dem Vaterlande und Volke ganz an, da sie nach den wenigen Uebungswochen wieder in den Schooß des Volkes und zu den gewöhnlichen Geschäften und Arbeiten zurückkehrt. In ihr bleibt der stillere edlere Sinn des ganzen Volkes immer lebendig. Sie kann wie das stehende Heer, dessen höchster und fast einziger Glaubensartikel blindester Gehorsam ist, nach dem altsassischen Sprichwort, das auch Napoleon und alle Tyrannen von Nimrod an verstanden haben, Folg Odder, un do Quad von Gewalt und Hinterlist nicht gegen die Freiheit und das Gesetz gemisbraucht werden.

Sie ist, da sie immer bald aufgelöst wird und jeder dann wieder zu seinen gewöhnlichen

Arbeiten zurückkehrt, keine Schule der Ueppigkeit und Liederlichkeit, wie ein stehendes Heer, wo trotz aller Scheine von Thätigkeit und Geschäftigkeit doch so viele leere und müßige Stunden bleiben, seiner Natur nach fast nothwendig werden muß.

Sie ist eine Uebung der männlichen Künste und Tugenden für das ganze Volk, die sonst vergessen schlummerten, eine Erinnerung jeder Kühnheit und Trefflichkeit, eine Mahnung jeder Treue und Hingebung für das Vaterland. Wo alle, Klein und Groß und Vornehm und Gering Einer Pflicht und Eines Rechts ermahnt werden, wo die Menschen der verschiedensten Stände und Gewerbe sich für Einen großen Zweck versammeln, da muß die Gesinnung einer stolzen und edlen Gemeinschaft keimen, wenn die Menschen überhaupt etwas Keimliches haben, da muß das glorreiche Vaterland und die unsterbliche Tugend selbst solche entzünden, die sonst nur auf die gemeinsten Bedürfnisse und Geschäfte des Tages gerichtet waren.

Sie ist viel stärker als das stehende Heer. Denn sie besteht ja aus allen geistigen und leiblichen Kräften des gesammten Volkes. Ein stehendes Heer ist alles durch den Anführer. Ich will damit nicht sagen, daß die Wehrmannschaft ohne treffliche Anführung eben etwas Großes ist. Aber ein stehendes Heer kann nicht oft geschlagen werden, ohne daß es endlich völlig schlecht und geistlos werde; ein Volk kann, schlecht oder gut geführt, wenigstens bis zur Vernichtung mit dem Muth der Ehre und Verzweiflung kämpfen. Soll ich Beispiele anführen, wo die ganze Geschichte Ein Beispiel ist? und in unsern Tagen, wo wir Spanien und Tyrol und die Vendee gesehen haben? Denn auf einem magern und kalten einzelnen Boden steht ein stehendes Heer; wie flammt aber unter der Wehrmannschaft ein ganzer Aetna voll Liebe Ehre Treue Weh und Wonne eines ganzen Volks! Die Kräfte sind hier zu ungleich; sie müssen ungleiche Wirkungen offenbaren. Aber die Wehrmannschaft ist nicht bloß durch die Gesinnung viel stärker als das stehende Heer; sie überwiegt auch an Zahl, und, was dieser Zahl an Uebung mangelt, das ersetzt sie durch Geist. Das haben wir gesehen und werden wir ja immer sehen, wenn das Künstliche gegen das Natürliche das Kalte gegen das Warme das

Herzvolle gegen das Dünkelvolle auftritt. Wir wollen nicht so albern seyn zu behaupten, Uebung sey nichts oder wenig — o sie ist etwas Gewaltiges! — aber es giebt hier eine Gränze, und es gehört noch etwas Anderes dazu. Mit den leeren Bildern des Kriegs soll im Frieden am wenigsten gespielt werden; die sind so voll Gaukeleien des Tandes und Wahnes, daß die besten Männer darüber eitel und leer werden können und das zuletzt in einzelnen Tritten und Schwenkungen zu haben meinen, wozu ein ganz anderes Streben und ein ganz anderes Schwingen und Schwenken gehört, wenn es einmal Sieg und Ruhm anlocken soll. Die zu viele Quälerei und Ziererei der Paradeplätze und der blanke und leere Prunk, welcher Eitelkeit und Aufgeblasenheit gebiert, macht ungeschickter für den erhabenen Ernst des Schlachtfeldes, als derjenige ist, der vielleicht nur sechs Wochen R e c h t s ! L i n k s ! gehört hat. Das haben große Feldherrn gesagt; ich sage es nur nach.

Uebrigens will ich hier noch einmal gestehen, daß ein stehendes Heer, das täglich geübt wird, die Wehrmannschaft allerdings an Gewandtheit und Fertigkeit übertreffen muß, daß es also darin besser ist. Aber in dem Geist, der für die höchsten Güter in den Tod treibt, in dem Muth, der von einer unendlichen Liebe getragen und beseelt wird, in der Hingebung, welche alles drein setzt, kann sie nie an die Wehrmannschaft reichen. Ich setze eine Wehrmannschaft voraus, wie sie seyn soll, eine solche, die zweckmäßig eingerichtet geübt und gebraucht wird. Diese muß das stehende Heer immer um die Hälfte Geist übertreffen. Laß das stehende Heer ihr nun um eben so viel in Uebung und Fertigkeit überlegen seyn, so sind diese beiden Kräfte so ungleich, daß die geistigen nothwendig die leiblichen überwinden müssen. Jeder begreift, daß fünfzig Procent Uebergewicht an Geist, gegen eben so viel Uebergewicht an Uebung und Fertigkeit in die Schale gelegt, wenigstens ziehen muß, wie Drei Eins zieht. Das giebt aber die Erfahrung aller Zeiten, daß sowohl stehendes Heer als Wehrmannschaft, wann es nun zur wirklichen Anwendung des Geübten und zum Ernst des Gespielten kömmt, wenigstens ein Vierteljahr Krieg bedürfen, ehe sie draussen inne werden, worauf es in Kriegen auch körperlich am meisten ankömmt.

Die Wehrmannschaft ist ferner viel sicherer und fester als das stehende Heer, nicht bloß durch die Gesinnung sondern mehr noch durch die wirkliche Stärke. Ein Staat, der jetzt mit kümmerlicher Quälerei 200,000 Mann stehender Soldaten unterhält, mag leicht mit 600,000 Wehren ins Feld rücken. Gesetzt, diese müßten im Anfange des Krieges wegen geringerer Fertigkeit auch Lehrgeld geben und sie mit einigen guten Schlappen bezahlen, sie können es aushalten und sich mit antäischer Kraft leicht wieder ergänzen, wenn das Volk überhaupt einen edlen und freien Sinn hat, der für Herrscher und Vaterland entbrennen kann; und also stehen die Wehren als Kolosse da, die man nicht rücken kann sondern die man zermalmen muß, wenn man über sie hin will. Nicht aber so das stehende Heer, wie trefflich es auch durch Uebung und durch die Herrlichkeit des Feldherrn seyn mag. Dieses kann zuweilen selbst bei seinen Siegen zittern; nie so das Volk, dem das Gefühl der Menge und Stärke innewohnt. Denn bestände das Volk, das angegriffen wird, auch nur aus fünf Millionen Seelen und der Angreifer zählte fünfzehn, so ist dieses, das sich auf seinem eigenen Boden vertheidigt, dem Angreifer doch immer gewachsen. Es ist mit seiner ganzen streitbaren Kraft immer ganz zur Stelle; von jenem kann höchstens ein Dreißigstel gewöhnlich nur ein Fünfzigstel gegen dasselbe ausrücken und wegen der Schwierigkeit geistiger und leiblicher Hülfsmittel diesen Kampf in der Ferne selten so lange ertragen, als die kleinere Zahl in der Nähe. Das lehrt die Geschichte der berühmtesten Kriege und größten Feldherren, daß ein Heer von 100,000 bis 150,000 Mann die Zahl ist, wo der Geist des Befehls, sowohl aus dem Heere als aus dem Führer hervorgehend, die meiste geschwindeste und geordnetste Schnellkraft hat, daß die größere Zahl, wie sie wächst, immer mehr in die Gewalt des Zufalls fällt, wo dem hohen Genius des Feldherrn der Umgriff und Durchgriff zu mangeln beginnt, daß aber Schaaren von 300,000 bis 500,000 Mann in Einer gleichen Kraftäusserung und Anstrengung selten lange zusammen gehalten werden können. Dies sey gesagt zum Trost für diejenigen, welche Ueberschwemmungen und Niedertretungen der Freiheit durch die Menge fürchten mögten. Sie sind freilich sogleich da, wo keine Wehrmannschaft ist.

Die Wehrmannschaft setzt den Krieg wieder in sein Recht ein, sie giebt ihm den heiligen und hohen Ernst wieder, den er seit zwei Jahrhunderten fast verloren hatte, sie reißt ihm die gleissende Larve des Leichtsinns und der Spaßhaftigkeit ab, wozu er erniedrigt war. Denn was aus dem Gefühle und der Liebe und dem Zorn eines ganzen Volks hervorgeht, muß freilich ganz anderen Nerv und Kern haben, als was leichte Kabinettkünste und höfische oder diplomatische Anzettelungen sonst geboren haben. Denn man mag den Krieg ansehen, wie man will, als einen Gräuel oder eine Wohlthat des menschlichen Geschlechts, der Schein eines Mitteldings zwischen Ernst und Scherz, wie wir ihn so oft haben führen sehen mit lügenhafter Menschlichkeit matter Schläfrigkeit und langsamer Quälerei, wobei die Völker doch zertreten werden, jenes halbe Spiel darf er nicht seyn sondern ein Spiel auf Tod und Leben, ja selbst auf Tod und Leben der Reiche und Völker, muß er seyn.

Die Wehrmannschaft verkürzt den Krieg. Ein ganzes Volk, das die ganze Kraft drein setzt, bringt stehend oder erliegend immer geschwindere Entscheidung als stehende Heere, die von beiden Seiten immer langsam wieder ergänzt werden und das Uebel durch das Verschleppen der Zeit erst recht zu einem fürchterlichen Uebel machen.

Die Wehrmannschaft hindert den leichtsinnigen und ungerechten Krieg, der mit stehenden Heeren so leicht anzufangen ist und oft durch die Lüsternheit dieser stehenden Heere darnach angefangen wird. Was sonst der herrschsüchtige Einfall eines Eroberers die Tücke eines Günstlings die Laune einer Kebsin leicht anzünden konnte, wird gefährlicher gewagt, wo die Herzen und Fäuste eines ganzen großen Volks mit dazu gezogen werden sollen. Ein Krieg um Nichts ein ungerechter und toller Krieg ist ein gefährliches Spiel, wenn den Leuten, die darin sterben sollen, einfällt, ob er auch überall eine Noth von Gott und vom Recht war.

Dies und viel Anderes könnte man mit viel schöneren Farben und Verzierungen gegen das stehende Heer und für die Wehrmannschaft sagen. Aber auch schon hieraus erhellt, welch eine Anstalt die Wehrmannschaft für die Sicherheit Freiheit Selbständigkeit und Ehre der Völker ist, wie sie eine heilige Flamme jeder hohen Gesinnung und stolzen That eine Züglerin und Hemmerin und Bändigerin der Tyrannei Eroberungswuth und Gewalt werden kann. Darum muß sie auch immer und ewig allen denen verhaßt seyn, welche nach willkührlicher und ungerechter Gewalt streben — ihre unsichere Stütze ist das stehende Heer — aber Herrschern, welche auf Hoheit Muth Freiheit und Gerechtigkeit stehen und mit diesen Pflegern und Haltern der Unsterblichkeit für das Edle wagen und dulden wollen, muß es wohl das Herrlichste dünken, mit der Wehrmannschaft für Ehre und Vaterland ins Feld zu rücken.

Ich habe oben gerühmt, daß die meisten Herrscher und Fürsten des teutschen Landes diese schöne Landwehr pflegen und fördern. Doch dünkt vielen biedern Vaterlandsfreunden die Zahl der stehenden Heere in Teutschland immer noch zu groß und für das durch zwanzigjährige Kriege und mancherlei Unglück durch Schulden und Finanzen gedrückte Volk eine zu schwere Last, die ihm auf das schnellste abgebürdet werden sollte. Die Klagen darüber mögen natürlich seyn; sie sind nicht allenthalben billig. Auch dies muß sich durch allmälige Uebergänge machen, und hin und wieder ist gottlob ein solches Streben der edleren Herrscher sichtbar. Wegen der Stellung der Fremden zu uns wegen der Noth bei der Wiederbelebung und Einrichtung der Wehrmannschaft wegen der wirklichen Gleichgültigkeit oder gar Abneigung des Volks gegen den würdigen Kriegsdienst, eine Gleichgültigkeit und Abneigung, die sich in manchen Gegenden des Vaterlandes nicht leugnen läßt, wo sie, was ihnen beides Pflicht und Ehre dünken sollte, nicht begreifen wollen, muß erst in dem Gewöhnlichen alles tüchtig durchgearbeitet und vorbereitet werden, damit das Ungewöhnliche kommen und werden könne. Es muß das geschehen, was viele sagen: das Volk muß erst durchexercirt werden. Ich bin nun freilich nicht ganz der Meinung; ich weiß wohl, daß es Mittel giebt, und sicherere und schönere Mittel, das ganze Volk bald wehrhaft und waffenlustig und geübt und rüstig zu machen. Aber daß diese

Mittel jetzt schon gebraucht werden könnten, ist bei der Stellung und den Verhältnissen der Dinge und Personen unmöglich. Ein Menschenalter muß gewiß vergehen, bis die teutsche Wehrmannschaft ganz das werden kann, was sie ihrer Natur nach seyn könnte und seyn sollte. Denn durch das ganze volle Gemüth durch die ganze Sitte und Erziehung des Volks muß diese Anstalt gehen, damit sie in unserer christlichen Zeit auf eine christliche Weise und mit christlicher Zucht das werden könne, was sie zur Zeit unserer Vorfahren auf heidnische Weise einst war. Die Einrichtungen unserer Staaten die Ansichten der Herrscher die Vorurtheile der Leute aus der alten Schule und überhaupt aller derjenigen, die von Natur zu einer engen Schule gehören, die Vorurtheile der durch das Neue Betheiligten oder Verletzten und viel Anderes, das zu tief liegt, als daß es hier erörtert werden könnte, machen es noch unmöglich, daß diese Anstalt werden kann, was in ihrer Idee liegt, eine zugleich politische und sittliche großartige Erziehung des ganzen Volkes im Sinn der christlichen Demuth und der christlichen Hingebung des Lebens und aller irdischen Güter und in Wiederbelebung und Wiederherstellung der einfältigsten Staats- und Regierungsverhältnisse, wie sie als ein schöner Traum vor der Seele des frommen Vaterlandsfreundes schwebt. Doch wie sehr wir auch noch in den Anfängen dieser Vortrefflichkeit stehen und wie fern das Ziel noch von uns ist, wohin wir streben, so mag es doch nichts Ueberflüssiges seyn, wenn ich hier noch einmal in einigen leichten Linien hinzeichne, was unter andern Gestalten und Beziehungen kürzer oder länger schon oft von mir dargestellt ist. Nicht, weil ich das Meinige grade für das Beste und Vollkommenste halte, sondern weil ich meine, daß es gut ist, daß wir Teutsche, welche leider gar zu leicht über das Wirkliche und über die Wirklichkeit des Augenblicks wegschweben, den Trieb nicht verlieren, über unsere wichtigsten Angelegenheiten Ideen zu wechseln. Und entsteht aus diesem Wechsel auch Krieg, was schadet denn dieser lustige Kampf, wobei gewöhnlich doch nur Federn fliegen?

Also eine allgemeine Wehrmannschaft soll seyn und das stehende Heer soll abgeschafft werden? und es soll gar nichts von ihm bleiben? Das meinst du? das siehst du für ein Glück des Vaterlandes und für eine Erleichterung der Menschen an?

Das wäre allerdings ein großes Glück des Vaterlandes und eine Wohlthat für die ganze Menschheit. Aber ganz ist das nicht möglich, wie unser Leben die Stufen und Verhältnisse unserer und der allgemeinen europäischen Bildung und die Kriegsart und Kriegskunst der Zeit nun einmal sind. Aber die Mehrheit des stehenden Heers will ich abgeschafft, das ganze Fußvolk will ich in Wehrmänner verwandelt wissen. Man höre:

Schweden hat seit hundertvierzig Jahren eine Art Wehrmannschaft, freilich eine sehr unvollkommene, weil sie zu sehr nach dem Zuschnitt und Geist des stehenden Heers gemodelt und nicht unmittelbar genug mit dem Volke verbunden ist noch mit großartigen und volklichen Ordnungen, die damit verknüpft seyn sollten. Seit Karl dem Elften, einem der größten schwedischen Könige, der in der letzten Hälfte des siebenzehnten Jahrhunderts regierte, waren drei Viertel des schwedischen Heers eine Art Wehrmannschaft und etwa ein Viertel nur stehende Truppen. Diese Wehrmannschaft, die auf schwedisch die Eintheilung (indelning) heißt, erstreckt sich auf Fußvolk Matrosen und Reiterei. Nur die Artillerie die Leibwachen des Königs (etwa 2500 bis 3000 Mann) und etwa drei vier Besatzungsregimenter waren stehende Soldaten. Eintheilung hieß diese Einrichtung, weil das Heer nach einem Anschlage der Volksmenge und Hülfsmittel der Landschaften über das ganze Reich vertheilt war, wozu sowohl der König von den Krongütern als die Grundbesitzer von dem Ihrigen geben mußten. Jeder stellte und unterhielt nach dem Maaße seines Grundbesitzes eine gewisse Mannschaft, und von dem Gemeinen bis zum Obersten hatte jeder Krieger ein kleines Gütchen Bostelle oder Wohnstelle genannt, wovon er lebte. Alljährlich hatte jedes Regiment etwa sechs Wochen eine Versammlung für Uebungen und sonntäglich zuweilen Kompagnie- und Rottenweise. Selten geschah es, daß mehrere Regimenter für größere und allgemeinere Uebungen und Bewegungen in Schaaren zusammentraten. Sonst war jeder frei, ging hin wohin er wollte, beschäftigte sich und arbeitete, wie es ihm gefiel, kurz lebte jedem andern Bürger und Bauer gleich. Darum glaubte der Fremdling in Friedenszeiten leicht, Schweden habe etwa nur 10,000 Soldaten, weil diese eingetheilte Mannschaft, die doch über 40,000 Mann betrug, weder in Kleidung noch in Haltung des Soldaten erschien. In diesen eingetheilten Regimentern hat von jeher der Kern der schwedischen Kriegsmacht bestanden, sie sind in allen Kriegen an Ruhm der Tapferkeit Ausdauer und Mannszucht den stehenden geworbenen Regimentern überlegen gewesen. Nur der Fehler war bei der Einrichtung, daß die eingetheilten Soldaten dienten, solange sie nur den Leib tragen konnten; denn ihre Wohnstelle war ihnen eine Pfründe. Daher sieht man in Schweden häufig sechszig- und siebenzigjährige Soldaten im Dienst, die bei uns jetzt gottlob eine seltene Erscheinung sind.

Dieses schwedische Mittelding zwischen Landwehr und stehendem Heer, dieses eingetheilte Heer hat bei aller seiner Unvollkommenheit und wenigen Uebung solches immer geleistet; wie viel mehr wird das unsrige es thun, ein ächtes ganzes Ding und kein Mittelding, wenn wir alle jugendlichsten fröhlichsten und lebendigsten Geister, von ernster Gesinnung und männlichem Willen zusammengehalten und gezügelt, dabei in Bewegung setzen und in Anspruch nehmen!

Mein ganzes Fußvolk wird Wehrmannschaft. Meine Reiterei und Artillerie wird es nicht, weil diese, die erste aus zweierlei lebendigen, die zweite aus vielen künstlichen Kräften zusammengesetzt, nicht genug als Maschine geübt werden können, damit zur Zeit des Gebrauches die größte Fertigkeit und Geschicklichkeit da sey.

Ich habe ausser diesen beiden auch noch ein kleines Heer von Auserlesenen, die Blüthe der geistreichsten kenntnißreichsten und erfahrensten Officiere, einen sehr zahlreichen Generalstab, worauf auch im Frieden die größte Sorge gewandt und zu dessen Vervollkommnung und Ausbildung keine Kosten gespart werden. Denn diese künftigen Führer und Seelen des Heers müssen das, was künstlich und wissenschaftlich für die Kunst des Krieges gewonnen ist, immer erhalten und vermehren.

Wie richte ich mein Fußvolk oder — was dasselbe ist — meine Wehrmannschaft ein?

Erstlich werfe ich ein Netz über mein Land und theile es nach seiner Volksmenge in so viele gleiche Theile, als ich Fahnen oder Regimenter Fußvolk errichten will. Ich schliesse den Kreis meines Regiments ab, und alle Männer dieses Kreises zwischen dem achtzehnten und fünfundvierzigsten Jahre des Alters sind Soldaten des Regiments, diejenigen ausgenommen, welche bei der Reiterei und Artillerie, die geworben wird, oder bei dem Generalstabe Dienste genommen haben.

Nach der Kriegsordnung, die ja durch verschiedene Beziehungen und Verhältnisse in jedem Lande wieder verschieden ist, nimmt man eine bestimmte Zahl Köpfe an, woraus eine Fahne bestehen soll: 1500, 2000, 2500, 3000, und vielleicht noch mehr. Dies können wir das Einfache oder das Simplum der Fahne nennen. Es kann aber die Männerzahl zwischen achtzehn und fünfundvierzig Jahren in einem Bezirke so groß seyn, daß einer Fahne 10,000 oder 15,000 dienstpflichtige Männer angehören. Wenn nun so große Noth da ist, so wird das Doppelte oder Dreifache und Vierfache oder gar alles Wehrhafte, was schlagen kann, aufgeboten.

Jedes Regiment hat einen stehenden Rahmen von einem Obersten Major einigen

Hauptleuten Schreibern, Wäbeln und Unterofficieren. Dieser Rahmen wird auch im Frieden besoldet und ist immer in Thätigkeit, um das Ganze sowohl im Leben als auf den Rollen und dem Papiere zusammenzuhalten, die Uebungen zu leiten, kurz den ganzen Haufen so geordnet zu haben, daß, wann Krieg klingt, in wenigen Tagen die verlangte Zahl zum Ausmarsch fertig ist. Diese Rahmen der Regimenter sind das Einzigstehende in der von dem Volke immer ausgehenden und zu dem Volke immer zurückfliessenden Wehrmannschaft.

Acht Jahre muß jeder die jährlichen Uebungen des Regiments, in dessen Bezirk er wohnt, mit durchhalten, nemlich von dem Anfange seines siebenzehnten bis zum Schlusse seines vierundzwanzigsten Jahres; doch als Soldat im Felde wird er vor seinem neunzehnten Jahre nicht gebraucht. Hat er seines Gewerbes oder seiner Studien wegen den Ort seiner Heimath verlassen, so muß er von dem Stabe des Regiments, in dessen Bezirk er nun lebt, einen Schein einsenden, daß er dort die gesetzlichen Uebungen mitgehalten habe. Hat er wegen seiner Studien oder

Reisen in fremden Ländern gültige Entschuldigung, so muß er die versäumten Uebungsjahre auch nach dem vierundzwanzigsten Lebensjahre noch nachholen. Nach dem vierundzwanzigsten Jahre wird jeder zu dem Regimente gezählt, in dessen Bezirke grade sein Wohnort ist. Bis zum fünfundvierzigsten Lebensjahre muß er irgend eines Regiments pflichtiger Wehrmann seyn.

Jedes Regiment hat drei Uebungsmonate, wo die Uebungspflichtigen in drei Abtheilungen erscheinen und jeder, wie es seinem Geschäfte und Gewerbe am bequemsten ist, vier volle Wochen in den Waffen geübt wird: und zwar einen Uebungsmonat im Frühlinge und zwei im Herbste, etwa von der Mitte des Hornungs bis zur Mitte des Frühlingsmonds und den Weinmond und Windmond, weil der Frühling und Sommer die Arbeiten der Menschen am wenigsten entbehren können und der Winter zu kurze und traurige Tage hat.

Diejenigen, welche ihre acht Jahre jährlich einen Monat so durchgeübt haben, sind für die folgende Zeit von den Uebungen entbunden, es sey denn im wirklichen Kriege, wo alle Kräfte hervorgesucht werden und wo auch die älteren Männer von dreißig und vierzig Jahren sich bereiten müssen fertig zu seyn, wenn das Vaterland sie ruft. Doch muß sich jeder, der zwischen vierundzwanzig und fünfundvierzig Jahren alt ist, bei dem Anfange des ersten Uebungsmonats im Frühlinge zur allgemeinen Regimentsversammlung einfinden, damit die Namen und Rollen jedes Regiments in Ordnung bleiben.

Während der Uebungen unterhalten die Vermögenden sich selbst, die Armen und Unvermögenden werden auf Kosten des Regimentsbezirks unterhalten, in welchem sie wohnen.

Die Waffen giebt allen der Staat. Die Vermögenden kleiden sich selbst, die Armen werden von dem Regimentsbezirk gekleidet nach der Vorschrift; so daß jede Gemeinde ihre Armen kleidet, wie sie dieselben während der Uebungen ernährt. Die Waffen aller und die Kleider der Aermeren werden bei dem Stabe des Regiments verwahrt, ausgegeben, wann die Uebungen beginnen, wieder eingeliefert, wann sie beschlossen werden.

Vom Staate besoldet wird die Wehrmannschaft nur, die wirklich im Kriege thätig ist.

Ausser dem Rahmen, der immer stehend bleibt und dessen Stab vom Staate die ordentliche Besoldung erhält, werden keine Officiere und Gemeine weiter besoldet. Die unbesoldeten Officiere werden nach ihren Kenntnissen und Sitten und nach der Liebe und Achtung, die sie in der großen Bezirksgenossenschaft haben, gewählt, von dem Korporal und Unterofficier bis zum Major. Zu den höheren Graden erhebt der Herrscher; nur daß er der Genossenschaft nicht vorbeigehe.

Bei ausbrechendem Kriege werden die Officiere wie die Gemeinen nach dem Alter aufgeboten; so daß das Aufgebot mit den jüngsten Jahren anfängt und mit dem fünfundvierzigsten Jahre schließt. Das versteht sich von selbst, daß von Officieren sowohl als von allen Klassen der Bürger als Freiwillige ausziehen können, welche wollen; nur daß diese sich dann selbst besolden, denn Lebensbedürfnisse und Quartier erhalten sie gleich den Gemeinen.

Wenn die Menschen so alle ohne Unterschied — nur die Krüppel und Gebrechlichen sind ausgenommen — von Jugend auf mit dem Gedanken vertraut werden, daß kein

Mensch zu gut ist, für das Vaterland zu streiten und, wenn Gott will, zu sterben, wenn sie so acht Jahre geübt werden, wenn sie bis zum fünfundvierzigsten Jahre in der vollen Regimentsgenossenschaft und Dienstpflichtigkeit bleiben und wenn — worauf wir für die Tugend Sittlichkeit und Tapferkeit der Männer den größten Werth legen — die heimathliche Genossenschaft nie zerrissen wird, so daß Bekannte Verwandte Freunde und Heimathleute beisammen bleiben und mit einander in den Reihen stehen, wenn damit eine gemeinsame Erziehung und Unterweisung der Jugend und eine freie Gesetzgebung verbunden wird — wie sollte sich nicht eine edle tapfere begeisterte und für des Vaterlandes Ehre und Selbständigkeit bis in den Tod ringende und kämpfende Wehrmannschaft bilden, die man vielleicht vertilgen aber nimmer besiegen könnte?

Die vier Wochen, welche für die Jugend in der Lehre und im Unterricht und für die Erwachsenen in der Arbeit und dem Gewerbe verloren gehen, werden dem Ganzen reichlich ersetzt durch das Aufhören der Lasten, die mit dem stehenden Heere nothwendig verbunden sind, und durch die Rüstigkeit und Tapferkeit, welche jeder Einzelne, und durch den Stolz den Muth und die Sicherheit, welche das ganze Vaterland gewinnt. Das Fußvolk hat bei dieser Einrichtung gar keine Jahre stehenden Dienstes; denn im Kriege, wo alles heran muß, wessen das Vaterland bedarf, wird es wohl weder ein stehendes noch laufendes Heer seyn: ein laufendes zuweilen wohl, aber vorwärts.

Ich habe das fünfundvierzigste Lebensjahr als den Schluß der Dienstpflichtigkeit gerechnet, Rücksicht nehmend auf eine Gränze, die man nun einmal doch jedem Dinge setzen muß, und auf eine Zeit, wo die Leibeskräfte der Männer für Arbeiten und Beschwerden die frischesten und dauerhaftesten sind. In der Regel kann man voraussetzen, daß bei einer gerecht und würdig eingerichteten Wehrmannschaft, wo keiner ausgenommen ist, welchen nicht Dienst bei stehenden Truppenarten hohes Geschäft oder Krüppelhaftigkeit und Gebrechlichkeit von selbst ausnimmt, diejenigen Männer, welche zwischen dreißig und fünfundvierzig Jahren alt sind, selten an den blutigen Tanz kommen werden, es biete sich denn eine Gelegenheit, daß durch einen furchtbaren Druck und Schlag, wo eine ungeheure Masse sich geschwind für Eine Wirkung zusammendrängt, der Krieg plötzlich geendigt und der angreifende Feind zerschmettert werden kann. Dann werden bei dem Geist und der Gesinnung, die in allen lebendig sind, alle freudig zum Kampf heranbrausen. Es werden auch bei solchen Völkern, welche das rechte Gefühl und das rechte Gesetz der Wehrmannschaft und des Kriegs haben, in Zeit großen Ruhms und erhabener Gefahr die Männer nicht still sitzen, welche wohl mit grauen oder weissen Haaren zwischen dem fünfundvierzigsten und achtzigsten Lebensjahre noch Kraft und Lebendigkeit haben die Waffen zu führen. Wenn die Bedingungen einer tüchtigen Wehrmannschaft, wie wir sie angegeben haben, im volklichen menschlichen und christlichen Sinn durchgeführt sind, wenn die rechte Landwehr eingerichtet ist, so wird der Landsturm nie fehlen, sobald der Feind über die Marken des Landes dringt. Dieser läßt sich freilich in keine Gesetze fassen, er ruht allein und muß allein ruhen auf der Gesinnung, die aus dem kräftigen Gesammtleben des Staates und Volkes hervorblüht; aber je menschlicher und freier die Verfassung, je stolzer der Geist, je männlicher und christlicher die Einrichtungen eines Staates sind, desto mehr wird der Feind auch nach Siegen in einem fremden Lande selbst vor Greisen und Weibern zittern müssen. Solange Ehre Tugend und Freiheit noch nicht mit dem Feinde kapitulirt haben, ist ein Land bei allen Niederlagen noch ein unbezwungenes Land.

Ich habe der jährlichen Uebung von vier Wochen für jeden Jüngling drei Monate in verschiedenen Jahrszeiten zur Wahl freigelassen, damit jeder nach seinen Geschäften und Gewerben sich den Monat wählen könne, der ihm der gelegenste ist. Da der Landmann derjenige Theil des Volks ist, der seine Arbeiten am wenigsten aussetzen kann, so werden ihm der Vorfrühling und der Spatherbst die willkommensten seyn, wo die Aussaat noch nicht begonnen hat oder wo Aerndte und Aussaat vollendet sind. Um die liebe Zeit wird überhaupt meistens ein ungebührliches Geschrei erhoben, und gewöhnlich das lauteste Geschrei von solchen, die am leichtsinnigsten und ruchlosesten mit ihr umgehen. Sie ist freilich ein großes Ding im Leben, besonders wenn irgend ein Finanzer sich hinsetzt und im baaren Gelde den Ausfall berechnet, den einige Hunderttausende, die einige Monate für Uebungen versammelt sind, durch die ruhende Arbeit machen. Aber warum berechnet man denn nicht auch einmal den Schaden, den die arbeitende oder die geschäftige Arbeit anrichtet? Das Facit würde noch wohl etwas mehr in die Rechnung reissen. Und bringt denn das stehende Heer durch seine Uebungen baares Geld hervor? Und kurz, wo das Würdige und Nothwendige geschieht, da ist schon die Ewigkeit, und das bischen Bewegung in und um uns, was man Zeit zu nennen beliebt, ruht oder ist vielleicht gar nicht mehr da. Denn leider giebt es Menschen genug, die, damit das Rechte und Tüchtige nicht werde, immer das Kleine vorhalten und vorstellen, weil sie nichts Großes vorzuhalten haben.

Und die Sitten? Diesen droht immer Gefahr, wo die Jugend in ein großes Getreibe und Gedränge von Menschen hineingestoßen wird. Indessen einmal muß sie doch in die Welt hinein. Und wenige Wochen, wo sie überdies leiblich genug zerarbeitet und ermattet wird, können gegen ganze Jahre nicht in

Anschlag gebracht werden, wo in dem stehenden Dienst der Gelegenheiten der Eitelkeit und des Müssigganges so viel ist. Das ist aber hier der Vortheil, daß die ganze Genossenschaft der Heimath größtentheils beisammen ist, daß nur wenige unter Fremdlinge ausgestoßen sind, wo weder Liebe noch Ermahnung seyn kann, sondern daß die meisten in der Nähe der Ihrigen unter den Augen von Bekannten und Verwandten immer Erinnerungen und Warnungen der Schaam und der Zucht erhalten können, die ihnen in ferner liebloser Fremde immer fehlen müssen.

Wir sind mit dieser trefflichen Anstalt der Landwehr, die sich gleich bei ihrer Wiedergeburt, auch ohne Uebung und Vorbereitung, schon so herrlich bewährt hat, ja nur noch in den ersten Anfängen, viele Erfahrungen und Proben müssen damit noch gemacht werden, viele noch dunkle und verworrene Ideen darüber müssen sich noch mehr lichten und schlichten, viele Gespenster und Vorurtheile, Nachgeburten der alten Zeit, welche sich an der längst vertrockneten Nabelschnur derselben schleppen, müssen mit ihren Trägern und Inhabern erst versinken, ehe die Wehrmannschaft zu ihrem ganzen vollen volksthümlichen Leben kommen kann. Wann sie aber erwachsen ist, wann der stille bescheidene tapfere und männliche Geist eines wahrhaft christlichen und teutschen Soldaten in jedem teutschen Jüngling und Mann lebt ja schon in dem Knaben sich nach Arbeiten und Thaten für das liebe Vaterland sehnt, dann wird der alte teutsche Heerbann, in welchem die Gaue Freundschaften und Genossenschaften in geschlossenen Schaaren mit einander auszogen und in Niederlage oder Sieg auf Tod und Leben fest bei einander standen, wieder da seyn, und dann werden alle die Verhältnisse, deren einzelne Theile von mir nur kurz berührt und gezeichnet sind, sich aus dem Sinn und der Bedeutung der Wehrmannschaft von selbst ergeben und entwickeln; dann werden, wie in jener ältesten Zeit, die Tapfersten und Vornehmsten unter den Landsassen und die Freundlichsten und Gebildetsten unter den Bürgern der Städte gleichsam die gebornen Befehlshaber seyn: jeder Bezirk wird unter der Anführung seiner besten Männer ins Feld ziehen.

Es ist jetzt bei allem hohen Sinn und tiefem Ernst, die in der Zeit leben und weben, doch noch im Kämpfen und Widerstreben ein vielfältiger Hader und Neid, wenigstens ein fast allgemeines Misverständniß und Misbehagen unter einander. Das Zwieträchtige hat sich noch nicht genug geschieden gestaltet und festgesetzt sondern jedes strebt so im einzelnen Wollen und Wirken hin. Es fehlt auch noch viel, daß Einrichtungen, wie zum Beispiel die Wehrmannschaft, die so ganz aus dem Volke hervorgehen und aus dem Volke und seiner Liebe und Treue weiter gebildet werden müssen, schon ihre volle lebendige Wirksamkeit erhalten könnten. Was auch gewisse gemeine Seelen sagen, die alles zu Aufruhr und Frevel deuten und misdeuten, wobei das Walten einer freien und hochherzigen Kraft geheischt werden muß, mit ganz andern Ansichten Trieben und Gefühlen muß die Wehrmannschaft geehrt und gehoben werden als das stehende Heer, auf ganz andere Zwecke muß sie hingewiesen, durch andere Tugenden muß sie gezügelt werden: auf den höchsten und heiligsten Gehorsam gegen Gott den Herrscher und das Vaterland muß sie erzogen werden, damit der zweite kleinere Gehorsam und die unerlaßliche und strenge Mannszucht des Dienstes der rechte feste Gott und Menschen wohlgefällige Gehorsam werde. Sie muß immer das Höchste Freieste und Edelste im Auge haben, damit sie im schönsten Sinne bescheiden demüthig und gehorsam sey. Soll der Wehrmann gezogen und behandelt werden wie der gewöhnliche Soldat, soll man ihn nicht durch eine höhere Gewalt des Herzens lenken, sollen bei ihm nicht edlere Gefühle erregt und gepflegt werden, so werden die Spötter und Hohnlächler allerdings Recht behalten, welche die Wehrmannschaft als etwas Unvollkommenes verachten, und meinen, es könne nur Einen tüchtigen Soldaten geben, den, der täglich auf der Parade aufzieht und mit dem kleinen Dienst und allen den nichtigen Erbärmlichkeiten und Zierlichkeiten der Eitelkeit gequält wird.

Ich habe oft bei mir gedacht, wenn ich von dem Siebengebirge und der Eifel oder vom Taunus und dem Westerwalde bis zur Westfälischen Pforte an der Weser und von dem Hundsrück durch das Land der Hessen bis zu der Ebene Thüringens, die sich hinter Eisenach öffnet, und von der Grafschaft Glatz bis Dresden fast durch Eine lange Bergkette und Einen Bergkessel gepilgert bin, wie in unsern Tagen noch immer geschehen könnte, was in den Zeiten des Drusus und Germanikus geschah. Damals als die rechte lebendige und gewaltige teutsche Wehrmannschaft blühete, wurden unsere Vorfahren wohl zuweilen in einzelnen Schlachten geschlagen, aber besiegt und unterjocht konnten sie nicht werden. Sie zogen sich in die Sümpfe in die Wälder und Berge abwärts neckten beunruhigten und plagten den Feind allenthalben schnitten ihm seine Verstärkungen und Zufuhren ab überfielen und vernichteten seine einzelneu Schaaren drängten ihn auf der Flucht oder auf dem Rückmarsch auf das fürchterlichste. Er rächte sich zwar, wie die Franzosen sich in unsern Tagen an den Guerillas der Spanier gerächt haben, plünderte und verbrannte ihre Häuser und Dörfer hieb die Gefangenen nieder und was sonst einzeln in seine Hände fiel; aber doch zog er bei dieser Art Krieg immer den Kürzern, und jene blieben bei ihrer Art sicher reicher und wohlbehaltener, als wir bei unserer Art, wo man sich ruhig überziehen und in aller Freundlichkeit Pferde und Rinder Weitzen und Wein Kleider und Schuh abfordern ließ und auf den Ururenkel hinaus Schulden machte, um die Erpressungen und Brandschatzungen des Feindes sogleich in klingender Münze bezahlen zu können. Jene Schmach wird nimmer wiederkehren, wo zwanzig dreißig Gensdarmen und ein paar hundert Zöllner und Sünder genug waren ganze Landschaften dem Feinde unterwürfig und dienstbar zu erhalten. Wir haben wohl endlich auch gelernt, daß die Bezahlung mit klingendem Eisen die wohlfeilste und ehrenvolleste ist.

Man sagt gewöhnlich: Was zu Augusts und Julians Zeit thunlich war, ist es jetzt nicht mehr. Zeiten und Volk und Land haben sich auf das ungeheuerste geändert; auch öffnet die neue Kriegsart jede Kluft und jede Gebirgpforte und Waldschlucht viel leichter, als es damals geschehen konnte. Die Teutschen waren damals beinahe Wilde wie die jetzigen Wilden Nordamerikas, die in Höhlen unter der Erde und in ärmlichen Hütten wohnten, deren Verlust ihnen wenig schadete, die wenig Ackerbau wenig feste Sitze hatten und deren Haupthabe in Viehzucht und Jagd bestand. Auch das Land war damals wie der Mensch meist wild und wenig bebaut mit unzugänglichen Morästen und Sümpfen und undurchdringlichen Wäldern bedeckt, mit sparsamen und schlechten Dörfern mit unwegsamen Straßen und meistens wohl nur mit Fußsteigen. Da konnte man dem Feinde leichtlich entrinnen und sich mit Heerden und Habe seiner Verfolgung entziehen, um nachher aus den Schlupfwinkeln der Sümpfe und Wälder und aus den Klüften der Berge mit fürchterlicher Rache über ihn herzufallen. Jetzt ist alles anders, jetzt ist dem Feinde alles zugänglich; durch Wälder und Sümpfe durch Berge und Schlüchte bahnen Granaten und Kartätschen und flinke Scharfschützen den Weg.

Ich aber sage hiegegen: Freilich hat Zeit und Volk und Land und Kriegsart und viel Anderes sich in zweitausend und achtzehnhundert Jahren sehr verändert; aber so ungeheuer waren die Verschiedenheiten zwischen jenem Alten und dem gegenwärtigen Jungen doch nicht, als man sie gewöhnlich hinstellt. Es ist das Leichteste in Gegenscheinen zu mahlen, aber es wird auch leicht Uebertreibung oder Ueberladung daraus. Die Teutschen der Zeit, als sie mit den Römern um Freiheit und Land stritten, waren freilich kein gebildetes noch verziertes und verweichlichtes Volk, wie manche Teutsche jetzt sind, aber die völligste Unkunde der Geschichte und die flachste Ansicht der Welt verräth es, wenn man sie, wie doch lächerlich und ärgerlich genug noch zuweilen geschieht, mit den Wilden Amerikas fast auf Eine Linie setzen will. Sie hatten feste Sitze Ackerbau Viehzucht Baumzucht ordentliche Häuser und Höfe, bei einigen Völkerschaften, die sich nicht zerstreut abbaueten, wie so manche sassische Stämme, auch Dörfer, eine wohl geordnete und stolz beschützte Freiheit und eine Kriegskunst, wogegen sich die Römer in ihrer mächtigsten Kaiserzeit kaum behaupten konnten. Lauter Dinge, die Halbwilde nie besessen haben. Ihr Himmel und Land war freilich rauh, es gab keine ordentlichen Landstraßen, viel weniger Hochstraßen und Kunststraßen, es gab vielleicht ein Drittel Sumpf und Wald mehr als jetzt. Das war es aber auch alles. Wäre Teutschland, wie viele in übertrieben wilder Vorstellung es schildern, damals ein Land gewesen, wie jetzt die Sümpfe Lapplands und die wüsten Striche Nordamerikas sind, wo hie und da im Abstande von drei vier Meilen einzelne erbärmliche Hütten gestanden, woher hätten dann die Heere kommen sollen, bei einem so unbeträchtlichen Umfange als das jetzige Westfalen und die Harzlande sind, die den bestgerüsteten und bestgeführten Römerschaaren von 80,000 und 100,000 Mann so oft den nicht unblutigen Rückzug zu weisen verstanden? Und welch ein Uebermuth ist es, worin man die in mancher Hinsicht kleinere und dummere Zeit überschätzt, wenn man Völker Wilde zu nennen wagt, die eine Kriegskunst und Verfassung hatten wie die Katten Cherusker Chauken! Und auch was man von der jetzigen Kriegsart und Kriegskunst spricht, hält nicht Stich. Da hat ja das Gift auch immer sein Gegengift in sich; es heißt ja hier auch: man antwortet, wie man gefragt wird, und antwortet aus seinen bekannten Sümpfen Wäldern Bergen und Schlüchten viel sicherer, als die Frager fragen können, die auf unbekanntem und gefährlichem Boden unsicher treten und das schwere Geräth von Bomben Granaten und Kanonen nicht in gehöriger

Menge allenthalben mitschleppen können. Und wie? wenn der Muth und die Feurigkeit des Kriegs dahin wächst, daß die Menschen häufiger nächtliche Angriffe und Ueberfälle wagen, wozu niemand größern Beruf hat als ein Landsturm, wie sieht es da aus? Es haben uns die Tyroler und Spanier und Russen und die Vendeer und hie und da auch andere wohl bewiesen, wie auch jetzt noch jedes Land, wenn es von tapfern und hochherzigen Männern bewohnt wird, viele natürliche und nicht leicht gewinnliche Festungen hat.

Ja ich kann mir einen Landsturm denken, der, wohl geübt in den Waffen, die der jetzige Kriegsbrauch zu den fürchterlichsten macht, nie seine Wirkung verfehlen kann und jedem Feinde den Gedanken theuer machen muß, über unsere Gränzen weit ins Land vorzudringen. Wir haben der Küstengegenden und anderer Gaue genug, die mit Wassern Bächen und Strömen durchschnitten sind, andere, wo Berg an Berg und Hügel an Hügel mit Wald und Gebüsch und mit manchen bösen Verstecken und Schlüchten sich hebt, noch andere, wo viele dichteste Wälder auch in den Ebenen sind. Welche Schrecken können in diesen Höhlen des Hinterhaltes auf jeden nicht zu starken und siegreichen Feind lauern und wie wird es ihm fast unmöglich, seine Zufuhren Verstärkungen und Geräth an sich zu ziehen! Freilich wenn ich an unsern Bürger und Bauer denke, wie er in vielen Landen Teutschlands jetzt noch ist, so kömmt mir die Idee des Landsturms zuweilen selbst etwas lächerlich vor. Aber durch eine ausgebildete und vollendete und mit dem rechten Geist erzogene und getränkte Landwehr wird der Landsturm zu seiner Zeit von selbst werden. Ohne hohen Vaterlandsgeist und ohne tüchtige Waffenübung kann er freilich nicht seyn. Wann aber alle Jünglinge und Männer die Kriegsschule durchgemacht haben, wann alle mit den Waffen vertraut sind und wissen, wo die wirklichen und wo die eingebildeten Schrecken des Pulverknalles sind, wann ein edles freies Bürgerstreben und Bürgerleben erst durch alle durchgedrungen ist, dann ist der Landsturm immer von selbst da, dann werden die Männer und Greise, die nicht ins Feld entboten werden, sich der Pflichten gegen das Vaterland und Arbeiten gegen den Feind nicht entlassen glauben, sondern wo sie können werden sie an ihn setzen, und er wird nicht mehr, wie in unsern Tagen gesehen worden, durch ein paar reitende Gensdarmen und aus seinem Feldlager unterschriebene und an Pfählen und Straßenecken genagelte und geklebte Befehle und Drohungen Landschaften von einer halben oder ganzen Million Seelen wie Gänse und Schaafe in ihrem knechtischen Stall halten können.

Ich habe angedeutet, durch welche Uebungen und durch welchen Geist eine stolze und feste Wehrmannschaft, wie mir scheint, gebildet werden und das stehende Heer, wenigstens das Fußvolk, allmälig schlafen gehen kann. Viel würde es auch wirken auf die Reitzung und Belebung des kriegerischen Sinns, wenn die Gesetze und Anordnungen der Regierungen dafür sorgten, daß die Menschen auf eine natürliche und spielende Weise tyrolisch und pandurisch im Gebrauche des Feuergewehrs geübt würden. Das müßte das Gesetz verordnen — es hat vormals in Teutschland gegolten, bis auf unsere Zeiten auch noch in einigen vormals hansischen Städten — daß jeder angesessene Hausvater durchaus ein Gewehr oder eine Büchse haben müßte; und darüber müßte von der obrigkeitlichen Behörde jährlich ordentliche und strenge Schau gehalten werden. Wann diese Ordnung erst fest stände und wenn man dann in allen Bezirken in der fröhlichen Frühlings- und Sommerzeit Schieß-übungen anstellte, die sich von selbst machen würden, wenn man nur Preise aussetzte und den besten Schützen eine Art öffentliche Ehre erzeigte, und wenn die Regierungen solche edle und männliche Waffenspiele überhaupt als etwas Fröhliches und Löbliches unter ihre Hut und ihren Schutz nähmen, so würde das Tapfere und Kriegerische auf die unschuldigste und würdigste Weise immer im Volke genährt und bewahrt. Ich mögte doch sehen, ob bei solchem Sinn und solcher Uebung des Volks die Wälschen, wenn sie uns am Rhein auch zweimal und dreimal geschlagen hätten, zwischen den fränkischen und hessischen Bergen den Zug durch Thüringen auf Erfurt und Leipzig oder den anderen Weg zwischen den beiden Frieslanden und dem Hessischen Waldeckischen und Lippischen über Münster auf Minden gegen die Weser oder den dritten Weg längs dem Main auf Wirzburg Nürnberg Regensburg oder den vierten längs der

Donau durch den Schwarzwald eben so gegen Osten so leicht wagen würden, als sie in den letzten Jahrhunderten gedurft haben. Wenn man auf den Flanken noch Hunderttausende von Männern lauschend und laurend hat, von welchen man nicht weiß, ob sie nicht einen guten Tag alle Sturmglocken der Herzen und Thürme ziehen und in hellen Haufen aus ihren Bergen Sümpfen und Wäldern rücken, so wird jeder kühnste Zug ein sehr misliches Spiel.

Dies ist meine Idee einer teutschen Kriegsordnung und der künftigen Wehrmannschaft. Der Krieg wird dadurch mehr ruhend als fliegend und ziehend. Je größer und zahlreicher die stehenden Heere je mehr vereinzeltes und heimathloses Gemisch ohne Gott Religion Vaterland und Heimath sie sind, desto brauchbarer sind sie einem Eroberer, mit ihnen die Welt zu durchziehen und zu überziehen. Sie, selbst unstäte und leichtsinnige Feldflüchter, Durchreiser aller Länder und Heere, machen ihren Gebieter leicht zu dem, was unser alter treuer Schuhmacher und Dichter zu Nürnberg weiland Hans Sachs auf das Wörtlein Kaiser reimt, zu aller Welt gewaltigem

Durchreiser. Die Wehrmannschaft hingegen wird dem Gemeinsamen und Vaterländischen nicht entzogen, sie bleibt immer ganz in dem Volke und in dem Gefühle und dem Leben des Volkes. Wann sie sich durchgearbeitet hat und durch alle Adern und Nerven des ganzen Volkes gedrungen ist, dann liegt dieses Volk auch in aller seiner Freundlichkeit und Milde immer wie ein schlafender Löwe da, mit dem man wohl zuweilen spielen kann, den man aber nicht necken darf. Denn das ist recht, daß ein Volk, das gern selbst Frieden hat und andern Frieden läßt, auf den übermüthigen Angreifer und ränkischen Ueberlister die ganze volle Kraft loslasse und ihn so strafe, daß ihm die Lust vergeht, die geheiligte Gränze zu überschreiten. Eroberungen aber und Vergrößerungen über das Gebiet seiner Sprache hinaus sollen immer mehr von allen als ein Gräuel verflucht werden; denn alle Listen von wilden Tyrannen und unruhigen Eroberern würden zu großen Thaten gestämpelt, wenn sie nicht so genannt würden.

Sehen wir nun unser liebes Vaterland an, wie es politisch und geographisch liegt, welche zwei furchtbare Monarchien das unter viele Herren getheilte und jetzt nur bloß durch ein leises und loses Band der Verträge verbundene von zwei Seiten einschliessen ja einklemmen, so müssen wir wohl beten und wünschen, daß alles, was ein festes Band der Idee werden und das Getheilte und Lose zusammenziehen und verbrüdern kann, am sorgfältigsten genährt und gepflegt werde, damit wir nicht wieder als Raub und Spott der Fremden unselig aus einander fallen, wie es nun seit zwei Jahrhunderten erlebt ist. Denn schreiben wir nicht 1818 nach Christi Geburt? sind es nicht grade zweihundert Jahre, als der verderbliche dreißigjährige Krieg begann? Was bei unserer gefährlichen Lage in Hinsicht der beiden übermächtigen Nachbarn ein Großes und als bindende und verbrüdernde Idee Gewaltiges heissen könnte, wäre eine über ganz Teutschland nach Einem Zuschnitt und in Einem Sinn eingerichtete Wehrmannschaft, wodurch wir bei dringenden Gefahren durch die Menge und den Geist der Streiter das ersetzen könnten, was uns an Fertigkeit und Einheit des Befehls und der Herrschaft vielleicht abginge. Denn das ist Teutschlands größtes Leid gewesen seit vielen Jahrhunderten, daß in allen Kriegen, die das Vaterland bedrängten und bedrohten, einzelne Theile des Reichs über alles Maaß und alle Gebühr angestrengt werden mußten, damit die andern, die solche Kriege oft mit der Gleichgültigkeit betrachteten und beschwatzten, als ob sie am Ganges und Missisippi geführt worden, in nichtiger Faulheit still sitzen und allenfalls obenein den Gewinn noch berechnen konnten, den sie ihnen durch gesteigerte Preise ihrer Erzeugnisse und Waaren brachten. So haben vorzüglich viele kleine Staaten Teutschlands immer ihr Glück gepriesen, daß sie nicht so sehr von Zöllen und Accisen und Waarenverboten und stehenden Heeren geplagt werden als die größeren, und preisen dies Glück zum Theil noch, wenn sie sich mit Preussen und Oestreich vergleichen, weil diese letzteren, wenn nicht alles untergehen soll, sogleich alle ihre Kräfte aufraffen und ihr ganzes volles Leben drein setzen müssen. Dieser Zustand und diese Gesinnung, Teutschlands Schande und Jammer, wodurch in der schändlichsten Habsucht und Eigensucht die Liebe und Treue untergeht, die allen Teutschen gegen einander gemeinsam seyn sollte, muß billig aufhören, das teutsche Volk muß durch seine Gesetzgebung so mit einander verbrüdert und verschlungen werden, daß alle nur Eine Freude und Ein Leid haben können. Nichts könnte im größeren Stile geschwinder für diese heilige Verbrüderung wirken als eine rechte und gerechte teutsche Kriegsordnung der Wehrmannschaft. Wir Teutsche, die im Rathschlagen immer mächtig sind, haben auch nicht Zeit uns über eine solche Anstalt lange hin und her zu berathen und zu bedenken; die Wölfe und Füchse schwänzeln nicht bloß um die Mitternacht sondern bei hellem Tage genug um unsere Thore hin und lauschen, ob die Hühnerställe und Schaafställe auch verschlossen sind.

VI.

Ueber teutsche Art und über das Wälschthum bei uns.

Also wieder solche Ueberschrift? wieder die gefährliche Teutschheit, die der Polizei ein Anstoß und den Vorzimmern und Thetischen ein Gespött und Gelächter geworden? was willst du dich unter so viele Narren und Gecken mischen, die durch alberne Worte und Werke diese Ueberschrift so entweiht haben, daß jeder sich dadurch gleichsam freiwillig den bunten Harlekinsrock anzieht? –

So sprechen viele kluge Freunde, welche einem in der Welt gern den Anstrich der Wohlanständigkeit allenfalls auch der Feierlichkeit und Vornehmigkeit sichern mögten. Ach! ihr klugen Freunde! die Herrlichkeit von Wohlanständigkeit und Ernst und Feierlichkeit ist in dieser Zeit nicht zu retten. Sie mögen das Ihrige bedeuten, wo die Welt im leisen philisterigen Paßgängerschritt so zwischen Schlafen und Wachen fortwankt; aber wann alles in Nöthen unter einander rennt schreit und lärmt und sich stößt und drängt und jeder sein bischen Leben aus dem Orkan und Vulkan zu reissen und zu flüchten sucht, da wird die Zierlichkeit, die ihr meint, eine vornehme Lüge, wo man statt des ehrlichen Gefühls, das aller Welt gleich seyn und es aller Welt gleich thun soll, etwas erheucheln und erkünsteln will, das nicht da seyn darf, wenn es bei Einzelnen auch wäre. Vielleicht bin ich in dieser Aufschrift und in ähnlichen Aufschriften den Leuten sieben Mal zum Thoren geworden; so mag ich ihnen denn das siebenundsiebenzigste Mal auch zum Thoren werden und meinethalben mit den Narren und Gecken, die auch das Ernsteste und Würdigste zur Thorheit stämpeln können, in Eine Klasse fallen. Das schadet nichts, wenn die Sache, die ich will und meine, nur eine gute und rechtschaffene Sache ist. Jeder treibe das Seine und treibe es recht — wahrlich Recht und Wahrheit wird Recht und Wahrheit bleiben, und wenn Eitelkeit und Prahlerei und alles, was Schein und Lüge Widerliches und Fratzenhaftes haben, sich mit hineinsetzten und mit den Widersachern alles Eigenthümlich-lebendigen und Freien in verblendeter Narrheit das verbündete Spiel spielten. Denn freilich die thörigten und albernen Freunde schaden der rechtschaffenen Sache und den rechtschaffenen Menschen immer mehr als die bittersten Feinde. So ist es aber ja immer gewesen und wird es immer seyn. Das ist das irdische Loos des Vergänglichen und Unvollkommenen. Auch was wir am besten wollen und meinen, wird uns nie rein geboren sondern wir müssen mit dem Süßen immer das Bittere einschlürfen. Wer das nicht mag und wer sich gebärdet, als liege sein ernstes und feierliches und vornehmes Wesen zu hoch hinaus über dem Gebiete, wo Thorheit Narrheit und Eitelkeit und das neckende und zerrende Lügenspiel von Freunden und Feinden sich im albernen Wettstreit tummeln, der bleibe immer davon, aber er erlaube uns, an dem Ernst der Tugend und Erhabenheit einstweilen ein wenig zu zweifeln, worunter er seine Gleichgültigkeit vermummt. Es kömmt ja einst der Tag, der es alles ausweisen und offenbaren wird und vor dessen gewaltigem Klange auch das Beste, was aus Dintenfässern und Gänsefedern fließt, ein kleinliches und erbärmliches Geschnatter wird.

Teutsche Art hat es wohl immer gegeben. Hätte sie nicht im tiefsten Grunde des Volkes geruhet, so wären wir sicher noch Knechte der Franzosen und Napoleon machte jetzt vielleicht eine Lustreise über Dresden Berlin Danzig Riga Petersburg Smolensk und Kiew und besuchte seinen Vetter den Großtürken in Konstantinopel, statt daß er in St. Helena sitzen muß. Aber zurückgedrängt und äusserlich fast erloschen war diese Art an vielen Orten; wir trugen uns mit dem Gepräge und hie und da auch mit dem Sinn der Fremden herum, wußten kaum noch etwas von der Herrlichkeit und Großheit unserer Väter, wandelten gefühllos und liebelos unter ihren erhabensten Arbeiten Denkmälern und Werken und kannten viele derselben gar nicht mehr; ja schlimmer noch verlachten wir als Albernheit Schwerfälligkeit Roheit und Geschmacklosigkeit, worin eben die herrlichste Tugend und geistigste Fülle derselben erklärt und verklärt war. So waren wir, d. h. die sogenannten Gebildeten und Gelehrten größtentheils selbst noch in einer Zeit, wo es gottlob wieder vom Vaterländischen und Teutschen zu singen und zu klingen begann, so waren wir selbst noch in den Jahren 1760 1770 und 1780; wir äffeten und pfaueten und fuchseten uns halbe Engländer und Franzosen ja zuweilen wohl Türken und Polacken zu seyn. Nur Teutsche mogten wir nicht seyn: das Volk und die Art war uns zu altfränkisch possierlich schwerfällig und lächerlich. So stand das, was das Salz der Erde, das Bildende Belebende und Erquickende für das Volk hätte seyn sollen, entweder still, indem das Fremde und die Aefferei mit dem Fremden uns lähmte und erstarrte, oder es ging gar im Schlimmen und Verkehrten vorwärts. Das Volk aber, das gottlob draussen noch vieles an sich trug, was jene Gebildeten und Gelehrten als das Veraltete Rohe und Geschmacklose verspotteten, konnte auch seines Besitzes nicht froh werden, dessen Werth und Kostbarkeit es gar nicht kannte; ja es begann wohl hie und da schon an ihm selber irre zu werden, da es von jenen, die es als seine Führer und Regierer ehren mußte, verlachen und bespotten sah, worin sein ganzes Leben und sein bestes Gemüth beschlossen war. Diese Verkehrtheit der Gebildeten und diese Gleichgültigkeit und Verwirrung des Volkes hat Gott im Himmel gejammert und durch ein geschwindes und unsägliches Unglück von zwanzig Jahren und durch alle Schmach und Verhöhnung, die einem gebeugten Volke nur widerfahren können, hat er die Verblendung von uns genommen und uns wieder uns selbst offenbart. Ich will nicht eben sagen, daß wir schon hell sehen, was wir sind und was wir seyn können; nein manche von uns sind immer noch verblendet und verwirrt. Aber in vielen von uns ist doch so ein dunkles Gefühl erwacht, daß es für jedes Volk, das als Volk bestehen und handeln will, einen eigenthümlichen Boden gebe, eine Grundkraft und Grundart, welche man Volkthümlichkeit und bei den Teutschen also teutsche Art und teutsche Volkthümlichkeit oder mit einem kurzen Worte Teutschheit nennen könnte.

Von dieser fast vergessenen und lange verschwiegenen Teutschheit und von teutscher Volkthümlichkeit und teutscher Art und Sitte und Sprache hat man in unsern Tagen, wo Gott uns Sieg und Wiederaufrichtung verliehen hat, wieder angefangen zu reden und zu predigen und aus den verschiedensten Zungen und Herzen zu singen und zu klingen. Versteht sich, daß in einem Zeitalter, wo alles bekrittelt und bespöttelt werden muß, auch über diese Namen und ihre Bedeutung genug gespöttelt und gehöhnelt worden, und daß der eine seine Teutschheit in diesem der andere in jenem gefunden der eine mehr das Leibliche der andere mehr das Geistige der eine mehr die That der andere mehr das Werk dargestellt hat. Besonders haben viele sich bemühet das Teutsche im Gegensatze und Gegenscheine gegen andere Völker zu zeigen und darzustellen, vorzüglich im Gegensatze gegen diejenigen Völker, welchen die Teutschen einige Jahrhunderte nachgeahmt und das Eigene darüber versäumt haben, und zwar namentlich gegen die Franzosen. Und da hat es sich natürlich begeben müssen, daß dieser Gegensatz und Gegenschein häufig mit zu grellen und zuweilen mit völlig unrichtigen Farben gemahlt ist. Denn diese Art Gemählde erfordern einen feinen und sehr besonnenen Meister; sonst verläuft man sich dabei so leicht in das Uebertriebene und Unwahre. Es hat auch bei der Freude über den wiedergefundenen Schatz der Teutschheit und der teutschen Eigenthümlichkeit nicht an einem vielseitigen Streben gefehlt, ihn ja auf das geschwindeste wieder ins Leben einzuführen und dem ganzen Volke mittheilbar und brauchbar zu machen, und die Entwürfe Vorschläge und Anstalten der verschiedenen Streber und Eiferer für die Teutschheit sind nach ihren verschiedensten Ansichten die verschiedensten gewesen, theils wie wir uns in uns selbst wieder hineinleben könnten durch eine zeitgemäße Wiederzurückführung und Wiederbelebung der teutschen Vergangenheit theils wie wir uns aus uns selbst herausleben und entwickeln könnten in teutscher Art aus den Keimen und Elementen, die in unserer Natur liegen. Da sind denn natürlich zwei Partheien entstanden, zwischen welchen noch mehrere in der Mitte mitplänkeln und mitscharmützeln, von welchen die eine durchaus nur das Gewesene und Vergangene lobt und in den längstverschollenen Jahrhunderten alle teutsche Größe und Eigenthümlichkeit findet und also zur Nachahmung ja zur Nachmachung derselben ermahnt, die andere aber durchaus mit den Jetztlebendigen mit dem Neuen und Frischen fortstreben will und meint, daraus müsse sich alles entwickeln und gestalten, die Zeit müsse sich aus der Zeit gebären, das Gewesene sey gewesen und das Vergangene veraltet und könne nicht als etwas Belebendes und Erquickendes sondern nur als ein erschreckendes und erstarrendes Gespenst und Leichenungethüm ins Leben treten. Beide übertreiben es natürlich, die einen sind zu sehr Realisten die andern zu sehr Idealisten. Nach den Ersten bedürfte ein Volk überhaupt keiner Geschichte weder als Warnung gegen das Böse und Uebel — und o gegen das Dumme! — noch als Ermunterung und Erquickung zur Tugend, es könnte das Vergangene sogleich mit dem ewigen Vergessen zudecken und sprechen: du bist gewesen, du bist todt und frommest den Lebendigen nichts mehr; nach ihnen wären die Völker einem unsichtbaren Dämon, Zeitgeist genannt, der unter der Decke der Erde wühlte, gleichsam einem blinden Verhängnisse, überlassen, da müßte es klingen: Nur immer die Segel frisch ausgespannt, je frischer die Winde brausen! nur mit Muth und Kühnheit drauf eingegangen! die Zeit wird sich dann schon aus ihr selbst machen, ihr werdet schon werden, was ihr werden könnet. Nach den Zweiten hätte man auf nichts als auf die dünnen Schatten der Vergangenheit zu sehen und sich diese in möglichstätherischer Verklärung einzubilden, kurz immer nur rückwärts zu schauen — und alle Tugend Kraft Kunst und Glück müßten sich dann wohl von selbst einfinden. Es ist aber offenbar, daß die Ersten zu viel Leben in das Todte und die Zweiten zu viel Tod in das Lebendige bringen. Wer bloß in der Vergangenheit leben und die Gegenwart mit Gewalt in sie zurückziehen will, der will etwas eben so Thörigtes, als wer meint, daß in jedem Punkt der Zeit, worin wir leben, daß in der Gegenwart immer ein volles Leben sey und sich immer allein aus ihm selbst entwickeln könne. Vielmehr muß das höchste Leben, die Idee, ewig am meisten in der Vergangenheit weilen und nur zuweilen in die Zukunft hinausfliegen, sie muß als Sehnsucht als Erinnerung als geistige Liebe unser Daseyn umschweben, damit es nicht bloß ein thierisches Daseyn sey; aber das geringere Leben, ich mögte es das Blutleben und Fleischleben nennen, was Dreiviertel irdischen Stoffes und etwa Einviertel Geistigkeit hat, dies muß im Vertrauen auf Gott und auf die Zeit bewußtlos aus der Zeit hervorwachsen und versuchen, ob es eine eigene Herrlichkeit und Gestalt werden könne. Es liegen ja die Zeiten nicht so getrennt, als sie uns dünken, Vergangenheit Gegenwart und Zukunft sind ja eigentlich ein Nichts, kleine Stunden- ja Sekundenmesser für unsere Kurzsichtigkeit, Zeichen unserer Geistesschwäche, welche nicht alles in allem zusammenfassen kann: es ist nur eine einzige ewige Zeit. Dies ist so wahr, als Leib und Seele und leibliche und geistige Kräfte an sich ja ungetrennt und in der Wirkung und Handlung untrennbar sind; unsere Schwäche trennt sie auf Augenblicke in dem Begriffe, damit wir an den einzelnen Erscheinungen des Daseyns ein wenig ziffern und hieroglyphisiren können.

Ausser diesen nach verschiedenen Seiten hin Weisenden Strebenden und Eifernden, die oft vielleicht in thörigter Zwietracht sind, weil sie zu Feines fassen und erklären wollen, ist noch ein drittes Geschlecht, das mir von Herzen verhaßt ist, die sogenannte vornehme Rangloge im Schauspielhause des teutschen Parnasses. Die da ihren Platz genommen haben, gebärden sich, als schaueten sie aus eitel hellem Sonnenschein auf nichts als auf

Verdüsterte und Umnebelte herab und als treiben alle andere nichts als Kleinigkeiten und Eitelkeiten. Diese hochtönenden und hohnlächelnden Gesellen sagen: Was Teutschheit und teutsche Art Tracht und Sprache? was dies Rufen und Warnen und Weisen und Vorschlagen? dies Erfassen und Ergreifen des Einzelnen? dies Flicken und Bessern und Bilden am Einzelnen? Es ist das Lächerlichste und Kindischeste und verräth die kindischeste Dummheit und Eitelkeit. Nur immer die hohe Idee festgehalten, nur alles immer auf das höchste und tiefste Leben bezogen — ist dann in dem teutschen Volke etwas, das ihm eigenthümlich innewohnt und keinem andern Volke, etwas vorzüglich Lebendiges und Kräftiges, so wird es zu seiner Zeit schon blühen und sprießen und bedarf aller der Vorberathungen und Meisterungen und Vorhülfen und Nachhülfen nicht. Die Leute, welche von teutscher Sitte Tracht und Sprache von Wiederauflebung und Wiedererweckung der teutschen Turnkunst und Kriegskunst und von vielen andern großen und kleinen Teutschheiten und Teutschthümern sprechen und die Dinge durchaus einzeln machen und beleben wollen, mögen es wohl ehrlich meinen aber sie sind herzlich dumm. Es kömmt auf etwas ganz Anderes an auf den Geist auf die Idee auf etwas Tiefes und Unergründliches. Daraus soll ein Volk gebaut, das soll aus einem Fünkchen zu lichten hellen Flammen aufgeblasen werden, da und da allein soll die rechte fliegende und siegende Teutschheit gehofft werden und nicht von so vielen einzelnen Erbärmlichkeiten und Spielereien.

So klingen diese vornehmen Idealisten der Teutschheit, diese aufgebläheten Blasen eines gelehrten Hochmuths, die erst in den letzten fünfundzwanzig Jahren angefangen haben sich auf unserm Wasser aufzuwerfen. Wahrlich was diese Hoffährtigen zu wissen und zu glauben vorgeben, das wissen und glauben wir auch. Wir verehren mit ihnen die Idee den stolzen Geistesflug, der das Höchste begehren muß, damit nur irgend etwas Hohes auf Erden werde, als das Erbe, das uns Jesus Christus der Heiland für alle ewige Zeit auf die Erde herabgebracht hat, als das köstlichste Erbe, das teutschen Menschen besonders anzugehören scheint; wir wissen, daß, wo diese Flamme nicht brennt und leuchtet, alles Andere, was der Mensch bilden und schaffen will, mit dem Stämpel der Eitelkeit und Nichtigkeit gestämpelt seyn muß, aber wir wissen auch, daß in den unteren Gegenden des leiblichen und geistigen Wirkens und Lebens viele einzelne Kräfte Künste und Vorübungen nöthig sind, viele Vorarbeiten und Vorbereitungen, damit dieser himmlische Same, wann er ausgesäet wird, den Acker fruchtbar finde. Der Mensch das zwischen Himmel und Erde ewig hin und her gezogene und schwebende Wesen verfehlt sein irdisches Daseyn, wenn er das, was ihn zwischen beiden hin und her zieht und oft in so gewaltigem Schmerz und fürchterlicher Sehnsucht reißt, nicht ins Gleichgewicht bringen kann. Dieses Gleichgewicht wird freilich nur dort oben gestiftet durch die Fülle des himmlischen Geistes oder — was dasselbe ist — durch die Fülle der Idee und durch den Frieden, der durch sie und durch Gott in das menschliche Herz fließt. Aber daß der Mensch dahin gelange, daß er, einmal dahin gelangt, auch darin bleibe, dazu bedarf er vieler halb irdischer halb geistiger Hülfen, er bedarf mancher Uebungen und Arbeiten und Gewohnheiten, welche zuletzt Art und Sitte auch etwas zu freigebig zuweilen wohl Tugend genannt werden. Mit Recht wird also der Spötter und Hohnlächler wieder bespottet und belächelt, der von seiner Höhe, auf welcher er darum noch kein Besitzer ist, weil er sich darauf gesetzt hat, aus seinem erträumten und erlogenen idealischen Himmel, die mancherlei einzelnen Bestrebungen und Uebungen wackerer Menschen als kleinliches und jämmerliches Treiben verachtet. Der ist in dem rechten Himmel, worin Demuth und das Gefühl unserer irdischen Beschränktheit und Bedürftigkeit wohnen soll, der auch das Geringste erkennt und ehrt, wodurch redliche und treue Menschen an dem Guten bauen, der auch das kleinste Steinchen und Hölzchen würdigt, das sie zum grossen Tempelbau Gottes und des Vaterlandes herbeitragen. Denn in dem vielen Einzelnen besteht das Ganze in dem vielen Kleinen das Grosse. Nur die Gesinnung, womit der Mensch handelt, macht hienieden alles klein oder groß. Bei uns ist das Eigenthümliche im äussern Leben so verwischt so mit fremden Farben übertüncht und überklext, so mit fremden Weisen und Gestalten verkleidet und verlarvt, daß unser inneres Leben, wie geistig und idealisch es auch seyn mag, doch nie etwas Großeigenthümliches etwas in Freude und Schönheit der Gestalt Aechtteutsches werden kann, bis diese fremdartige wälsche Gleißnerei und Ziererei aus unsern Weisen und Sitten verbannt ist. Wer also für teutsche Art Sitte Sprache Tracht etwas Würdiges und Tüchtiges thut, erscheine es einzeln auch noch so klein, ja wer nur dahin wirkt, daß das Wälsche und Fremde allmälig als häßlich albern und abgeschmackt von uns erkannt wird, was es ja wirklich auch ist, der thut etwas sehr Löbliches und Verdienstliches und soll sich durch die vornehmen Wolkenlächler im Sonnenscheinmantel nicht stören lassen. Und würde durch alles dieses Streben das Rechte und Zweckmäßige, kurz das, was mit Einem Worte Teutsch heissen dürfte, auch noch nicht gefunden noch wirklich in das Leben und Gemüth des Volks gebracht, so haben diese schon dadurch für das Bessere und für die bessere teutsche Zeit gewirkt, daß sie die elende Jämmerlichkeit und Possierlichkeit aufdeckten und offenbarten, worin wir uns als Affen der Wälschen und Engländer so lange vornehm gebrüstet haben. Bei diesem Streben einzelner wohldenkender und wohlgesinnter Männer laufen freilich oft die allerwunderlichsten Verirrungen mit unter, welche jenen gemeinen und vornehmen Widersachern reichlichen Stoff zum spotten und lachen geben. Das kann nicht anders seyn in einer Zeit wie die unsrige, wo alle Gerüste und Gestalten der Welt veraltet und zerschlagen unter einander geworfen liegen und die Reife noch nicht da ist, eine neue feste Welt wieder zu bauen und zu gestalten. Viele bringen auch in das, was Einzelne würdig gemeint haben und im Leben und Werke würdig und einfältig darstellen, so viele Ziererei Eitelkeit Albernheit und Uebertreibung, daß selbst den treuesten Freunden der guten teutschen Sache sich beides vor Lachen und Weinen die Augen mit Thränen füllen müssen. So wird allerdings in der geckischesten und verziertesten teutschen Tracht und in dem wunderlichsten Rothwälsch, das die, welche es brauchen, reines und gediegenes Teutsch nennen, auch in einer gewissen Plumpheit und Derbheit, die oft in Grobheit ausartet, die neue teutsche Art und Sitte, wie die Feinde sie nennen, häufig leider fratzenhaft und widerlich genug vorgetragen; da doch die das Teutsche wirklich begriffen haben und aus dem Innersten ihrer Herzen herausfühlen wissen, daß Stille Einfalt Bescheidenheit und Einfachheit in Tritt Wort und Tracht die einzig rechte teutsche und christliche Art ist. Denn auch in christlicher Milde Sanftmuth und Demuth soll die teutsche Art jetzt auftreten; sonst ist sie keine, und die Spötter behalten Recht, welche sagen: jene fratzigen und bärbeissigen Neuteutschen mögen sich anderswo die Bären und Auerochsen suchen, welche einst in dem Lande ihrer Väter brüllten aber jetzt in Teutschland nicht mehr gefunden werden.

Ich will hier noch einmal mein Glaubensbekenntniß ablegen. Thörigter Gebrauch alberne Eitelkeit falsche Deutung und Anwendung haben von jeher auf Erden auf Augenblicke das Würdigste und Heiligste entweihen können; wie sollten sie nicht etwas entweihen, was recht in der gemeinen Mitte des Lebens steht, und es zum Gelächter des vornehmen und geringen Pöbels machen? Ich habe mich oft darüber ausgesprochen und thue es hier noch einmal, daß ich es für keine kleine Pest des teutschen Lebens halte, daß wir im Umgange und Leben wälsche Weisen und Zierlichkeiten gebrauchen, daß wir uns mit jeder neuen Mode wälsch oder englisch kleiden, daß wir unsere Häuser und Kleider und Gebräuche und Gesichter ja unsere Kinder und Kindeskinder immerfort verwälschen und verfälschen; daß ich es daher für recht etwas Löbliches und Verdienstliches halte, wenn nur irgendwo, sey es auch in einer unscheinbaren Kleinigkeit, der Anfang gemacht wird, dem elenden ausländischen Götzendienst ein Ende zu machen. Nur eine einzelne wälsche Tünche abgeblättert, eine einzelne wälsche Zierrath unsers Leibes lächerlich gemacht — man kann dazu rufen: item es hilft! Diejenigen aber, die das Teutsche die teutsche Volkthümlichkeit Art Kunst und Sitte immer im Munde führen und durch Uebertreibung und Prahlerei und Eitelkeit das Gute entweihen, welches ohne sie bald allen gut erscheinen müßte, ermahne ich der ernsten Zeit und der teutschen Tugend und erinnere sie, wie jämmerlich es ist, daß sie da, wo sie gegen wälsche Eitelkeit Lüge und Zierlichkeit predigen, mit teutscher

Eitelkeit Lüge und Zierlichkeit anfangen. Denn das teutsche Volk kann vieles ertragen, das aber kann es nicht ertragen, wenn man ihm eine junge und unflücke Narrheit unter dem Titel eines uralten teutschen Ernstes verkaufen will. Es muß seiner Natur nach Einfalt und Bescheidenheit wollen, und diese Zeit, wenn sie irgend etwas Gutes hat, zeigt offenbar wieder ein Streben der Anerkennung des Einfältigen und Bescheidenen und nimmt es freundlich auf, wo es nur erscheint.

Ueber teutsche Tracht Sitte und Art habe ich mich oft und weitläuftig ausgelassen; und es ist nun kaum nöthig. Dergleichen Dinge entstehen und bleiben, wenn sie entstehen und bleiben können, sie müssen anerkannt werden, damit sie gelten. Ein höherer Geist und ein höheres Streben muß allerdings schon im Volke seyn, wenn solche Einzelnheiten etwas bedeuten sollen, die wir aber nicht Kleinigkeiten schelten lassen. Nur das ist das Verdienstliche, daß man zuweilen wieder davon spricht und daran erinnert, daß es nicht so gleichgültig ist, als es ihnen däucht, daß der ernste und sinnige Teutsche in einem Rocke auftritt, worin immer nur ein leichtfüßiger wälscher Stutzer hüpfen sollte, und daß die teutsche Jungfrau mit der leichtfertigen Buhlerin in Paris gleichen Schmuck anlegt. Es soll billig Ungleichheiten des Aeussern geben, wo die Ungleichheiten des Innern die größten sind. Die uns von einem gewissen christlichen gottseligen Zusammenschwimmen und Zusammenfliessen der Völker vorpredigen, haben wahrlich Christi Wort Einen Hirten und Eine Heerde nimmer verstanden, so wenig als sie die irdische Welt verstehen und was der Mensch darin seyn kann und seyn soll; und in dem Sinn, aus welchem sie gegen die Abscheidung und Sonderung der Völker und gegen einen idealischen Volkshaß predigen, würden sie selbst gegen die christliche Liebe und den christlichen Zorn predigen. Oder soll kein christlicher Zorn seyn? Ihr Elendigen, ihr werdet nimmer die Bibel deuten ohne den tiefen Zorn, der selbst in Gott wohnen muß, wenn er nicht der Gott der Faulen und Feigen heissen soll. Ihr werdet uns aber keine Stelle in der Bibel zeigen, woraus hervorginge, daß er sich den Gott solcher genannt hat.

Und was ist der Haß was ist denn Abneigung gegen ein fremdes Volk? Ihr wisset nicht, was ihr scheltet. So ist die Beschränktheit des einzelnen Menschen und des ganzen Volkes, daß sie nicht alles dürfen, daß sie nicht alle Triebe Kräfte Gelüste Fertigkeiten Anlagen der ganzen Welt in sich tragen noch aus sich entwickeln noch weniger von aussen her in sich aufnehmen können noch dürfen. Wenn ich sage, ich hasse den französischen Leichtsinn, ich verschmähe die französische Zierlichkeit, mir misfällt die französische Geschwätzigkeit und Flatterhaftigkeit, so spreche ich vielleicht einen Mangel aus, aber einen Mangel, der mir mit meinem ganzen Volke gemein ist. Eben so kann ich sagen: ich hasse den englischen Uebermuth die englische Sprödigkeit die englische Abgeschlossenheit. Diese gehaßten und verachteten und getadelten Eigenschaften sind an sich noch keine Laster, sie hangen bei den Völkern, die sie tragen, vielleicht mit großen Tugenden zusammen, die mir und meinem Volke fehlen. Das mag ich erwägen und muß ich erwägen, wenn ich als Philosoph als Geschichtschreiber oder wenn ich gar als Weltbürger die Völker und ihre Schicksale in der Idee betrachte. Ganz anders muß mir aber das alles erscheinen und in ganz anderen

Beziehungen und Wirkungen, wenn ich mich als Einzelwesen und mein Volk als das teutsche Volk dagegen halte, oder wenn ich gar untersuche, wie diese Eigenthümlichkeit des Franzosen und Engländers (und meinethalben des Polacken und Portugiesen und jedes andern Volks) diese an ihm hervorstechenden Eigenschaften auf mich und mein Volk wirken müssen oder gewirkt haben, wenn wir sie uns zueignen und in uns aufnehmen wollen. Wenn ich sehe, daß wir durch Nachäffung wälscher Zierlichkeit Feinheit und Geschliffenheit zu matten und langweiligen Affen werden, die das Bewußtseyn ihrer eignen Tüchtigkeit und Herrlichkeit darüber verlieren, wenn ich sehe, daß der englische Uebermuth und die englische Sprödigkeit uns für das Leben nur noch unbehülflicher und unliebenswürdiger und unmittheilender macht uns aber von dem Stolz und dem Troß auf Freiheit und Recht nichts giebt, was als ein innerer fester Kern der Tugend unter der herben englischen Hülle liegt, so hasse ich in meinem und meines Volkes Namen eine Erziehung und Gewöhnung, welche uns weder zu leichten und liebenswürdigen Franzosen noch zu stolzen und aufrechtgehenden Engländern sondern höchstens zu traurigen und lächerlichen Halblingen beider machen kann, zu Dingern, die keinem Volke angehören und keiner Welt angehören sollten. Mögen diejenigen, welche diese kümmerliche Weichlichkeit bei uns immer noch fortsetzen wollen, mich um diesen Haß hassen! mögen sie mir als fromme Theologen und seufzende Christen ihr Christenthum als Schild entgegen halten! Ich sage ihnen zum dritten Mal: sie sind erbärmliche Theologen und noch erbärmlichere Christen. Eben das Evangelium Christi ist die rechte Lehre des Zorns und der Liebe auf Erden, eine rechte brennende und scheidende Feuerflamme, damit im höchsten Himmel des Gemüthes und der Idee die freie und hohe christliche Liebe werde; es ist der rechte scharfe und strenge Scheidekünstler, der große Alchymist von Ewigkeit her, der mit dem unbarmherzigen Geist alle unreinen und eitlen und lügenhaften Zusammenmischungen sondert, damit er die gereinigten und wieder wahr und unschuldig gemachten Einzelnheiten mit desto seligerer Liebe umfassen könne. Darum laßt uns die Franzosen nur recht frisch hassen! laßt uns unsre Franzosen, die Entehrer und Verwüster unserer Kraft und Unschuld, nur noch frischer hassen, wo wir fühlen, daß sie uns unsre Tugend und Stärke verweichlichen und entnerven! Als Teutsche als Volk bedürfen wir dieses Gegensatzes, und unsere Väter waren ein viel besseres Volk, als wir jetzt sind, als der Gegensatz und Widerwille gegen die Wälschen am lebendigsten in ihnen war. Wir werden beide dabei gewinnen und was wir wirklich Ideales und Allgemeines in uns haben uns desto heiterer und ungetrübter mittheilen können: wir werden als Menschen menschlicher mit einander umgehen. Ich weiß, ich spreche hier vielen ein Räthsel; aber es muß ja denen ein Räthsel bleiben, die keine menschliche Sprache verstehen. Legte ich es ihnen breiter aus, wähnten sie nur, daß sie es verständen, sie verständen es aber doch nicht. Diese Sachen sind so fein, daß man sie nur mit dem Herzen und dem Glauben verstehen kann. Doch muß ich von dem größten Verderben, von dem Franzosenthum der Sprache unter uns, noch etwas Breiteres sagen. Dieser Teufel ist zu mächtig, er hat sich zu tief in unsere edlen Theile eingefressen, als daß er so leicht auszutreiben wäre, als allenfalls der französische Rock und Bückling und der französische Kopfputz und die Salbenbüchschen und Riechfläschchen von Paris. Ihr mögt ihm hunderttausend feiste Säue zuschicken, die ihm mit fürchterlich schaudervoller Ironie ihr Kiwi! Kiwi! Wuj! Wuj! *) zuschreien, sie können ihn allenfalls in ihr Seebad mit hinablocken, aber ersäufen werden sie ihn nicht.

Meine ich, daß dieser Teufel ganz ausgetrieben werden soll? daß man überhaupt nicht mehr Französisch lernen soll? Nein, so Thörigtes meine ich nicht, sondern ich meine nur die übertriebene Buhlerei und Abgötterei mit dieser Sprache, ich meine vorzüglich den Misbrauch, der in der großen und vornehmen Welt und in der Erziehung der Kinder der gebildeten Volksklassen mit ihr getrieben wird. Dagegen und darüber habe ich mich oft stark erklärt, und kann es hier ja noch einmal wieder thun, des lieben Wörtleins gedenkend:

---

*) Das Volk kennt diesen Teufel lange und nennt ihn in diesem angespielten schweinischen Scherz auch mit seinem rechten Namen.

der Tropfen höhlt den Stein aus. Die Krankheit ist so eingewurzelt und das Uebel so hartnäckig, daß eher zehen andere Lügenteufel auszutreiben sind als dieser zierlichste und gauklischeste von allen.

Ich bin billig. Ich lasse den Gebrauch der wälschen Sprache gelten vorzugsweise für zwei Arten Leute, ich lasse ihren mäßigen Gebrauch gelten für alle in dem Maaße, wie man andere neue europäische Sprachen lernt und übt. Aber das Zuviel, besonders der letzterwähnte Misbrauch derselben muß gerügt werden, weil das alte Uebel, gegen welches wir nun bald zweihundert Jahre kämpfen und welches über unser Vaterland so namenloses Weh und in das von Natur feurige teutsche Gemüth so viele jämmerliche zierliche Kälte und Vergessenheit teutscher Art und Tugend gebracht hat, dadurch immer wieder frisch fortgepflanzt wird.

Welche sind die zwei Arten Leute, für welche ich den Gebrauch und die Uebung der wälschen Sprache vorzugsweise gelten lasse?

Es sind die Handelsleute und die Diplomaten, auch eine Art Handelsleute und Makler.

Die französische Sprache ist einmal in einem allgemeinen und breiten Weltbesitz, und man mag ihr diesen beneiden oder nicht, durch bloßen Neid und Groll darüber, daß sie darin ist, kann man ihr diesen Vorzug nun einmal nicht mehr entwenden. Da dergleichen Weltbesitz unmöglich etwas Zufälliges seyn kann, so setzt er etwas voraus, was uns und andern Völkern fehlen muß. Uns Teutschen vor allen dringt sich wohl von selbst die Frage auf, warum wir, die Weitverbreiteten, die in Ungarn und Siebenbürgen fast ein Volk sind, die längs der ganzen Ostsee hinauf wohnen, die in den großen Hauptstädten Rußlands zu Vierzigtausenden und Dreißigtausenden ansäßig sind, doch unserer Sprache keinen so weiten und allgemeinen Weltbesitz haben verschaffen können? Und wirklich, wenn wir der Sache mehr auf den Grund spüren, so werden wir leicht finden, daß die französische Sprache mit Recht im Besitz ist. Sie ist ein leichtes klares bestimmtes Tauschmittel der Gedanken für alle Welt, eine rechte bequeme Münze für den täglichen Gebrauch, nicht so tief und schwer und unbestimmt und überschwänglich als die teutsche und einige andere Sprachen, für den Weltverkehr und für die leichte Unterhaltung über leichte und feine Dinge der Gesellschaft und des Gespräches wie geboren. So ist sie in Europa als die bequemste und leichteste Sprache aller Geschäftsleute erfunden worden und wird es auch wohl bleiben. Der Kaufmann und Gewerbsmann und auch der Reisende, der sich im leichten Leben durch die Welt umtummeln will, wird wohl kaum etwas Leichteres und Brauchbareres für sich finden. Eben so ist es mit dem Diplomatiker, dessen Rolle es eben ist, daß er oft das Schwerste und Ungefälligste wenigstens auf die leichteste und gefälligste Weise ausspielen soll. Er bedarf grade einer sehr geschliffenen gebildeten gefügigen ich mögte sagen proteischen in den mannigfaltigsten Gestalten und Bildern und Scheinen wie die dünne Luft und der Schaum auf dem Wasser hinspielenden und hinschimmernden Sprache, die neben ihrer Klarheit und Bestimmtheit den Vortheil hat, daß in ihr durch den äusserst geselligen Karakter des Volkes, dem sie angehört, eine Unendlichkeit von beziehlichen Abstufungen feinster Schatten und Lichter sowohl für die äussere als für die gemüthliche Welt und eine Menge von halben Wahrheiten und halben Scheinen liegen, welche sie in der schlüpfrigen Mittelwelt, wo mit den mannigfaltigsten Scheinen und Gegenscheinen ewig zwischen Lüge und Wahrheit geschwebt und gespielt wird, zu einem einzig brauchbaren Geräth machen. Etwas Anderes aber ist es, ob durch die Spiele und Künste der Diplomaten überhaupt so viel ausgerichtet wird, als sie glauben, und noch etwas Anderes, ob die Völker sich gefallen lassen dürfen, daß die französische Sprache die alte lateinische aus dem hergebrachten Rechte verdränge die Verträge und Urkunden der Völker mit einander auszudrücken? ob, wenn die eine neuere Sprache sich dies Recht herausnimmt, nicht alle andere auf das gleiche dringen können? und ob nicht jedes unterhandelnde Volk das verlangen soll, daß in dem Vertrage sowohl die lateinische als die eigene Sprache nicht bloß der französischen zur Seite stehen — denn wer zur Seite steht, scheint eine Art Diener — sondern diese ganz ausschliessen, es sey denn, daß mit den Franzosen selbst etwas abgeschlossen würde, wo ihnen billig gebührt, was den andern?

Ich meine, alles dies fordert die Würde der Völker.

Also den Handelsleuten, welche flüchtige Weltleute sind, und den Diplomaten, die mit leichten Künsten spielen müssen, gestehen wir willig den Gebrauch der französischen Sprache im vollsten Umfange sowohl des Verstehens als Sprechens zu. Andre gebildete und gelehrte Leute mögen sie für ihr Bedürfniß lernen und üben, wie sie andere neuere Sprachen lernen und üben, ohne daß sie eben mit der Fertigkeit des Sprechens prunken, welche doch nie eine anmuthige Fertigkeit seyn kann bei solchen, die nicht in täglicher Uebung sind. Wenn sie ja nach Frankreich oder nach andern fremden Ländern zu reisen vorhaben, wird die Nothwendigkeit des Gebrauchs und der Uebung das leicht ersetzen und hinzufügen, was ihnen an Gewandheit und Läufigkeit darin mangelt. Aber die große Rolle, welche die französische Sprache bei der Erziehung unserer Großen und Vornehmen und des weiblichen Geschlechtes spielt, als ob sie eine nothwendige Grundlage und Ergänzung aller Bildung und alles Geschmacks wäre, darf sie hinfort nicht mehr spielen. Dieses alte Verderben diese Pest unserer Kraft und Eigenthümlichkeit muß einmal mit den Wurzeln ausgerottet werden; jeder, dem eine teutsche Zunge und ein teutsches Herz gegeben ist, muß dagegen auftreten und sprechen und predigen und schelten. Denn kein schlimmerer Krebs hat an uns genagt als dieser wälsche, mit welchem Schwächlichkeit Eitelkeit Lügenhaftigkeit und Fratzereien und Zierereien aller Art zu uns gekommen sind und noch immer nicht weichen und unserem Besseren Platz machen wollen. Solange dies Unkraut bei uns wuchert, kann unser reiner Weitzen unmöglich in Freudigkeit aufschiessen.

Ich brauche hier nicht breit zu erzählen, wie es seit der zweiten Hälfte des sechszehnten Jahrhunderts, schon ein halbes Jahrhundert vor dem dreißigjährigen Kriege, sich gewendet hat, wie schon damals Europas Babel Paris anfing sich als Hauptstadt unsers Welttheils als die Stadt aufzustellen, in welcher alle Kunst Sitte Feinheit Liebenswürdigkeit und alle höchste Bildung und feinster Geschmack heimisch seyen. Damals schon ward es Brauch, daß die Söhne teutscher Fürsten und Herren nach Paris reisten und dort einige Jahre zubringen mußten, damit sie einst als Spiegel der schönen und feinen Gesellschaft im Vaterlande glänzen könnten. Aber allgemein ward diese Ansicht, man kann wohl sagen diese französische Sucht und Wuth, in einer Zeit, als teutscher Haß gegen die Ueberlister Räuber und Verheerer des Vaterlandes den Weg zwischen dem Rhein und der Seine auf ewig hätte sperren sollen, in jener Zeit, als Ludwig der Vierzehnte in Frankreich regierte. Da schienen alle andere Völker so gar nichts zu seyn noch zu haben so gar nie etwas gewesen zu seyn noch gehabt zu haben; so daß die französische Zierlichkeit und Eitelkeit die französische Sprache Sitte Kunst und Wissenschaft alle Länder überschwemmte und nicht allein in den Sälen des Fürsten und Grafen als etwas Auserlesenes umging sondern selbst in die Häuser des teutschen Bürgers eindrang. Dies gab in allen Beziehungen in allen Verhältnissen und Ansichten des Lebens der Wissenschaft und Kunst eine fast allgemeine Weltverwandelung, Europa ward mehr oder weniger verwälscht und verfranzösirt, und was jedes Volk bei sich Herrliches und Treffliches besaß oder besessen hatte, ward so verachtet und vergessen, daß wir uns in den letzten zwanzig Jahren, wo uns die Augen von der langen Verblendung aufgegangen sind, gewundert haben, daß unsre Väter vor den Franzosen schon etwas gewesen sind, daß sie in Werk und That in Kunst und Wissenschaft früher wohl schon etwas gehabt und geschaffen haben, das besser ist als das beste Französische des siebenzehnten und achtzehnten Jahrhunderts.

Diese Verblendung und die Erstarrung und Entseelung, die daraus folgte, und die Gleichgültigkeit und Vornehmigkeit gegen das Eigene und Teutsche hat zwar das ganze Volk theilen müssen, aber die Vornehmsten und die Gelehrten sind doch am verderblichsten davon erfaßt worden: und zwar die letzten mehr von dem allgemeinen Geist, der durch und mit dem Franzosenthum in die Welt gekommen war, die ersten ganz eigentlich auch von dem besonderen Geist der wälschen Sprache, weil sie bei ihnen, so geläufig es von teutschen Lippen ging, auch eine sprechende Sprache seyn mußte. Ueber dies, was eine von Kindauf mitsprechende und mitlebende fremde Sprache bedeutet und wie sie neben der

Muttersprache ja wohl über der Muttersprache und ihrem Geist in mitempfindender mitliebender mitwirkender Gemeinschaft bei dem Fremdling endlich eine zweite Sprache werden muß, über diese Schwächung und Verwirrung des Tiefsten und Innigsten im Gemüthe und in allen hohen und unerklärlichen Urbildern der Seele und des Lebens hier noch einige flüchtige Worte. Wer sie verstehen will, versteht sie wohl.

Die Gelehrten und überhaupt die anderen Gebildeten des Volks, welche nicht zu den sogenannten höheren Ständen gerechnet werden, lernten die französische Sprache bloß für den alltäglichen Gebrauch des Lebens oder für das Verständniß der französischen Wissenschaft und Literatur, nicht damit sie täglich in derselben redeten und teutsche Gefühle und Gedanken kümmerlich genug in sie hinein übersetzten. Aber weil diese Sprache von allen neuen Sprachen am meisten im allgemeinen Gebrauch war, weil die Meinung mit dem Verständniß und der zierlichen Anwendung derselben eine hohe Würdigkeit und eine Aehnlichkeit mit der feinsten und vornehmsten Welt verband, so erhielt die wälsche Sprache in dem Vorurtheil ein Ansehen und auch das in ihr Gedachte und Ausgesprochene erhielt ein Ansehen, was ihnen an sich gar nicht gebührte. So ward alles früh bestochen, das Französische für das Erste ja fast für das Einzige in der neuen Welt zu halten, wenigstens in Hinsicht des Geschmacks und der Künste und Lebenszierlichkeiten und Lebensansichten für das Einzige und Unübertreffliche. Doch saß das Französische hier meistens mehr äusserlich nur noch an den Menschen; bei unserm vornehmen Stande saß es schon fast in den Menschen. Wenigstens impfte man dies fremde Gewächs hier von der Wiege an nach der Möglichkeit ein und suchte die langweiligen stummen groben und plumpen Geister der angebornen Teutschheit männiglich auszutreiben. War es nicht so, und ist es leider in vielen Häusern nicht noch so, daß der Sohn und die Tochter des Fürsten Grafen und Freiherrn, so wie er den Windeln entsprang und die ersten unvernehmlichen Naturlaute zu stammeln begann, von einem Franzosen oder einer Französin ergriffen ward: oft das loseste und leichteste Gesindel, das von dem eigenen Vaterlande ausgestoßen war den groben und dummen Allemannen aber immer noch gut genug schien? Diese trieben acht bis zehen Jahre mit den armen Kindern ihr wälsches Spiel und tauchten sie so lange in die französische Zierlichkeit unter, bis die rauhe teutsche Rinde, womit sie oft schon zur Welt gekommen waren, ihnen abgeglättet däuchte. Die Muttersprache ward gewöhnlich ganz vergessen, von ihr konnte das Nöthige von den Bedienten und Stallknechten und Jägern gelegentlich immer noch gelernt werden. Es war ja die Sprache der Langeweile Dummheit und Grobheit, für Bauren und Bürger allenfalls gut genug, weil sie keine bessere hatten, aber nicht für Fürsten und Herren. So geschah es denn und geschieht noch wohl diesen Tag, daß teutsche Fürsten und Herren allenfalls ein geistreiches und lustiges französisches Gespräch führen konnten aber mit der Muttersprache blöd und dumm da standen und stotterten und stammelten, wann sie reden oder vollends wann sie ja einmal öffentlich reden sollten.

Dies wäre das Geringste. Obgleich in dem richtigen volltönigen und vollsinnigen Gebrauch der Sprache und Rede eine allmächtige Herrschaft ein unsichtbarer Zauber über die Geister liegt, welche auch die Vornehmsten und Höchsten wohl brauchen dürften, so war das Schlimmste das, daß durch das thörigte Treiben und Ueben des Fremden dieses Fremde und das Gemüth und der Sinn, die es ausdrückt, zwar selten ganz heimisch ward, daß es aber fast immer mächtig genug war, das Einheimische und Teutsche kurz das Angeborne zu schwächen zu verkehren und zu unterdrücken; so daß die Kraft und Herrlichkeit, die in einem Fürsten- oder Grafensohn vielleicht einmal die Wonne und der Stolz des Vaterlandes geworden wäre, nun von Jugendauf zerknickt und gelähmt ward und daß häufig elende Kümmerlinge und Halblinge wurden, welche ihrem Wesen und Streben nach weder den Franzosen noch den Teutschen ja oft gar keinem Volke angehörten. Ja ich sage es gradezu, den meisten wäre es tausendmal besser gewesen, wenn man sie statt dieser wälschen Verzierlichung und Abglättung zu den Bauren aufs Land und zu den Köhlern und Förstern in den Wald geschickt und hätte das Vieh hüten oder dem Wilde nachstellen lassen. Und hätten sie im zwanzigsten Jahre auch nur die rauhen Töne und die natürliche Kraft und Art jener einfältigen Leute gehabt — wahrlich es wäre wohl anders aus ihnen hervorgedrungen und hervorgeklungen und herausgeblitzt als jetzt, wo alles Hohe und Idealische im Keim erstickt oder doch verkehrt werden mußte: verwälscht und verfälscht.

Will ich hiemit der Roheit das Wort reden? der völligen Vernachlässigung der Bildung? Ja so weit, daß ich sie viel glücklicher halte, als eine falsche zu frühe oder vollends eine fremde Bildung. Auf jene, welche durch Geburt und Glücksgüter schon hoch über die Menge gestellt sind, wirkt durch nothwendige und unvermeidliche Verhältnisse und Einflüsse, die ich hier nur anzudeuten brauche, so vieles ein, was die einfältige Tugend und Kraft, die der liebe Gott gegeben hat, vertändeln verzerren und verweichlichen will; ein teutscher Prinz oder Graf läuft schon bei der strengsten und ernstesten teutschen Erziehung genug Gefahr, das Derbe Feste und Tüchtige einzubüßen, wodurch ein Mann, sitze er in einer Hütte oder auf einem Thron, allein ein würdiges männliches Gott und Menschen wohlgefälliges Leben führen kann. Wie nun? wenn er recht absichtlich für das Zierliche Eitle Spielende und Weichliche erzogen wird? Ich meine ja hier auch nicht bloß die Uebung der fremden Sprache, nicht das, was nur äusserlich scheinen mögte, nein ich meine das Tiefste und Bedeutendste, den Sinn den Geist das ganze Lebensgefühl die ganze Lebensansicht und Lebensgestalt, welche in jeder besondern Sprache ganz eigenthümlich ausgeprägt sind. Die Wörter sind ja nichts Todtes, sie sind ewige Urbilder von Gefühlen und Gedanken, sie sind gleichsam versteinerte und verzauberte Ideen, die durch die lebendige Rede und den warmen und lebendigen Hauch der Seele, die sie gebraucht, in jedem Augenblicke wieder belebt werden müssen. Was in teutschen Menschen Tugendhaftes und Lasterhaftes Wahres und Lügnerisches Treues und Untreues Ernstes und Scherzendes jemals gelebt hat, das muß auch in ihrer Sprache leben; mit der Sprache muß jedem die Urgestalt eines Volkes, sein tiefstes Leben Denken und Empfinden, aufgehen. Wie nun? wenn du von der Wiege an das Wälsche und Russische die wälsche und russische Urgestalt und Grundform des Lebens mit der wälschen oder russischen Sprache in dich aufnehmen willst? Wird neben dieser Gestalt, die jetzt gleichsam dein zweites Leben wird, die teutsche Urkraft, deren Keime wohl mehr in dir lagen, später noch Platz in dir gewinnen? wird zwischen zwei gleichsam verschiedenen Welten nicht unbewußt in dir ein früher Kampf entstehen, worin du schon Niederlagen des Gemüthes leidest, wann du von Krieg und Streit noch keine Ahndung haben solltest? wird, wann die goldene Kindheit mit allen ihren seligen Blumenträumen des Himmels mit allen ihren seligen Engelspielen vergangen ist, die Einfalt Liebe und Treue, die im tiefsten Grunde jeder Sprache liegt, als der Keim des Göttlichen im Menschen, dir dann aus der eigenen Sprache je noch erblühen können? wirst du je die unmittelbare Gewalt der Rede in der Muttersprache gewinnen, wodurch du durch die sanfteste und anmuthigste aller Herrschaften herrisch und gebieterisch dastehen kannst? Der Kern der Sprache, ihr tiefstes Leben und Lieben, wird nimmer durch Bücher gelernt sondern durch das Leben, und das rechte Lernen ist da immer vollendet, ehe der junge Mensch buchstabirt. Dann, in den ersten fünf sechs Jahren seines Lebens, muß er die innerlichen kräftigen Geister seines Volkes, die in der Sprache ruhen, in unbewußter Unschuld eingesogen und empfangen haben, wie er Luft und Licht einsaugt und in Sehnsucht erfasset; später ist die Empfängniß dafür bei den meisten geschlossen. Man wende mir hier nicht ein, wie man die alten Sprachen lernt und wie doch manche Neuere es darin zu einer Meisterschaft gebracht haben, daß man meinen mögte, die in Athen und Rom würden staunen, wenn sie ihre Werke studierten. Allerdings giebt es einzelne ausserordentliche geistige Erscheinungen. Aber diese Weltwunder sind noch wohl himmelweit von der Weltkraft, womit ein griechischer oder lateinischer Mann durch das Wort und die Rede gewirkt wodurch er unmittelbar gelebt und gefühlt und die staunende Menge entzückt oder niedergedonnert haben würde. Ich glaube, daß auch dem genialischesten Menschen bei der höchsten Kunst, die keine Kunst der unbewußten Kindheit und Unschuld gewesen ist, immer der Hauch und die Kraft des höchsten unmittelbaren Lebens fehlen würde. Es ist damit, wie mit dem Egerbrunnen und Selzer Wasser, die der Apotheker in Stockholm und Petersburg macht'; kann er die Seele den Lebenshauch des lebendigen Wassers auch schaffen? Und wahrlich nicht besser würde es unsern Kennern und Meistern in wälscher englischer oder russischer Sprache gehen, wenn sie in Paris London und Moskau unter dem Volke auftreten und Heere befehligen oder von der Rednerbühne donnern sollten. Da würden sie an einer gewissen Beklommenheit bald inne werden, daß ihnen etwas fehle, was in jenen Orten jeder Sackträger schon umsonst hat, ein unbewußtes Lebensgefühl ein Verständniß der Art — ich mögte sagen — der Luft des Landes, kurz die ungeheure und unermeßliche Gewalt der Natur. — O unsere armen Krüppel! unsre verwälschten und verfälschten Prinzensöhne und Grafensöhne und Herrensöhne, die gewesen sind — o mögten wir nicht sagen können, die noch sind! Diese soll man einmal herausführen aus ihren Sälen wo das zierliche Geflüster und Gelispel dünngeprägter Worte meistens aus dünngeschlagenen und hohlmünzigen Menschen zischelt, aus ihren Vorzimmern, wo die süße Menschenstimme nie weder als ein lieblicher Blumenathem des Frühlings noch als ein furchtbares Donnerwetter des heissen Sommers noch als eine ernste Stimme des Herbstes weder säuselt noch hallet noch sauset; man soll sie herausführen unter ein Heer, das Aufruhr schreiet, unter Bauren, die sich im wilden Zanke zerraufen — da in der Gewalt des lebendigen Lebens sollen sie versuchen, ob ihre Brust Menschenstimme und ihr Ton Machtgebot in sich hat, ob sie als teutsche Männer Teutsch können. Ich wette, den Meisten werden die Worte fehlen. Bei solchen Gelegenheiten — und das sind ja recht Gelegenheiten für die Großen und Hochgebornen — prüfet sich's, ob der rechte Klang und Sang in der Brust ist. Wahrlich mancher Schäfer, den man hinter seiner Heerde wegriefe, mancher Müller, den man von der Mühle hohlte, mögte sich in solchem Getümmel mit der Rede wohl besser heraushelfen, als wer von Kindauf fremde Töne nachgelallt hat. Ganz Teutschland kennt seinen alten Feldmarschall, wer hätte den Namen Blücher nicht gehört? Das wissen aber wenige, daß dieser große Natursohn auch mit den Lippen mächtig ist, daß er die Gewalt der Rede über die Herzen gebrauchen kann, wie ihm gefällt. Er hat keine französische Wärterin oder Abrichterin gehabt, kein französischer Kammerdiener oder Abbé ist bestellsam und ängstlich, wie das Huhn um die Entchen, die es ausgebrütet hat, um den Knaben hin und her gelaufen; ohne zierliche und wälsche Bildung und überhaupt ohne große Abglättung und Verzierung der Jugend hat er als Knabe schon den Husarenrock angezogen und Gottes und der Natur Gnade hat aus dem Manne gemacht, was sie aus ihm machen konnten. Ich glaube nicht, daß Blücher, wenn er vom zweiten bis sechszehnten Jahre seines Lebens mit wälschen Meistern wälsch geplappert hätte, teutsch reden könnte, wobei zugleich dem Korporal und General die Brust mit Flammen durchhaucht wird.

Ich spreche von einem alten Uebel, von einer gefährlichen Pest und die noch heute die gefährlichste ist, für einen Teutschen um so gefährlicher, weil wir mit dem Franzosen eine gewisse Weichheit des Gefühls gemein haben, und weil das, was uns in ihnen nicht angehört und nimmer angehören darf, wenn wir nicht eitel jämmerlich und erbärmlich werden wollen, uns durch diese die Uebergänge in einander erleichternde Aehnlichkeit desto leichter eingehaucht und eingeflößt werden kann. Wahrlich würden unsere Fürsten und Herren von der Wiege bis zum zwölften vierzehnten Lebensjahre ganz teutsch erzogen und gebildet, lernten sie das Lateinische Französische Englische und wenn sie Anderes lernen wollen, wie wir anderen Knaben und Jünglinge, lebten und webten sie in ihrer lieben Muttersprache teutsch unter teutschen Menschen, d. h. unter einfältigen natürlichen unverschrobenen und unverschaffenen Menschen, welchen Herz und Wort auf der rechten Stelle sitzt — wahrlich wir würden andere Führer sehen, sie würden in Liebe und Treue das Volk verstehen lernen und sich mit ihm einlieben und einleben, sie würden aber auch eine ganz andere Kraft des Befehls und der Darstellung haben, als die unter Wälschlingen oder verwälschten Teutschen gewonnen werden kann. Wie sie aber erzogen werden, gewöhnlich von den schwächlichsten Menschen, von Zierlingen und Weichlingen und Zinserlingen und Zimperlingen, kurz von teutschen Halblingen und Viertlingen, wenn es auch keine geborne Wälsche sind, wie sie ihre Jugend nachher verleben unter Menschen, die eben so erzogen sind, die eben so wenig den tiefen Klang und Strich des Teutschen haben, wie sollte das Wunder geschehen, daß sie in der Regel nicht die unmündigsten unsichersten und schwächsten aller Teutschen werden müßten?

Man hat eine Anekdote von dem großen Könige von Schweden und Rheinpfalzgrafen Karl dem Elften. Ich will sie erzählen. Als sein Vater der kriegerische Karl Gustav starb, war er ein zartes Kind von wenigen Jahren. Seine Großmutter und ein Reichsrath führten während seiner Minderjährigkeit die Regentschaft und regierten schlecht und verschleuderisch. Die Frau und die Männer wünschten gern auch dann noch zu regieren, wann der Knabe die Volljährigkeit erreicht haben würde; sie wollten einen faulen sorglosen unwissenden König haben, der allein seinen Trieben und Vergnügungen nachginge und ihnen die beschwerliche Herrschaft überliesse. Darum liessen sie ihn fast ohne allen Unterricht gleich einem Straßenbuben herumlaufen und erlaubten ihm statt aller geistigen Uebungen und Arbeiten das Fechten Reiten Jagen Ringen und Balgen im Ueberfluß. Sie meinten, sie hätten sich den rechten Kappadocier erzogen, durch dessen dichtumnebelten Kopf nie ein Lichtfünklein dringen würde; sie irrten sich. Karl war mündig geworden, er war völlig unwissend, konnte höchstens seinen Namen schreiben; sie meinten, er werde die Feder nie gebrauchen als zum Unterschreiben. Er saß nun im Rathe vor. Dies hatte er schon einige Male gethan stumm blöd verlegen, er hatte den Mund nicht aufgethan als zum Ja sagen und die Hand nicht gerührt als um seine Namenzüge zu ziehen. Das dritte oder vierte Mal als er seine hohe Rathsitzung hielt, kam ein Fall vor, wo der König Nein sagte und die Großmutter und Räthe meinten, er müsse Ja sagen. Der Reichskanzler — ich meine, er hieß Bjelke, und war des Königs Jugendführer gewesen, was sie einen Gouverneur nennen — hatte dem jungen Könige mehrmals begreiflich zu machen gesucht, warum er Ja sagen müsse; aber umsonst. Er faßte sich darauf zum dritten Mal den Muth, es ihm aus einander zu setzen, und endigte seine Erläuterungen mit den etwas starken Worten: Jetzt werden Euer Majestät es endlich doch wohl begreifen können. Kaum erklangen diese Worte, so sprang der König, ein starker herkulischer Jüngling, wie ein Blitz von seinem Sitze auf, riß eine glühende Feuerschaufel aus den Kohlen des Kamins, schlug damit auf den Tisch und rief: Wohl begreife ich, daß ich jetzt König bin; und ihr geht! Und sie gingen. Und dieser König, von welchem sie bei der schlechten Erziehung gehofft hatten, er werde sein Leben mit Beischläferinnen und Hengstbändigen und Bärenjagden hinbringen, ward einer der größten und wohlthätigsten Könige, welche Schweden je gehabt hat. Mit rastlosem Eifer verschaffte er sich binnen wenigen Jahren die Einsicht, deren er bedurfte, um mit Recht sagen zu können: Jetzt bin ich König. Durch das natürliche Leben, in welchem man ihn hatte aufwachsen lassen, hatte er das rechte volle Gefühl das rechte volle Verständniß seines Volkes und Landes gewonnen, er war ein Schwede geworden. Nie hat ein König wie dieser mit allen Klassen des Volks leben umgehen und sich freuen können; er ist der lezte König in Schweden, der in allen Landschaften seines Reichs in Bauer- und Bürgerhäusern eingekehrt ist und auf Bauerhochzeiten lustig mitgetanzt hat, ohne daß den andern dabei so zu Muthe geworden, daß sie aus dem Tanze fliehen müßten. Dieser war ein König und ein Mensch. Ein tapfrer Krieger strenger Haushalter fester Ordner Walter und Gesetzgeber. Ich will nun nicht sagen, daß alle Söhne von Königen und Fürsten erzogen werden sollen, wie dieser Karl der Elfte; aber das sage ich, daß die meisten, die man so wild laufen liesse, tüchtigere und herrischere Männer und Helden werden würden, als die man durch eine ausländische und weichliche und weibisch einsame Erziehung zu schwächlichen Puppen und Spieläfflein vertändelt und verziert. O Verderben unserer edlen Geschlechter! Lernten unsere Knaben und Jünglinge von Jugend auf tüchtig teutsch leben, wie die Fürsten weiland im fünfzehnten und sechszehnten Jahrhundert, und läsen unsere alten tapfern Geschichten und Kroniken und freuten sich des Sanges und Klanges unserer teutschen Lieder und Heldensagen als Heldenherzen und Volksherzen — denn Volksherz ist

Heldenherz — wahrlich wir würden andere Männer erwachsen sehen. Doch Gott, der uns so weit geholfen hat, wird ja auch hier Licht aufgehen lassen aus der Finsterniß, daß sie endlich begreifen, was das Rechte ist, und daß sie nur durch teutsches Gemüth und teutsches Leben und teutsche Rede teutsche Menschen beherrschen können. Der erste große Anfang wäre die völlige Verbannung und Aechtung der französischen Sprache von den Höfen und aus den sogenannten vornehmen Zirkeln; und dieser Anfang kann allein von den Höfen ausgehen, denn die vornehmen Zirkel machen es den Höfen immer nach. Auf der Börse der Kaufleute mag französisch gesprochen werden, Kaufleute Reisende Diplomaten mögen die französische Sprache als eine Weltsprache gebrauchen; Könige Fürsten und Herren sollen sich mit der Sprache ihres Landes ehren, und fremde Botschafter, die zu ihnen kommen, mögen durch Dolmetscher mit ihnen sprechen, wenn sie die Sprache des Landes, wohin Geschäfte sie führen, vorher nicht lernen wollen. Das ist recht und würdig zugleich. Ein König und großer Herr, der grade das Feste Ernste und Bleibende, der die ewige Majestät, das Bild des ruhenden Gottes, darstellen soll, muß wegen allerlei Talente Fertigkeiten und Liebenswürdigkeiten grade nicht bedeutend werden wollen, die einem Künstler und Sänger und andern Leuten wohl anstehen. Hat er sie, so gebrauche er sie zur eigenen Lust, weniger zur Lust der andern, weil für ihn und für sie die Gefahr der Eitelkeit und Ziererei droht.

Das wäre einmal wieder geredet über die wälsche Sprache und über großes Unglück, das wir durch sie erlebt haben und noch erleben. Man vergesse aber nicht, daß hier am meisten die Rede ist von ihrem fast ausschliessenden und thörigten Gebrauch vor allen andern neueren Sprachen, und am meisten davon, daß sie vor allen andern als sprechende Sprache gebraucht wird. Denn eben die sprechende Sprache ist das Gefährliche. Wer sie von Jugend auf übt und treibt, der muß seine Anschauungen und Gedanken und Gefühle nothwendig gegen einen fremdartigen Spiegel stellen, der muß das angeborne Teutsche endlich verkehrt erblicken und das eigenthümlichste Eigene muß ihm auf immer ein verschlossenes Räthsel bleiben. Aber, wird man sagen, es kann ja zugleich mit dem Teutschen und Französischen und allenfalls auch mit dem Englischen angefangen werden; man findet ja kleine Knaben und Mädchen von acht bis zehn Jahren, welche auf die Weise gleichsam spielend in wenigen Jahren drei Sprachen gelernt haben. Welch ein Gewinn ist das! und wie schön können sie die folgenden Jahre nun auf Anderes wenden! Ja wahrlich ein schöner Gewinn, den ich wenigstens mit euren Kindern nicht theilen mag! Freilich ausserordentliche Geister können vieles aushalten, sie schütteln später den falschen Firniß ab und reinigen sich durch eigene Kraft oft von den fremdartigen und verschiedenartigen Schlacken; aber auch von diesen ausserordentlichen Geistern, wenn sie selbst aus solchem eitlen Treiben einmal eigenthümlich und selbständig hervorgehen, kann man vielleicht sagen, daß sie noch mächtiger fröhlicher und freudiger gerathen seyn würden, wenn nicht ein so verschiedenes Allerlei schon in den zartesten Jahren mit ihnen getrieben wäre. Bei den meisten wird dieses Mischmasch des Verschiedenen, in den Jahren eingetrichtert, wo sie die ersten einfältigen Bilder des Lebens auffassen und aus sich entwickeln sollen, eine schwächliche und flache Karakterlosigkeit erzeugen. Man wird von den meisten, die so erzogen sind, am Ende doch ungefär sagen müssen: sie wissen viel, aber sie können es nur nicht recht von sich geben. Ganz richtig: die zu viele Speise, die in die zarten Gefäße geschüttet ward, hat ihnen die Kraft der Verdauung genommen; sie werden ihr Lebenlang an Verstopfungen leiden müssen. — Ohne Scherz, einfältig recht und grade, wie der Weg der Natur ist, so werde das Kind erzogen, und immer müssen die Dinge, welche seinem Gemüthe die nächsten sind, zuerst in dasselbe gebracht werden: also zuerst Teutsch zuerst die teutsche Muttersprache und dann, wann es schon reifer ist und ein festes Urbild seines Volkes und Landes sich in ihm gesetzt hat, mag man allmälig zum Fremden vorschreiten. Lernen kann der Mensch viel — was lernt nicht schon der Affe Hund Papagai und Falke? — freilich durch Schläge und Hunger aber nicht durch Hunger der Seele, wie den Menschen hungert — aber wissen und verstehen wird kein Mensch je mehr, als ihm die Natur das Maaß gegeben hat. Hat man dies

Maaß einmal überfüllt oder gar aus einander getrieben, so mag man es nachher anfangen, wie man will, man mag daran bessern und flicken, so viel man will — es wird alles, was man darein giesset, sich entweder in innere Trübung oder Gährung setzen oder auch irgendwo heraus- oder überfliessen. Dies bedenket wohl, ihr eitlen Uebertreiber! Gott läßt sich nicht spotten.

Und nun unsere Weiblein und Jungfräulein vornehme und gebildete? — und spricht nicht selbst des Krämers und Pächters Töchterchen: aber ein bischen Französisch, Papa, muß ich doch wohl lernen? Das Weib soll kein Handelsmann Reisender noch Diplomat seyn, selten hat es auf Thronen und in Geheimenrathszimmern darzustellen, und wir haben verneint, daß es nöthig sey, daß diejenigen, welche auf Thronen sitzen und in Geheimenrathszimmern und Gehörsälen als die Ersten stehen, eben französisch oder irgend eine fremde und wälsche Sprache sprechen. Ich habe wiederholt, was teutsche Biedermänner schon vor zwei Jahrhunderten geklagt haben, daß der Teutsche, welcher seine Töchter in wälscher Sprache unterweisen lasse, sie gleichsam zu Huren der Fremden bilde. Das könnte nun wörtlich verstanden werden, wobei die Angeklagten noch am besten wegkommen würden; aber das ist eben nicht nöthig. Sondern es ist eine viel schlimmere Hurerei gemeint, als die mit den Leibern getrieben wird, es ist die Hurerei des Geistes gemeint, jene, die so oft in der Bibel angeführt wird, wovon es heißt: Und Israel sündigte und fiel ab und hurete mit den Kindern Ammon und Moab und Amalek und ihren Götzen, jene Hurerei, wo Babel die große Hure genannt wird. Jenen sündlichen Abfall von Gott und von ihrem Volke jene Buhlerei mit fremden Spielen Gefühlen Sitten und Trieben meinten die wackeren Männer, welche die teutschen Frauen und Jungfrauen, die zu sehr in das Französische verliebt waren, wälsche Huren nannten. Diese Buhlerei ist viel schlimmer, als die mit dem schlechteren Leibe getrieben wird, hier werden der Geist das Gemüth die innigste Liebe und das tiefste Leben eines Volkes grade in ihren Blüthenknospen und zartesten Pflänzlein angegriffen; denn diese Blüthenknospen und Pflänzlein sind die Frauen und Jungfrauen. Man predige hier aber, was man wolle, man warne man erinnere man bitte und flehe, die Eitelkeit und die Lüge sind immer noch mächtiger als die Einfalt und Wahrheit. Man jauchzet und singt und tändelt und faselt auch wohl sein Wörtchen und Liedchen von teutscher Freiheit Heldenthum und Macht von dem teutschen Mann und Jüngling drein, aber das Gefühl ist noch nicht ächt und die Liebe nicht stark genug: es muß doch noch ein bischen Zierlichkeit und Manierlichkeit ein bischen Geschnatter und Geflatter ein bischen Gezitter und Geflitter ein bischen Französisch dabei seyn. Wie oft habe ich mich ärgern müssen — und könnte ich das Vergnügen nicht alle Tage haben? — wann ich mit Frauen sprach, sonst gescheidten und braven Frauen, und wann wir lange gesprochen hatten und darüber einig waren, daß das französische Wesen und die französische Sitte und Sprache unsre Schwäche und unser Verderben ist und aus uns heraus muß, damit unser Eigenes, dieses Unkrauts rein und frei, wieder in seiner Frische aufschiessen und aufblühen könne — ist es nicht ein Jammer, daß nach allem verständigen

Gerede immer der Nachseufzer klang: Aber ach Gott! ich kann meine Töchter doch nicht so aufwachsen lassen, mein Stand meine Verhältnisse die Verhältnisse, worin sie einst leben müssen, verlangen es schon; man wird einmal für dumm unwissend und ungebildet gehalten, wenn man nicht französisch sprechen kann; man kömmt in Gesellschaften, wo man stillschweigen und sich schämen muß — ach du lieber Gott! es ist in der Welt so vieles unrecht und verkehrt, und man muß es mitmachen und kann es nun einmal nicht ändern. Und das Französische ist doch nicht ganz so schlimm, als Sie es machen. Es hat freilich viel Leichtes und Leichtfertiges und Eitles, was uns Teutschen vielleicht gefährlich werden kann; dagegen aber kann man die Kinder belehren und warnen. Es sind doch nicht lauter schlüpfrige Bücher und liederliche Reime in der französischen Sprache geschrieben, es giebt auch viele recht christliche und fromme und sittliche Bücher, woraus ein junges Kind viel Gutes lernen und woran es eben so gut als an teutschen Büchern seinen Geschmack und sein Herz bilden kann.

So klingt es mitten aus den Seufzern des Leichtsinns oder Schwersinns heraus und so thut man bis diesen Tag. Wir aber wollen thun, wie unsere Väter weiland gethan haben und wie unser treues und einfältiges Volk die Thorheit und Eitelkeit fühlt, wir wollen das Ding bei seinem Namen nennen. Es ist eine Hurerei eine wälsche Buhlerei eine Hurerei, wie die Kinder Israel einst mit Ammon und Moab und Asdod und Damaskus trieben, weswegen sie endlich der Raub dieser Nachbarn wurden, wie wir und unsre Tugend und Ehre und zuletzt auch unsere Freiheit durch die jammervolle Buhlerei so vielfältig der Raub der Wälschen geworden sind.

Wie fremdartig und feindselig das leichte flatternde tändelnde in ewigen Halbschatten zwischen Licht und Nacht Lüge und Wahrheit hin und her zitternde schwebende und spielende Französische schon unsern Männern und überhaupt dem teutschen Karakter ist, darauf habe ich oben sattsam hingewiesen. Die Frauen und Jungfrauen nun, diese von Natur in allen Farben Tönen und Gestalten mehr spielenden Wesen, nehmen viel leichter auf und behalten das Aufgenommene bei ihrer

Biegsamkeit und Zähheit viel länger als die Männer: was in der ersten Jugend in sie hinein gespielt wird, geht nimmer wieder heraus. Und wer will leugnen, daß das Wälsche in den Frauen der vornehmen Klassen seit zwei Jahrhunderten noch mächtiger gewesen ist als in den Männern, die schon auf der staubigen Bahn des gewöhnlichen Lebens, wo sie mit allem teutschen Volk verkehren und sich tummeln mußten, wieder mehr des Teutschen erinnert wurden. Freilich bei vielen Frauen hat der teutsche Ernst und die teutsche Liebe und Einfalt in der Regel über das Wälsche Verzierte Kalte und Glatte obgesiegt, aber die äussere Gestalt des wälschen Lebens und Wesens ist immer noch zu viel geblieben und ist noch heutiges Tages genug, selbst bei solchen, die im Herzen über die Franzosen und über das Französische sehr entrüstet sind; so daß die Kinder daran ihren Medusenschild sehen können. Ja dieser zierliche blanke und doch schaudervoll kalte wälsche Medusenkopf erscheint nicht bloß in den prinzlichen und hochadlichen Zirkeln, er hebt sogar an den Thetischen der Beamtenfrauen und Kaufmannsfrauen seinen zauberischen Schein emvor, daß die teutschen Herzen in Eitelkeit und Jammer erstarren und vergehen müssen.

Ja ein Erstarren und Vergehen ist es und nichts Anderes ein Ersticken des Schlichten Einfältigen Graden und Derben, worin der Schild und Schirm der teutschen Natur besteht, und ein Hervorlocken und Pflegen des Künstlichen Bewußten Zierlichen und Gleißnerischen, worin wir Teutsche nimmer mit der Unschuld wandeln können wie die Franzosen, die darin geboren sind.

Ihr meint, ich spreche bloß von der Sitte. Nein ich spreche von der Sprache, ihrer Farbe ihrem Klang ihrem Geist und ihrer Art, kurz von dem ganzen inneren Leben, das sie darstellt und verräth und darstellen und verrathen muß. Es ist mir bei meiner Ansicht ziemlich gleichviel, welche Bücher ihr leset — ich setze voraus, daß man der Kindheit und Jugend nichts Schändliches in die Hände giebt — ob Fenelon und St. Martin oder die lüsterne Schlüpfrigkeit eines Grecourt und Crebillon oder die Voltairische Magd von Orleans — (denn eine Magd ist es und keine Jungfrau) ich meine hier das tiefe Leben und den innigen Geist der Sprache, das ganze innere Gepräge des französischen Geistes und Karakters, das sich in dieser Sprache nun einmal abgedrückt hat. Darin ist das Leichte Flatternde Eitle Bewegliche Leidenschaftliche in allen Farben und Gestalten bloß für den äusseren Schein Spielende und diesen äusseren Schein Darstellende endlich das Klanglose und Gemüthlose vorherrschend, woraus wohl hin und wieder ein ganz leidlicher Franzos hervorgehen kann, woraus aber, wenn es bei uns mit der Muttermilch eingeflößt wird, ein halbierter verzierter verfratzter und, wann es am besten geht, in den Grundtiefen seines innigsten Gemüthes und Lebens gestörter verwirrter und geschwächter Teutscher hervorgehen muß. Und was von dem Teutschen gilt, das gilt in noch höherem Grade von der Teutschin, welche als Mutter der Kinder und als stilles und der Kindheit Weltgestalt und Weltgefühl zuerst erfassendes und gestaltendes Hausbild, wenn sie verkehrt und in ihrem Wesen verletzt ist, die Verkehrtheit und Zwietracht von Geschlecht zu Geschlecht fortpflanzen muß. Denn ich sage es endlich — und die das Teutsche verstehen, verstehen auch meine Worte — schon in der wälschen Sprache an sich ist eine Lüge der Eitelkeit und ein Bewußtseyn der Sünde und ein Mangel der Unschuld, welche den Isis-schleier zu früh lüpfen, von welchem man wünschen sollte, daß er über den weiblichen Herzen ewig hangen bliebe. Wie nun? wenn unsere Weiblein durch die Fertigkeit der Sprache mit wirklichen Franzosen in lebendige Unterhaltung kommen? — da muß das bunte schlangenspielige und schlangenschillerige Teufelsspiel sich schon entwickeln — wie nun? — und ist das so leicht zu vermeiden? wenn sie die empfindsamen und lüsternen und schlüpfrigen französischen Romane und Gedichte in die Hände bekommen? wie nun? und aber wie nun? O es giebt noch viele Wie nun? die ich hier nicht berühren mag. Das ist unserer reinen und keuschen Sprache eigen, die vielleicht weniger sinnliche Fülle hat als einige südländische Sprachen aber mit der französischen Sprache sich nach allen Richtungen hin messen kann, nur nicht in dem Spielenden Schimmernden Scherzenden und Plappernden der leichten und vornehmen Gesellschaft, was wir in dem Grade nie erlangen werden und auch nie erlangen wollen — das ist der teutschen Sprache eigen, daß sie die verbotenen Speisen des Geistes die lüsternen Früchte des Genusses und der Gier des wilden wollüstigen Triebes nimmer in so üppigen und zaubrischen Halblichtern und magischen zwischen Himmel und Hölle — wo dies Gebiet auch liegt — hinspielenden Farben zeigen kann, als die wälsche, welche selten die Kühnheit hat, wie z. B. die italiänische und spanische, ganz den Himmel oder ganz die Hölle zu zeigen. Das können wir auch; aber die Sünde mit einem Halbschein von Tugend und Anmuth verzieren wird unserer Sprache gottlob tausendmal schwerer, als es der französischen ist.

Aber wenn man von Stande ist, wenn man wohlhabend oder reich ist und seinen Töchtern, die nicht grade im Schweiß ihres Angesichts mit Arbeit ihr Brod verdienen müssen, eine anständige Erziehung geben kann, was soll man mit ihnen anfangen? willst du denn, daß man sie so ganz der lieben Mutter Natur überlasse, welche in unserer Menschengesellschaft auch eine gar wunderliche Natur ist, die sich hinter dem Vorhange von der großen Bühne gar Manches erlauscht und erschaut hat, wovon sie billig nichts wissen sollte — daß man sie so ohne alle Bildung aufwachsen lasse? Nein das will ich nicht. Die lieben Töchter können vom siebenten und achten bis zum achtzehnten und zwanzigsten Jahre, wo Gott jeder einen hübschen treuen und tapfern Mann bescheren wolle, gar mancherlei lernen und üben zum Nutzen und zur Lust des Lebens, wodurch sie wohlgebildet heissen mögen, ohne verziert und entteutscht zu seyn. Es giebt des Schönen und Anmuthigen gar viel, worauf das zartere Geschlecht von Natur hingewiesen ist und was es oft viel geschwinder lernt und begreift als der sprödere und verschlossenere Knabe. Wie das Mägdlein gern mit bunten Blumen und Kräutern spielt, mag es ja das Leben und Weben und die Sitten und Triebe der Blumen und Pflanzen auch wissenschaftlich lernen; wie es gern singt und klingt und sich an Bildern und Scheinen freut, mag es die Kunst der Heiligen Cäcilia und des Evangelisten Lukas üben und versuchen, ob es angeborne Talente dafür hat. Und die liebe teutsche Muttersprache wie tief! wie hoch! wie weit! Wie lange hat sie daran zu lernen, wenn es ihr wirklich um Bildung zu thun ist, und wie viel kann sie daraus lernen! Und die liebe teutsche Geschichte? und auch anderer Völker Geschichten? und die Fertigkeiten mit der Nadel? Ich wette, ich wette, zehen Jahre vergehen ihnen in diesen Uebungen wie ein Morgentraum, und aus Langerweile sollen sie sich wahrlich nicht nach einem Sprachmeister sehnen. Ich will auch das Lernen fremder Sprachen nicht verbieten — nur sey die französische Sprache von allen die letzte — wiewohl ich nicht sehe, was sie einer Frau oder einem Mädchen viel frommen sollen, da bei den Weibern tausendmal mehr als bei den Männern in dem Angebornen und nicht in dem Angelernten die Kraft und Tugend wohnt. Wer die Lust und die Leichtigkeit dazu hat, lerne sie zu seiner Freude für das Verstehen, nicht zu seiner Eitelkeit für das Sprechen. Da sind die südlichen Sprachen, die italiänische und spanische, voll Wohllaut Tiefsinn und Schwärmerei, da sind die verwandten nordischen Sprachen die holländische englische schwedische dänische. Diese letzten mögte ein teutsches Weib und Mädchen auch allenfalls sprechen dürfen; denn in ihnen klingt ein teutsches und germanisches Gemüth wieder und es wohnet kein fremdes und wälsches Verderben darin.

Doch genug. Mögten alle teutsche Mütter diese Worte mit Andacht lesen und, wer das Französische gelernt hat, es in Teutschland nie wieder über seine Lippen klingen lassen und es ihren Töchtern als ein gefährliches Räthsel verschlossen halten! Ich habe ein großes Wohl und ein großes Weh des teutschen Volks berührt. O mögten teutsche Einfalt Unschuld und Wahrheit durch fremde Geister und Triebe da nie gestört werden, wo sie in ihrem stillen Heiligthum immer in heiterer Klarheit und Wonne wohnen sollen, wenn dem Manne auf der blutigen und staubigen Bahn des Lebens Eitelkeit Sünde und Lüge auf jedem Schritt begegnen müssen!

VII.

Das Turnwesen.

Für diese gute Sache habe ich zuweilen einige gute Worte gesagt; man hat sie mir erwiedert. Das ist ein ehrlicher und offener teutscher Tausch der Liebe gewesen, dessen sich keiner zu schämen hat. Einige Gewisse werden sagen, wann ich für das Turnwesen spreche: du bist ein verwerflicher Zeuge, du bist partheiisch, du sprichst und schreibst für deine eigene Sache. Und ich antworte diesen Gewissen: ihr sagt ganz recht, ich bin partheiisch, ich spreche in eigener Sache, ich kann gar keine andere Parthei nehmen als die Parthei der Vertheidiger dieser tüchtigen Uebungen. Seit einem halben Jahre, wo der Vorsteher des Turnwesens in Berlin die Gewissen gereitzt hatte, sind eine Menge schreiender Anklagen und Beschuldigungen gegen das Turnwesen laut geworden, einige offen und ehrlich, die den Karakter des innigsten Hasses der Sache und Person nicht hehl hatten — in so weit zu loben, als der ehrlich eingestandene

Haß selbst des Löblichen und Guten noch etwas Tüchtiges hat im Vergleich mit Schleicherei, die mit ihren Giften und Verhetzungen im leisen Fuchs- und Katzentritt hin und her trippelt — andere unter allen Verkappungen und Verlarvungen mit allerlei seufzenden Warnungen lispelnden Achselzucken und frömmelnden Gebärdungen scheußlich wie der Satan, wenn er sich in einen Engel des Lichts verkleidet. In diesem finstern Schmutz der Feigheit und Bosheit zu rühren ist gleich langweilig und unerfreulich. Ich hebe lieber den Hauptinhalt der Beschuldigungen heraus und sage darüber und über das Turnwesen, wie ich es kenne und mit Augen gesehen und mit Ohren gehört habe, einige Worte. Das Gericht dieser Welt ist nicht immer das Gericht Gottes; aber ich hoffe, Gott und der König und die Fürsten werden das Turnwesen bestehen lassen, allerdings, wie klein und verächtlich jene Gewissen es auch machen mögten, eine erfreuliche Erscheinung der Zeit, woraus, wenn es in würdigen Händen bleibt und sich vor den Augen alles Volks immer einer würdigen Oeffentlichkeit befleißigt, immer etwas Tüchtiges hervorgehen muß.

Die Ankläger sagen 1) das Turnen schadet den Leibern mehr als es sie stärkt: es schwächt die Gesundheit, 2) es schadet den guten Sitten, 3) es ist unchristlich, 4) es bildet ein freches wildes aufrührisches Geschlecht, das dem Staat gefährlich ist; die Turnplätze sind die Katheder, wo Lehren ausgesäet werden, die einmal alles umkehren müssen.

Ueber die erste Anklage, daß das Turnen eine Art Seiltänzerei und Gauklerkunst sey, eine halsbrechende beinbrechende herz- und magenumkehrende gehirnerschütternde Kunst, wodurch Leib und Seele verrenkt und verspannt und überrenkt und überspannt werden, haben solche sich schon ausgesprochen, welche den Bau des menschlichen Leibes und was Kopfoben und Kopfunten bedeutet und wessen ein Knabe und Jüngling vom achten bis achtzehnten Lebensjahre fähig ist, gründlich kennen. Zu zarte Kinder und zu gebrechliche und kränkliche Leiber werden ja auch zu den Uebungen nicht gezogen und, wenn man sie zuzieht, ganz allmälig mit hineingebracht, so daß die Schwäche sich durch die Uebung stärkt und erholt, wenn sie anders überhaupt zu überwinden war. Es gehen diese Uebungen ja alle ihren ruhigen Gang Schritt vor Schritt und von Stufe zu Stufe, wie der Gang der Natur ist, und der Anblick der Turnplätze und der Turner und das Urtheil und die Sicherheit, welche in der öffentlichen Schau liegt, die jedem frei steht und die immer gleichsam ein offenes Turngericht unter freiem Himmel bildet, weist alle aus dunklen Hinterhalten kommende Verleumdungen der edlen Anstalt zurück. Freilich das könnte sich wohl begeben, daß ein einzelner jämmerlicher Leib, der doch frühe verwelkt wäre, das Schwindsüchtige und Gebrechliche, was in ihm sitzt, durch diese Uebungen eher hervortriebe und entwickelte, die verdüsterte und verblödete Schwäche und Kränklichkeit aber, die in einem bestimmten Organ noch keinen festen Sitz genommen hat, wird durch das frische und frohe Leben und Weben und sowohl durch geistigen als leiblichen Reitz nach und nach schon der Stärke und Gesundheit Platz machen müssen. Freilich Halsbrüche Beinbrüche Verrenkungen ja Tode könnten bei einer so großen Schaar allerdings eben so häufig erfolgen, als z. B. bei den Uebungen der Regimenter zu Fuß und zu Pferde und mit dem Geschütz. Es ist ein Glück, daß dergleichen nicht oft geschehen ist, ja bis jetzt fast gar nicht. Durch einen Schwindel eine Ohnmacht ja durch einen Schlagfluß, die ja hier im Freien sich so gut begeben könnten, als auf dem Stuhle oder im Bette, hätten schon einige von dem Mastbaum und andern Klimmgerüsten herunterstürzen und den Hals brechen können; Arm- und Beinbrüche und andere Beschädigungen wie viele hätten bei den Uebungen wie viele selbst auf dem Heimgange durch den Muthwillen der Knaben und Jünglinge vorfallen können! Gott hat die Anstalt gegen ihre Feinde schützen wollen und solche Zufälle verhütet. Nun will man hier grade tückisch zählen und rechnen, was anderswo nie gezählt und gerechnet wird. Geh nach dem ersten Dorfe und Flecken, wo in allem nur dreißig oder fünfzig Knaben und Jünglinge leben, und der eine fällt von einem Apfelbaum und bricht den Hals, der andere stürzt in einen Teich und ersäuft, der dritte balgt und ringt sich mit des Nachbarn Sohn und bricht Arm und Bein inzwei, der vierte läuft Schrittschuh fällt durchs Eis und ertrinkt; so daß man in einem so kleinen Neste in Einem Jahre oft drei vier unglückliche Tode und Beschädigungen zählt. Und wenn nun hier auf den Turnplätzen der Zufall einmal wirklich sein trauriges Recht behauptete, könnte man das der Anstalt und den Männern, die sie leiten, zurechnen? Man sagt: wo Bäume gehauen werden, da fallen Spähne — nun gut! so scheltet nicht wie über etwas Gräuliches und Ungeheures, wenn Menschen untergehen, wo Menschen im frischesten Leben lebendig sind. Denn würden einige durch solche Uebungen selbst früh aufgerieben, (allerdings immer solche Einige, die in einem siechlichen und kümmerlichen Leben ihnen selbst und der Welt späterhin doch nur zur Last gewesen wären) so wird die Mehrzahl dadurch doch frischer kühner gewandter gesunder und lebenslustiger, als sie bei dem kümmerlichen Ofenhucken trüblichen Stubensitzen oder dämmernden Herumtreiben geworden wären.

Das Turnwesen schadet den guten Sitten? Bei diesem Wörtlein gute Sitten muß man billig, ehe man antworten kann, fragen, was die Leutlein meinen, die es im Munde führen. Es ist ungefähr ein so weitschichtiges und vieldeutiges Wort als die Wörtlein Gott und Religion und Staat, unter deren weiten Nebelkappe die Herren Censoren, wenn sie wollen, eine gewaltige Tyrannei über die Geister üben können. Hier läuft das Geschrei darauf hinaus, daß die Buben wild rauh trotzig unfleißig werden, daß viele auch wohl bei der Heimkehr von dem Turnplatz im Dunkeln durch Gassen gehen, wo unheimliches Gesindel lauert und sie verlocken kann. Es giebt allerdings sehr zahme schwächliche stille und schweigsame Büblein und Jünglinge, die man artige Kinder zu nennen beliebt, die sich von einem Stuhl auf den andern setzen, die von einem Zimmer ins andere schleichen, die von einem Buche auf das andere fallen, und dem Vater und Lehrer auch kein Blumenbeet und keinen Apfelbaum stören. Will man solche, will man diese Unglücklichen, deren fröhlicher Lebens- und Freiheitstrieb von Kindauf zerknickt ward und die nachher als Jünglinge mit der Bleichsucht und dem Blödsinn durchs Leben schleichen, so liefert der Turnplatz von dieser Art freilich nichts.

Denn eben dieses zahme sitzende grübelnde grämelnde und dämmernde Leben zu vertreiben und die jungen Menschenpflanzen an Licht und Luft zum Bewußtseyn des Lebens und zum Gefühl der Gesundheit und Freude zu bringen ward er eröffnet. Daß fröhliche Buben wohl mal einen Muthwillen und einen Trotz mitlaufen lassen, und um so mehr, in je größeren Schwärmen sie mit einander sind, ist das natürlichste aller Dinge, und dafür, wann es zu schlimm wird, giebt es Zucht und Strafe. Dies Uebel lassen sich verständige Männer aber gefallen, weil sie es sich gefallen lassen müssen. Wie der Wind wehen und das Feuer brennen muß, so muß die junge Kraft sausen und brausen; und über diejenigen muß man am meisten kopfschütteln, in welchen nichts sausen und brausen will. Uebrigens will die zahlreiche Schaar von Zuschauern, die sich in Berlin und anderswo immer bei den Turnplätzen versammelt und von welchen ja viele mit den Jünglingen und Knaben zugleich zu Hause wallen, von frechem und sittenlosem Uebermuth und einem wilden Wesen, das die Ruhe rechtlicher und stiller Leute stört, nichts bemerkt haben.

Man kann sich auch wohl so weit auf die Polizei verlassen, daß sie solchen Unfug, wann er wäre, zur gesetzlichen Rüge und Strafe bringen würde. — Ueber den Unfleiß haben die berufenen Stimmen meistens verneinend geantwortet. Er wäre auch ganz unnatürlich, denn der gekräftigte und geschmeidigte Leib muß immer wohlthätig auf die Seele rückwirken, er muß auch dem Geiste geschwinderen Flug und kühneren Athem geben, zumal da ja die Turnübungen nicht bloß leibliche Uebungen sind sondern dort auch geistig geturnt wird mit Ideen und Gefühlen, welche den Anklägern freilich ein solches Räthsel sind, daß sie Gott weiß welche verbotene und verborgene Schrecken dahinter wittern. Das haben wenigstens alle Besseren bemerkt, daß seit dem großen Jahre, wo wir von dem wälschen Joche befreit wurden, und seit den freien Uebungen der Leiber und Geister, die nun gottlob wieder erwacht sind, mehr Ernst Fleiß und Sittlichkeit in der Jugend ist, als vor fünfzehn und zwanzig Jahren war. Die Gefahr des späteren Heimkehrens durch die Wüsten des Lasters mitten in der großen Stadt ist freilich eine Gefahr.

Aber wenn der Jüngling dagegen zu Hause keinen Schild bekömmt, wenn die Lehrer und Meister des Turnplatzes und der andern öffentlichen Schulen solche Wüsten nicht in der Abscheulichkeit und Verdammlichkeit schildern, die in ihnen sind, wie magst du sie dann bewahren, daß die feilen Sünden sie nicht einmal fassen bei Tage oder bei Nacht? und wie viele Aeltern und Lehrer sind in der Lage, daß sie jedem erwachsenen Buben, wann er ausgeht, einen Aufseher und Leiter mitgeben können? — Wenn man so viel Kleines und Großes Ernstes und Erbärmliches unter einander mischt, verräth man wahrlich mehr die Absicht zu verleumden als den Trieb die Sittlichkeit und Wahrheit zu fördern. Das müssen wir freilich eingestehen, daß die zierlichen Knaben und Jünglinge, wie sie in meinen Tagen waren, die armen geplagten Jungen mit steifen Rücken festgeschnallten Beinkleidern gepuderten Haaren und Locken und einer ganzen Ladung Salben Talg und Haarnadeln, daß jene armen verzierten und versteiften Dinger, die weder Gott noch Menschen gefallen konnten, jetzt weder auf den Turnplätzen noch sonst irgendwo gefunden werden, es sey denn, daß hie und da ein alter Professor oder Kanzleidirektor noch eine solche Seltenheit als Muster der guten alten feinen artigen gehorsamen zierlichen und manierlichen Zeit erzöge, die man uns immer aus vollen Backen lobt und die uns doch mit aller ihrer Zierlichkeit Weichlichkeit Faulheit und Lügenhaftigkeit in den erbärmlichen Zustand hineingefaselt und hineingetrödelt hat, aus welchem diese wilde ungehorsame rauhe und trotzige Zeit uns wieder hat herausreissen müssen.

Das Turnwesen ist ein unchristliches Ding? Sie klagen, das Turnwesen habe nichts anders im Auge als jene rohen wilden und trotzigen Helden, welche das Heidenthum loben konnte, welche aber der christlichen Milde und Demuth völlig fremd sind und ewig fremd bleiben müssen. Ein leiblicher Stolz eine übermüthige Frechheit auf äussere Dinge und äussere Vorzüge ein Trotz auf Leibesstärke, die doch etwas so Nichtiges und Vergängliches, das sey die Wirkung und das Ziel des Turnwesens. Das möge sich einst für die Rennbahn bei Pisa und Korinth und für die gräßlichen Spiele in Rom geschickt haben, aber diese Zeit könne solche Gladiatoren und Gaukler nicht gebrauchen. Wenn das bei solchen einreisse, die einst Professoren Priester Richter und Beamte werden sollen, was werde dann aus dem künftigen Geschlechte werden? werde nicht eitel Rohheit Frechheit Frevel und Uebermuth endlich in die Teutschheit fahren, welche die Turnmeister immer im Munde führen? Ich leugne nicht, es wäre sehr schlimm, wenn an diesen Beschuldigungen etwas wäre, wenn Eitelkeit Hochmuth Trotz Frechheit und ein wildes und rohes Wesen kurz wenn etwas Gladiatorisches aus diesen Ringschulen hervorgehen könnte. Denn der jetzige Mensch, je ringfertiger und schlagfertiger er ist, desto mehr muß er der Stille und Bescheidenheit und der christlichen Freundlichkeit und Demuth ermahnt werden. Denn nichts ist widerlicher als der Anblick eines Jünglings und Mannes, der eine ausgezeichnete Leibesstärke Gewandtheit und Ringfertigkeit besitzt und damit prahlet und trotzet. Je stärker desto stiller, je waffengeübter desto sanftmüthiger das ist das Bild des christlichen Jünglings und Mannes. Wer durch Sittlichkeit Fleiß Bescheidenheit Züchtigkeit und Kenntnisse nicht ausgezeichnet ist, der darf damit nicht stolzieren, daß er ein geschickter Ringer Fechter und Turner ist. Dies ist aber auch, so viel ich weiß, die Lehre der Turnplätze. Das ist gewiß, daß alle Anstalten, wo viele versammelt werden, besonders solche, wo das Leibliche und leibliche Fertigkeiten und Geschicklichkeiten gezeigt und geübt werden, leicht einen wilden unbändigen Sinn einen trotzigen und stolzen Fechter- und Gladiatorensinn erzeugen könnten, wenn die Vorsteher und Meister nicht ernste strenge und christliche Männer wären. Aber mir däucht, wie die Sachen jetzt noch stehen, braucht man nicht zu zittern, daß die alten teutschen Hünen in den Thierhäuten und Leute, wie Milon Maximinus Thrax und Goliath weiland waren, sobald wie die Pilze hervorschiessen werden. Dafür ist durch anderes genug gesorgt und mancherlei hindert die jungen Bäume, daß sie nicht in den Himmel wachsen. Und daß ich aufrichtig meine Meinung sage, wie unsere Sitten und unsere Art und Leben sind, immer ist eher zu fürchten, daß wir zu faul und weichlich werden, was wohl das allerschlechteste Christenthum ist, als daß ein zu hartes wildes und rauhes Menschengeschlecht aus der jetzigen Jugend erwachse.

Das Turnwesen bildet ein freches wildes aufrührisches Geschlecht, das dem Staat gefährlich ist, die Turnplätze sind die Lehrstühle, wo Lehren ausgesäet werden, die einmal alles umkehren müssen? Leichtgesagte Worte, auch fehlen den Worten die Scheine nicht bei ängstlichen und dummen Menschen, die nach dem bloßen Schein richten und jeden Menschen, der über einen Graben und Zaun setzen und durch einen Strom schwimmen kann, einen verrückten Waghals und Halsbrecher nennen, nemlich einen solchen, der nicht bloß sich den Hals brechen kann sondern bei Gelegenheit auch andern. Die Lehre der Turnplätze ist eine offene ja eine der öffentlichsten Lehren und keine geheime; derjenige, der dem Dinge den Namen und das eigentliche Leben gegeben hat, ist eine grade und offene (seine Feinde sagen, eine plumpe und grobe) Natur, der sein Wesen und seine Lehre in That und Wort auf das offenste aller Welt zur Schau trägt. Worin besteht seine Lehre? 1) Der teutsche Knabe und Jüngling soll wahr ernst redlich und männlich seyn, frei von allem geckischen zierischen und wälschen Wesen. 2) Er soll züchtig und keusch seyn, wie seine Ahnen weiland gewesen. Ein liederlicher und unzüchtiger Bube wird auf dem Turnplatz nicht geduldet. 3) Er soll teutsch seyn in Wort und That, wälsche Sprache wälsches Wesen und alle Ausländerei ist bei den Turnern geächtet. 4) Er soll der großen Tugenden und Thaten der Väter und der herrlichen teutschen Vergangenheit immer erinnert werden; der Turnplatz soll eine lebendige teutsche Geschichte seyn: die großen Namen Thaten Siege Feste und Tugenden des Volkes gehören dem Knaben und Jüngling am meisten, in dessen empfängliche Seele der Same der künftigen Zeit gestreut werden muß, wenn er zur Freude und Ehre des Volkes je aufgehen soll.

Also klingen hier allerdings Klänge, welche vielen Ohren wunderlich dünken und worin sie nichts sehen und deuten als Umkehrungen Verschwörungen Aufruhr Zerstörung des teutschen Reichs (wie? der Idee oder des Dinges, das weiland so hieß?)

Verwilderung der teutschen Art kurz völlige Sittenlosigkeit und Verruchtheit. Die Namen Teutschland Vaterland Volk Freiheit Teutschheit Franzosenthum Wälschthum klingen hier allerdings bei mehr als Einer Gelegenheit und ohne diese Namen und ihre tiefe innerliche Bedeutung mögten Schaaren von Hunderten und Tausenden wohl nicht leicht zu regieren seyn. Daß die Jugend diese Worte, wie ja die Leute von dreißig und vierzig Jahren in dieser Zeit wohl thun, zuweilen etwas wunderlich und abentheuerlich gebrauchen und sich wohl in Männer und Zeiten und Thaten und Tugenden hineinträumen und zuweilen auch hineinreden, die sie mit ihrem kleinen Inhalt nicht ausfüllen können — nun darüber soll man lächeln und nicht ergrimmen. O die Zeit wird kommen, die schlimme Zeit, die der Student die Zeit des Philisterthums nennt und die jeder einmal kennen lernen muß, der auch nimmer Student gewesen, die Zeit, wo der freudige Muth, der mit Sonnenrossen durch die Himmelslüfte fuhr, sich mit tausend ehernen Schranken umstellt sieht; die Welt wird der Jugend einst noch eng genug werden, die stolzen Ideen werden schon die Flügel zur Erde sinken lassen müssen. Man sollte doch Träume und Ideale der Jugend, deren Gefühle und Gedanken nie zu hoch fliegen können, nicht zu Verbrechen stämpeln; man sollte Spiel Spiel seyn lassen und, dünkt man sich darüber hinaus, mögte man es ja in Gottes Namen als Kinderspiel belächeln. Aber man will keine Menschen, man will Schöpse, die sich mit einem Stock und einem einzigen bellenden Hündlein alle in Einen Stall und, hat man erst Einen ins Wasser geworfen, auch alle in Ein Wasser und in Einen Tod treiben lassen. Es ist doch schön, daß es dahin gekommen ist, daß selbst die Kinder und Knaben sich schon etwas darauf einbilden, daß sie Teutsche und nicht Wälsche geboren sind, daß sie teutsche Heldenthaten und Jahresnamen zu nennen und zu empfinden wissen. Mögen sie, für welche die Welt noch kein Maaß hat und welche, weil sie dem Himmel näher sind als wir, sich und alles gleich in den höchsten Himmel des Ruhms und der Idee hineinstellen, immer das Ungeheuerste träumen und aussprechen, wir wollen sie darum noch nicht Empörer und Aufrührer gegen die Regierung und gegen die ewige Ordnung Gottes auf Erden schelten. O diese Ordnung, die nicht immer eine Ordnung Gottes ist, wird ihnen zu seiner Zeit schon Maaß und Schranke und ach! eine zu große Enge dieser armen bedrängten Welt zeigen. Mögen sie dann nur nie vergessen, daß die Idee auch der Traum des Vierzigjährigen und Sechszigjährigen Mannes seyn muß, wenn er mit seiner Tugend und Kraft in dem dürftigen Leben nicht verwelken will.

Es ist bei dem blinden Hasse, womit man seit einem halben Jahre gegen das Turnwesen losgefahren, fast mehr noch auf die Person als auf die Sache gemünzt: der Stifter des teutschen Turnwesens Friedrich Jahn in Berlin ist dabei am meisten gemeint. Dies offenbart sich in den gegen das Turnwesen erschienenen Schriften auf jeder Seite. Ich will dem Manne hier keine Lobrede noch Vertheidigungsrede halten. — Jeder Lebendige muß sich durch die Kraft und Tugend des Lebens bewähren und so die hämischen und boshaften Angriffe seiner Feinde zu Boden schlagen — aber einige Worte muß ich doch sagen ganz aus der Sache heraus, die nicht mit seiner Persönlichkeit zusammenhangen. Man macht

Jahn den Namen Stifter des Turnwesens streitig. Das könnte gleichgültig seyn: einem bescheidenen Mann kömmt es bei seiner Wirksamkeit und Thätigkeit eben auf die äussere Ehre nicht an. Nie hat Jahn den thörigten Anspruch gemacht, daß er das Turnwesen überhaupt gestiftet habe. Er kennt ja die Geschichten der Griechen und Römer und unserer Altvordern und selbst einzelne ähnliche Anstalten, die lange vor dem Jahre 1810 bei uns bestanden sind, zu gut, als daß ihm so Thörigtes einfallen sollte. Aber dieses Turnwesen, das sie angreifen und verlästern, dieses freie öffentliche volkliche nicht in den Wänden eines Gymnasiums oder eines Reitstalles und Gartens einer Erziehungsanstalt eingeschlossene — dieses hat Jahn gestiftet und kein anderer, die große Idee der Oeffentlichkeit und Volksthümlichkeit und der Wiedererweckung und Belebung eines durch alle Klassen und Stände gehenden und durch diese Idee erfaßlichen Volksgeistes hat Jahn zuerst ins Leben gestellt. Ist das eine Tugend, so ehre man ihn; ist es ein Verbrechen, so strafe man ihn.

Das muß auch noch gesagt werden — denn es gehört wegen gewisser Beschuldigungen recht eigentlich hieher — daß dieser Mann, der vielen zu rauh und zu herb scheint, doch wohl den Bären und Wolf, den Manche in ihm wittern, im Herzen nicht sitzen haben kann. Denn diesen Bären und Wolf fühlt niemand leichter heraus als der zarte Sinn des Kindes und Knaben, die gleichsam einen angebornen geistigen Hauch des Erkennens haben, welcher sich nachher bei dem zu vielen Betasten und Befühlen der unempfindlichen Welt bei den meisten allmälig verliert und den keine List und Erfahrung des Lebens wieder ersetzen kann. Jahn ist von seinen Schülern ohne Ausnahme geliebt; denn er ist gerecht streng züchtig enthaltsam, er hat sich wie wenige von jeher eines reinen teutschen Lebens beflissen und gehungert und gedurstet für das Gute. Das fühlt sich von der Kindheit und Jugend auch heraus aus den Menschen, noch besser als der Bär und Wolf. Und hat der Mann keinen Glauben und keine Liebe, ist in demjenigen Ehrgeitz Prahlerei Eigennutz, der gleich Jahn drei vier Jahre die Anstalt ohne alle Unterstützung bloß durch sein Gemüth und seine Geduld unterhalten, der, von Noth und Armuth bedrängt, Tag und Nacht gearbeitet hat um das tägliche Brod und der hingegangen ist und jede Woche ganze und halbe Tage daran gesetzt hat, daß er das Werk förderte, das er für ein gutes Werk hielt? Und es ist ein gutes Werk.

Und würde das Turnwesen auch keine allgemeine Volksanstalt, fände man es endlich für die kleinen Städtchen Flecken und Dörfer, wo die Jugend, so wie Arme und Füße nur zu gebrauchen sind, in Wald Feld und Garten in mancherlei Arbeit und Thätigkeit genug umgeturnt wird, auch weniger nothwendig — für die größeren Städte und für die größeren Schulen und Gymnasien ist das Turnen eine der wohlthätigsten und nothwendigsten Erziehungs- und Bildungsanstalten, die je haben erfunden werden können. Wir wissen, was den Griechen weiland ihre Gymnasien und ihre Rennbahnen waren, wie sie diese und die in gewissen bestimmten Zeiten immer wiederkehrenden öffentlichen Kampfspiele als Hauptbildungs- und Hauptreitzmittel ja selbst als ein grosses Bindungsmittel ihres durch die mannigfaltigsten Regierungen in den verschiedensten Ländern Küsten und Inseln zerstreueten und zerspalteten Volkes betrachteten und deswegen unter die unmittelbare Obhut der Götter gestellt hatten. Wir fürchten nicht, daß unsere Turnplätze Klopffechter und Raufer und Balger und rohe und übermüthige Gladiatorenseelen bilden werden, wir hoffen vielmehr von dem guten und vaterländischen Geist, welcher in allen Landen und Gauen Teutschlands mehr und mehr zu wirken und zu weben beginnt, daß die christliche Liebe und Milde auch diese Anstalt erfassen und durchdringen und die Uebung des Leibes und der leiblichen Künste wohl als etwas Nützliches und Wackeres keinesweges aber als eine große That und Tugend wird ansehen lassen; denn ein rechtes kräftiges Mittel zu Thaten und Tugenden könnte es wohl werden.

Für die großen Schulen und Gymnasien ist der Turnplatz zunächst das, was ihnen Jahrhunderte gefehlt hat, etwas, das diejenigen, die sich sonst versitzen und verträumen oder gar in der schlimmsten Faulheit und Weichlichkeit die ledigen Stunden hinbringen würden, in das muthige Gefühl und den fröhlichen Trieb und Sinn der Welt hinauslockt. Unsere Erziehung war noch nicht vorlängst eine kümmerliche Halbheit, alles auf den Geist und die Entwickelung und Bildung des Geistes nichts auf den Leib und die Entwickelung und Bildung des Leibes berechnet. Von dem sechsten achten bis zum sechszehnten achtzehnten zwanzigsten Lebensjahre war der Knabe und Jüngling an der Schulbank geschmiedet, dem frischen blühenden Leben entfremdet, diejenigen am meisten, welche am fleißigsten waren. Sie konnten Griechisch und Latein, sie konnten die Großthaten die Kämpfe die Spiele und Tugenden der Griechen und Römer und ihrer großen Männer an den Fingern hersagen; daß aber aus den teutschen Menschen auch einmal ein Aeschylus Sophokles Sokrates Thucydides Cäsar und Tacitus hervorgehen müsse, gleich geschickt mit der Feder und mit dem Schwerdte, das sagte ihnen niemand, das hatte ein im Einzelnen verlornes vom Leben abgerissenes und verweichlichtes Geschlecht lange verlernt. Und hätten sie nur an das Nächste gedacht, an das Christliche, an den Spruch des Apostels, in welchem der Leib ein Tempel Gottes, das Haus einer unsterblichen Seele, genannt wird, sie hätten den bleichsüchtigen schwindsüchtigen unbehülflichen schwächlichen Knaben und Jünglingen, welche in Unkunde des Lebens und der Gefahren, die der Jugend drohen, vergingen, das lebendige Leben und die Welt draussen auch als eine Rennbahn angewiesen. Grade in jenem gefährlichen Zeitraum zwischen dem zwölften und achtzehnten Lebensjahre, wo, wie der Saft im Frühlinge in den Baum tritt, der Trieb eines unentwickelten Lebens in den jungen Menschen tritt, dachte wohl einer daran, die armen Gesellen, die in öder Träumerei oder in wüster Sünde die Kraft der Jugend verloren und den künftigen Mann knickten, hinauszutreiben und den Leib in rüstigen Uebungen und Spielen zu ermatten und zu zerarbeiten, damit die gefährlichen Triebe und die eben so gefährlichen Träume und Fantastereien ein natürliches Gleichgewicht bekämen? — Hier ist das größte Verdienst des Turnplatzes, daß diese Jünglinge, die als das künftige Salz der Erde ausgestreut werden sollen, nicht lahm blöd matt schwächlich und jämmerlich an Wort und That werden, daß sie, was sie mit Fleiß und Arbeit erlernt haben, einst mit Macht und Kraft darstellen und geltend machen können, daß sie nicht wie elende Halbmenschen, wie blöde Schattengestalten, die wohl jede Stelle aus dem Thucydides und Tacitus hersagen aber keinen Männerlaut aus der Brust hauchen können, der in andern Brüsten wiederklänge, mit unsicherm und wankendem Schritt künftig im Leben auftreten, dafür sollen sie jetzt springen und schwingen und ringen und sich des schönen Geräthes bewußt werden, worin Gott ihre Seelen eingehäust hat.

Die Gegner des Turnwesens haben bei diesen Uebungen auch das Oeffentliche gescholten. Sie sagen, es führe leicht zu Ueberspannung und Ueberanstrengung der Kräfte und nähre Eitelkeit und Prahlerei, indem jeder sich vor den Zuschauern zeigen und seine Gegner an Gewandtheit und Stärke überbieten wolle. Das wäre allerdings unvermeidlich, wenn keine höhere Zucht das Ganze zusammenhielte und die Jünglinge und Knaben durch Gehorsam zügelte. Aber das ist die erste Lehre des Turnplatzes, die jedem, sobald er ihn betritt, gegeben und während aller Jahre, die er ihn besucht, ihm vorgehalten wird:

daß diese Turnübungen keine Uebungen der Eitelkeit und Gaukelei sind sondern Uebungen und Vorbereitungen für die Arbeiten des Mannes und die edelsten Forderungen des Lebens, damit ein gesunder starker tapferer und freudiger Mann werde, damit jeder den kräftigen und ausdaurenden Leib gewinne, welcher den Beschwerden der Märsche und den Arbeiten des Lagers und Schlachtfeldes gewachsen sey; denn das sey wohl der Jammer aller Jammer, wenn ein Mann zu schwach sey, dem lieben Vaterlande die unerlaßliche Schuld zu bezahlen. Auch das bändigt die Eitelkeit und die leere Prahlerei, daß die Keuschheit als die erste und heiligste Pflicht des teutschen Menschen und des Christen gelehrt daß auf jeden Weichling und Wüstling mit Abscheu hingewiesen wird daß in der strengen und ehrenfesten Versammlung keiner geduldet wird, der etwas Schändliches und Liederliches gethan und gelitten hätte. Und ihr Hasser und Ankläger der Turnplätze, diesen hohen Preis werdet ihr ihnen nimmer nehmen, daß sie der teutschen Jugend den Stolz und die Würde tief in die Brust pflanzen, eine reine und keusche Jugend zu bewahren, so daß der eine immer der Erinnerer Ermahner und Wächter des andern ist. Vieles möget ihr dem Jahn abstreiten, dieses Lob, daß er den heiligen Athem einer keuschen und strengen Jugend um sich her verbreitet, werden seine bittersten Feinde ihm wohl lassen müssen.

Nun wieder zu dem Oeffentlichen. Die Turnplätze dürfen ihrer Natur nach nicht gesperrt noch geschlossen seyn. Es wäre ja möglich, daß sie einmal durch schlechte Vorsteher — wie denn alles in der Welt einmal in schlechte Hände gerathen kann — entweiht würden. Daher ist es recht, daß das Volk, daß die Aeltern und Freunde der Knaben und Jünglinge als Zuschauer Richter und Wächter die Mitordner und Mitbehüter der Turnplätze bleiben. Auch ist es gut, daß die Jugend durch die Anwesenheit von Menschen jedes Alters Standes und Geschlechtes sogleich an ein ganzes volles Leben gewöhnt werde und eine lebendige Vorstellung von der Bühne bekomme, auf welcher sie künftig spielen soll. Auch bedürfen diese Uebungen, die bei aller ihrer Mannigfaltigkeit durch die ewige Wiederholung doch etwas Einförmiges und Ermüdendes haben, und keinesweges immer bloß ein lustiges Spiel sondern oft eine recht strenge Arbeit sind, zu ihrer Belebung noch mehr als der hohen Lehren von Teutschheit Vaterland Stärke Männlichkeit und Keuschheit; sie bedürfen, wie alles Menschliche, das gedeihen soll, eines menschlichen Wechselreitzes einer Ermunterung und Billigung aller: man mögte sagen, sie bedürfen der Augen der Liebe des Volkes. Dies kann wohl kein Streben der Eitelkeit heissen, es ist nur ein billiges Streben nach innerer Anerkennung, die jedem lieb ist, der meint, daß er nicht bloß ein äffisches Kinderspiel treibt.

Und so wünschen wir denn, daß die edle Turnkunst bleibe und bestehe, daß sie wachse und blühe durch alle Orte und Gauen des geliebten Vaterlandes im ernsten strengen männlichen teutschen Sinn in christlicher Milde und Frömmigkeit in warmer Liebe und Treue gegen alles Edle Gute Treue und Vaterländische, daß wir nicht in jener nichtigen Weichlichkeit Faulheit und Zierlichkeit versinken, wodurch vor uns so viele große Völker mit ihrer Freiheit und mit allen edlen und hohen Künsten und Tugenden vergangen sind. Selig ist, wer zu rechter Zeit das rechte Maaß findet, wer den Geist nicht zu sehr für Künste des Leibes noch den Leib zu sehr für Künste des Geistes übt! Denn allein aus dem Gleichgewicht der irdischen und himmlischen Kräfte geht der rechte volle und fertige Mann und Mensch hervor, welcher, gleich gerüstet mit Leib und Seele, die Erde unten tüchtig und tapfer hält und verwaltet und doch nimmer seinen Himmel droben verliert. Vor allem aber wollen wir der Anstalt zu ihrem Gedeihen allenthalben feste ernste fromme keusche und stille Männer als Vorsteher wünschen, damit diejenigen kein Recht bekommen dagegen zu toben, welchen nur gefällt, was die Menschen für die Dummheit und Knechtschaft zahmer macht.

VIII.

Unsere Sprache und ihr Studium.

Hier soll nicht sowohl geredet werden von der innersten Eigenthümlichkeit unserer Sprache von ihrem Verhältniß zu älteren und neueren Sprachen von ihrem hohen Alter ihrer Ursprünglichkeit Reinheit Keuschheit Geistigkeit und von andern Vorzügen derselben, sondern vielmehr wollen wir nur einige Bemerkungen niederlegen, welche sich aus allgemeinen Verhältnissen und aus unserer gegenwärtigen Zeit zunächst ergeben, wobei sich aber einflechten wird, was uns überhaupt oder nur für den Augenblick bedeutend scheint. Wir wollen diesen allertiefsten Gegenstand nicht erschöpfen sondern bloß darüber spielen, in diesem leichten Spiele dasjenige festhaltend, was unser Gemüth grade am lebendigsten anzieht. In dieser Zeit, wo manches Alte gleichsam wiedergeboren werden Manches auch mit ganz neuem Leben sich entwickeln und gestalten will, hat sich auch für die liebe Muttersprache eine große Theilnahme und Liebe geregt und nach verschiedenen Seiten hin in vielen erfreulichen Zeichen offenbart.

Jede Sprache ist das geheimnißvolle Urbild zuerst einer weit zurück liegenden Vorzeit, wovon wir uns höchstens noch einen Traum machen können, zweitens ist sie das Urbild eines in einer großen Genossenschaft abgeschlossenen eigenthümlichen Seyns und Lebens, sie ist ein tief verhülltes Bild eines ganzen Volkes, welches jedoch in Klängen und Farben und Scheinen täglich klare Zeichen seiner Bedeutung geben muß. Ueber das innere Wesen der verschiedenen Sprachen, worin zugleich das eigenthümlichste innigste Leben der verschiedenen Völker verschlossen liegt, welche diese Sprachen gebrauchen, ist viel Tiefes und Schönes gesagt worden und kann alle Tage Neues gesagt werden; so unerschöpflich reich ist diese Goldgrube für den denkenden und betrachtenden Schauer und Forscher. Auch unsere Sprache ist in dieser Hinsicht von vielen betrachtet worden, wie sie sich in dem Volke und wie das Volk in ihr sich abspiegelt. Davon haben wir an andern Orten gesprochen und wollen hier nicht davon reden. Das aber müssen wir hier zum zweiten und dritten Male erwähnen und darauf als auf einen großen Hauptpunkt hinweisen, daß die teutsche Sprache eine Ursprache und keine zusammengeschwemmte Mischlingssprache ist, daß die Teutschen sie vom Anfang ihrer Geschichte scheinen gehabt und nicht durch irgend eine Gewalt als ein fremdes Gut scheinen überkommen zu haben, wie die Franken die galloromanische die Gothen die romanoarabische Sprache. Sie scheint ihnen daher auch so recht zu passen und eigenthümlich anzugehören und mit allen ihren Wurzeln in ihrem Gemüthe und in ihren Trieben verwachsen zu seyn, weil sie sich wahrscheinlich in ihren ersten Anfängen mit ihnen gebildet hat. Was dies auf das große Gesammtleben des Volkes und der Sprache auf das große geistige Gemeinbild, welches von beiden im innigen Spiele zu einander überspielt und die verschiedenen Jahrhunderte und Jahrtausende mit ihren Wechseln von Schicksalen und Gestalten in deutlichen Zeichen ausgeprägt zeigt, für einen gewaltigen Einfluß hat, das hat Fichte in seinen Vorlesungen an die teutsche Nation vortrefflich angedeutet. Jene romanisirten Germanen nemlich, welche in Frankreich

Italien Spanien England wohnen und Mischlingssprachen sprechen, haben freilich auch einen geistigen Strom und ein geistiges Bild, die durch ihre Sprachen brausen und leuchten, aber sie entbehren des lebendigen in ihnen selbst in ewiger Jugend quellenden und schaffenden Urborns der Sprache, die noch immer Ein Leben Einen Athem Ein Streben hat; die Sprache kann bei ihnen nicht mehr wie aus ihr selbst wie aus Gott wie aus dem ganzen Volke werden, weil die Wurzeln ihrer Sprache nicht in dem ganzen Volke liegen sondern zum Theil in längst vergangenen und verschollenen Völkern und Zeiten, wo einige Gelehrte und Weise daher graben und dasjenige heraussuchen müssen, was alle eben für neue Bedürfnisse gebrauchen. Bei uns aber schaffen nicht bloß die Gelehrten neue Zeichen und Wörter für neue Dinge und Begriffe; nein die meisten neuen Zeichen und Wörter werden bei uns, ohne daß man häufig weiß, wo sie geboren und woher sie gekommen sind, die rechten neuen Zeichen und Wörter werden, wie alles tüchtige Leben wird, sie quellen und sprießen unmittelbar aus dem Volke hervor und bleiben unter dem Volke. Das kann aber bei jenen romanisirten Germanen nicht geschehen, bei welchen die Wurzeln ihrer meisten Wörter lange das eigene frische Leben verloren haben und größtentheils gleich getrockneten Pflanzen in den Kräuterbüchern der Sprachgelehrten, in den Wörterbüchern und Sprachlehren, aufbewahrt werden.

Ueber diese tiefen und verborgenen Dinge liesse sich wohl viel Tiefsinniges sagen und spielen. Es dürfte vielleicht nicht zu kühn seyn anzudeuten, daß eine Zeit kommen könnte, eine Stufe der Bildung und Entwickelung, wo die romanisirten Sprachen und andere ihnen ähnliche in Verzweiflung gerathen müßten, für diese Zeit und für ihre Erscheinungen und Bilder die neuen Zeichen zu finden. Denn einen jungen und frischen Baum magst du wohl wenden und beugen, daß er in einer neuen Richtung wachsen und eine andere Gestalt annehmen muß, als zu welcher er sonst hinauswachsen wollte; aber einen alten Baum, dessen Stamm schon steif ist und dessen Wurzeln und Gipfel hie und da schon anfangen zu trocknen, beugst du nur, damit er zerbreche. Wenn eine solche Zeit käme, könnte sich wohl begeben, daß die Germanen, welche ihr Uraltes rein erhalten und bewahrt haben, die Teutschen Holländer Schweden Dänen Norweger, im geistigen Reigentanz nothwendig die Vortänzer werden müßten.

Doch wir verlassen diesen Gegenstand, der nur in einzelnen blitzenden Ahndungen erscheinen kann und, wenn man ihn als eine feste Gestalt erfassen will, immer gleich einem gespenstischen Traum zerrinnen muß. Wir ziehen lieber in einem flüchtigen Umriß einzelne leichte Schattenstriche, wie Volk und Sprache in ihrem Glück und Unglück einander wieder richtig mahlen und in merkwürdigen Gegenspiegeln und Gegenbildern zeichnen.

Die Sprache der Altvordern und die teutsche Sprache überhaupt bis zum elften Jahrhundert war rauh streng herb kurz voll und dumpf, wie sie in rohen und unentwickelten Zuständen der Völker zu seyn pflegt; von dem zwölften bis fünfzehnten Jahrhundert abwärts beginnt sie milder zarter klangreicher und gewandter zu werden. Dies war die Zeit hoher Blüthe und Waidlichkeit des Volkes, und auch der Karakter der Sprache ist Weichheit Rundheit Milde Gemüthlichkeit und Traulichkeit und Freude und Fröhlichkeit im allerhöchsten Grade; wie das Volk diese Tugenden und dieses Glück damals auch besaß. Doch war die Sprache nur erst für die Dichtkunst ausgebildet. Erst in der letzten Hälfte des fünfzehnten Jahrhunderts begann sie auch für die Prose sich zu entwickeln, und wir haben noch viele schöne Proben, was damals der Wohlstand und Reichthum einzelner Reichsstädte hervorlockte. Doch das teutsche Gepräge für alle Zeiten drückte ihr der ausserordentliche Mann auf, der in anderer Hinsicht eine neue Weltepoche begründete, D. Martin Luther in Wittenberg. Was auf teutsch lieblich oder furchtbar donnernd oder säuselnd mild oder rauh stark oder weich zornig oder freundlich geredet und geklungen werden kann, das hat dieser seltene Mann uns in einem großen Vorbilde hinterlassen in seiner Bibelübersetzung und in seinen teutschen Schriften. Das Grade Runde Volle Einfältige strax zum Ziel Gehende und keine langen Flechtungen und künstlichen Verschlingungen und Windungen Vertragende kurz das Teutsche in Sinn Art und Klang hat Luther getroffen, und wer je gut teutsch schreiben und reden lernen will, der muß ungefär empfinden lernen, was in ihm gelebt hat; denn nachahmen läßt sich das Ausserordentliche nicht. Jede Zeit hat ihre eigenthümliche Gestalt ihre Lichter und Schatten in den Dingen und deren Bildungen, welche der Künstler nicht übersehen darf; aber hier liegt ein Muster für die Ewigkeit, ein ungeheurer Torso, den sie anschauen und daran erschauen können, ob etwas Aehnliches aus ihren Trieben und Herzen hervorquellen kann.

Luther hatte der Sprache Haltung Gediegenheit Klarheit Kraft Klang und Ton gegeben und jenen Ernst und jene Gewalt, welche in seiner Zeit und in seinem Schicksal lagen. Es war nicht die Zeit der Minnesänger und Hohenstaufen. Nach ihm sank Teutschlands Leben Glück und Ruhm tiefer und tiefer. Die teutsche Literatur und Sprache ward von der polemischen Theologie und von der aristotelischen Philosophie ergriffen, so weit diese jener dienen konnte. Alle freiere Idee des Lebens und der Wissenschaft und alle Lust und Anmuth der Liebe und Freude wich aus der Sprache, wie sie durch das fürchterliche Gezänk aus dem Leben verscheucht wurden. So stritt man sich ein volles Jahrhundert um ein

Nichts, das bei dem Ernst des Zeitalters doch ein großes Etwas war. Darauf kam der dreißigjährige Krieg, dessen unbeschreibliche Wuth den letzten Wohlstand des Vaterlandes zerstörte. Die Sprache sank mit dem teutschen Volke und mit der Herrlichkeit des Vaterlandes von Jahrzehend zu Jahrzehend immer tiefer und bildete die Elendigkeit und Jämmerlichkeit des Volkes auch in sich ab. Dies ging so fort von Luther bis zum Jahr 1660, also etwas über hundert Jahre. Von diesem Jahre 1660 bis zum Jahr 1750, wo die französische Literatur und Sprache über ganz Europa die Herrschaft behauptete, erscheint die teutsche Sprache in eben der schwächlichen Kränklichkeit, worin leider das teutsche Reich und Volk darnieder lag. Ihr geschah, was kränklichen Leibern geschieht, welche jede fremde Ansteckung Aussatz und Krätze sogleich annehmen. Sie bekam die völligste Krätze, die lange unheilbar schien. Vergebens hatte der Boberschwan Opitz und der tiefe Flemming ihren letzten Nachsommer noch beklungen, der kalte unfreundliche und halbtodte Herbst kam mit aller seiner Unleidlichkeit und Unlieblichkeit unaufhaltbar heran, und die Krätze konnte nicht in seiner nassen Kälte, noch viel weniger aber in dem kalten Winter geheilt werden. Die ursprünglichste reichste volleste Sprache mußte sich wie eine taubstumme Stammlerin und Stotterin gebärden, und als ob sie ohne Sang und Klang ohne Bild und Idee ohne Worte und Zeichen war, lieh sie Wörter von allen Völkern, am meisten aber von den Franzosen, und dünkte sich in diesem bunten und närrischen Harlekinsrock recht stattlich und liebenswürdig. Diese Verblendung hörte auf in den ersten Jahrzehenden des achtzehnten Jahrhunderts, aber mit der Erkennung des Uebels war das Uebel selbst noch nicht verschwunden; auch ward es in seiner Tiefe und in seinen Wurzeln nur noch von wenigen erkannt, und die volle Wiederbelebung und Wiedererhebung der Sprache konnte ja nicht allein von denen ausgehen, welche mit Eifer und Glück die Wissenschaften und Künste trieben, wodurch eine Sprache verherrlicht wird. Sie mußte aus dem vollen Wohlseyn und Hochgefühl des ganzen Volkes ausgehen; und wo war das geblieben? Wir sind vielleicht in dem Anfange einer solchen Epoche; die wackern Teutschen, die um die Jahre 1750 und 1770 blüheten und wirkten, konnten aus der langen Nacht kaum eine solche Dämmerung ahnden; und sie ahndeten sie wirklich nicht.

Doch darf hier bei der Klage über das allgemeine Versinken und Verderben der herrlichen Muttersprache nicht unerwähnt bleiben, daß das Lutherthum durch das fleißige Lesen der Bibel und durch die Begeisterung frommer Sänger in gebundener und ungebundener Rede hie und da eine löbliche Reinheit Kraft und Einfalt der Sprache und einen lebendigen Fluß der Rede erhielt, als alles schon todt oder mit fremder Ziererei gemischt und überladen war. Ja in allen lutherschen Ländern hat die heilige Dichtkunst immer noch einzelne reine Schwäne und unschuldige Nachtigallen behalten, welche in zarten und mächtigen Tönen von dem Himmel und der ewigen Welt die Wonnen und Geheimnisse sangen, als alles Andere in Gekrächze und Geschnatter ausgeartet war. Diese begeisterte Dichtkunst der Evangelischlutherschen, deren Meister und Vater auch der Doktor Martinus war, wirkte wie in Teutschland so in den verwandten nordischen Reichen als eine fast ähnliche Erscheinung. Reine und gediegene teutsche geistliche Lieder giebt es aus jedem Jahrzehend seit der Reformation.

Ich will hier nicht wiederholen, was von andern gründlicher und besser gesagt ist, als ich es sagen könnte; ich will der einzelnen glücklichen und unglücklichen Bestrebungen teutscher Männer schweigen, welche mit redlichem Eifer in jener Zeit gearbeitet haben unsere Sprache und Literatur, die in ganz Europa das Wörtlein Barbarei und Geschmacklosigkeit hörte, wieder zu Ehren zu bringen. Sie haben gethan, was sie konnten, sie haben einzeln und abgerissen zum Theil Treffliches geleistet; aber eine großartige teutsche Literatur konnte unmöglich werden, da alle Grundlagen eines festen Lebens und eines hochwollenden hochstrahlenden und hochgebietenden Volkes fehlten. Wem fällt hier nicht Klopstock ein, der edle und reine teutsche Mann, und wie viel er gezündet hat und zünden wollte? Und doch wie stand er oft so ganz allein, ein tragisches Zeichen in einer mittelmäßigen Zeit, eine Hieroglyphe, die so wenige zu deuten verstanden! Und mangelten nicht grade jenen ersten Herrlichen von 1740 bis 1770, welche aufräumten und auskehrten und auf etwas Edleres und Eigeneres hinwiesen, fast alles Mittelpunkts des Lebens und oft alles Verständnisses der Zeit, die erst spät theilnahm? und mußten sie nicht fast alle zugleich Wasser und Strom seyn, da ihnen das Volk fehlte? Es war kaum möglich, daß bei so schweren Verhältnissen ein freudiges Daseyn in Kunst und Dichtkunst und Lust und Freude der Sprache sich entwickeln konnte. Das war aber in jener Zeit das Traurigste, daß selbst diejenigen Männer, die sich mit Glück der Kunst weiheten, die Geschichte der Vergangenheit fast ganz verloren hatten, daß wenige davon etwas wußten, daß jemals schon eine teutsche Herrlichkeit in Sprache und Dichtkunst gewesen war. So suchte denn jeder in einer gestaltlosen liebeleeren und ruhmleeren Zeit nach dem Bilde, das er sich von teutschem Streben und teutscher Kunst gemacht hatte, sein bestes Gemüth in seinen Werken abzuprägen; aber des Bildes entbehrten alle, wodurch sie eine feste würdige Gestalt ein volles Leben und ein Gepräge für die Unsterblichkeit hätten gewinnen können, des Bildes eines Volkes. Es wäre wohl lächerlich zu leugnen, daß die meisten in jener Zeit in Teutschland erschienenen Schriften und Gedichte teutsch sind; aber innigst und einfältigst aus teutschem Leben und Wesen und Gemüthe hervorgegangen sind wenige. Die meisten hallen und wehen von fremden Tönen und Hauchen und schimmern in einer Mittelwelt, worin, wie sehr sie es selbst auch verdammten, eine gewisse wälsche Art immer noch den Meister spielt. Wie edel die Männer rangen, mag man wohl am besten in dem Schmerze würdigen, der sie überfallen mußte, wann sie inne wurden, wo das tiefe Uebel lag, das sich durch die Länge der Zeit allen mitgetheilt hatte. Darum soll Klopstocks großes Herz und was der herrliche Mann gewollt hat und was er in solcher Zeit geleistet hat, nie ein Teutscher vergessen, noch auch, wessen so viele andere wackere Männer, wenn sie auch fern vom Ziele geblieben, würdig beflissen waren. Wir können uns die Schwierigkeiten jetzt kaum vorstellen, womit die zu kämpfen hatten, welche in den Jahren 1730 und 1740 gleichsam von vorn anfangen mußten — und in welcher Zeit? Wir schienen denn damals wieder eine Literatur zu bekommen, aber jetzt dürfen wir wohl sagen: es war keine ganz teutsche. Das Meiste, was jene Zeit erstrebt und erwirkt hat, muß nothwendig in dem Strom der Zeit untergehen, weil es keinem bestimmten Volke und keiner bestimmten Zeit als eine natürliche und nothwendige Lebensblüthe anzugehören scheint. Später, als jene ersten Helden den Weg wieder vom fremden Schutt und Schmutz gereinigt hatten, hat Göthe sich auf eine einzige Art durchgebrochen, er und Schiller und Herder und noch einige haben wieder eine teutsche Sehnsucht erregt, und ein junges frisches titanisches Geschlecht hat die letzten drei Jahrzehende nach den verschiedensten Richtungen hin gestrebt und gewirkt, etwas Kühneres Freieres und Lebendigeres zu erschaffen, als was aus jener Mittelzeit hervorgegangen war, in welcher das Gefühl und der Schmerz und fast immer das Bewußtseyn der schweren wälschen Krankheit so oft die kühnen Aufflüge lähmte. Die noch Lebenden, welche jener Mittelzeit angehörten oder ihre nächsten Erben gewesen waren, haben dieses titanische Streben Frevel und Uebermuth gescholten und es mit den Umkehrungen verglichen, die wir im Politischen erlebt haben, wovon allerdings etwas mit darin ist. Noch dauert der Kampf und Streit, doch ist auch hier Leben und Bewegung, und nichts hat sich abgeklärt; und ist Kraft in dem feurig siedenden Sprudel, so darf die Gährung sich nicht so geschwind abklären. Doch däucht es manchen, daß hie und da frischere Blumen am teutschen Parnaß zu blühen beginnen. Es ist ein schweres Unterfangen, die eigene Zeit im Einzelnen zu richten und zu erklären.

Soll ich nun sagen, wie es mit der teutschen Sprache steht? Sie hat sich freilich seit den Jahren 1730 und 1740 von dem fremden Aussatz wieder gereinigt. Aber jene Arbeit war nur die Wegschaffung des Uebels, sie war noch nicht die wiederhergestellte Gesundheit und wiedergeborne Stärke. Eines muß ich hier sagen, was unserer Sprache widerfahren ist. Sie ist freilich in den letzten achtzig Jahren sehr ausgebildet und besonders zum wissenschaftlichen Gebrauche geschickt gemacht worden; aber diese Ausbildung und Bearbeitung geschah fast bloß nach der Einen Seite hin, sie geschah fast allein von Gelehrten und — was schlimmer ist — von sogenannten Stubengelehrten. Erst in den letzten dreißig Jahren ist es hie und da anders geworden. Von den höheren Ständen war die Muttersprache als eine gemeine Magd fast ganz ausgeschlossen und im Volke unten war das Leben kein fröhliches schöpferisches sich selbst fühlendes und erkennendes Leben mehr. So ist sie denn durch diese Verhältnisse, mögte man sagen, oft zu fein und zu geistig geworden, in vieler Hinsicht fast zu dünn und luftig für das unmittelbare Leben der Dichtkunst und Rede, sie hat an Fülle Gediegenheit und Schwere verloren, was sie an Gewandtheit Bestimmtheit und Leichtigkeit gewonnen hat: sie ist für eine Sprache des unmittelbaren Seyns mehr eine Sprache des vermittelnden Begriffs geworden. Dies Schicksal hat die teutsche Sprache mit mehreren andern Sprachen gemein. Wann das Zugesellige und Zuwissenschaftliche sich einer Sprache bemächtigt, verschwindet der feste Kern die kühne Fülle und die unbewußte Tiefe und sinkt wieder in den Schooß des einfältigen Volks zurück. So ist es uns auch geschehen. Was für diesen Kreis zu voll und zu schwer war, ist wieder zum Volke versunken; und das wage ich ohne Uebertreibung zu sagen, daß wegen des im Ganzen armen trüben unlustigen bedingten einseitigen und abgeschiedenen teutschen Lebens, welches sich in dem letzten Jahrhundert gemacht hat, viel köstlicher Klang und Sang und viele der herrlichsten Sprichwörter Redensarten und Wörter ganz aus der Gemeinschaft des Lebens entwichen sind, eben weil das Leben kein gemeinsames teutsches Leben war und weil diejenigen Klassen, welche die Sprache vorzugsweise erhalten und weiter führen sollten, zu hoch über oder — wenn man will — zu tief unter dem Volke standen und weil also nicht aus dem großen Urborn die ganze volle Fluth der Gefühle Bilder und Anschauungen des Lebens und seines Urbildes der Sprache von dem Volke zu ihnen immer hin und her fluthete. So ist eine gewisse Schwächlichkeit Weitschweifigkeit Unbestimmtheit Künstlichkeit, die unsern früheren Zeiten ganz fremd war und die dem eigensten Gemüthe unsers Volkes auch noch fremd ist, in die Sprache gekommen, die sich bei einem großen Schein von Reichthum jetzt doch in einem sehr engen Kreise von Wörtern bewegt und zwar größtentheils von solchen Wörtern, die durch die Sprache der

Schulen und Wissenschaften meistens schon vergeistigte gespenstische und dünne Worte geworden sind, welche, weil ihnen die sinnliche und urgeborne Schwere ausgezogen ist, nur noch sehr wenig von unmittelbarem Leben und kräftiger Unschuld und unbewußter Einfalt haben. Fast mehr als bei andern Völkern geht die teutsche Literatur über das Volk hinaus; viele Bücher sind in teutscher Sprache geschrieben, aber so geschrieben, daß sie auch ein jeder Allerweltmensch geschrieben haben könnte. Dies ist nicht bloß ein Zeichen unserer Wissenschaftlichkeit und Idealität, die man ja eher loben als tadeln müßte, sondern ein lange schon bestandener Brauch, kraft dessen die Männer der gelehrten Innung sich manche Jahrzehende gebärdet haben, als brauche der eigentliche Gelehrte gar kein Mensch des Volks noch für das Volk zu seyn. Ein Irrthum, den sowohl die Gelehrten als das Volk haben büßen müssen. Der Teutsche rühmt sich vorzüglich der teutschen Philosophie, vielleicht nicht mit Unrecht; aber diese Philosophie hat die Sprache oft auf das übermüthigste gebraucht und gemisbraucht, sie ist häufig eine wahre Sprachverderberin und

Sprachverwirrerin und Wörterzersetzerin gewesen und hat manchen Wörtern für immer den Nerv ausgeschnitten, auch so willkührlichen und zum Theil so verkehrten Gebrauch eingeführt, daß sie das Schwankende Unbestimmte Lichtlose und Farblose kurz das Gespenstische, was uns aus so vielen teutschen Büchern anwehet, immer noch hat vermehren geholfen. So viel ist einmal gewiß, daß die Wissenschaft und Philosophie ihrer Natur nach feine Schröterinnen und Beutlerinnen sind, welche die groben und schweren Körner der Sprache zermalmen und als das feinste Sicht- und Beutelmehl auslaufen lassen. Wenn diese sich nun selbst die Gemeinschaft mit dem Volke abschneiden, welches, wann der alte Vorrath zermalen und zerrieben ist, die groben und schweren Körner eben immer neu liefern muß, so muß die Sprache ja wohl endlich in eitel zermalmtes Gries verwandelt werden.

Auf einem solchen Wege waren wir und sind wir zum Theil noch. Uns ist begegnet, was allen Völkern auf gewissen Bildungsstufen nothwendig begegnen muß. Wenn nicht in dem Volke selbst ein gewisser Sinn der Einfalt und Großheit sich erhebt und den zu sehr verfeinten Stoff in sich schluckt und gröberen und tüchtigeren aus seinem unerschöpflichen Vorrathe wieder herausgiebt, so verschwinden bei aller der feinen Spaltung und Reibung und Glättung und Verzierung der Wörter und Perioden, bei aller Zierlichkeit und Feinheit, der man sich mehr und mehr befleißigt, endlich die unschuldigen und frischen Geister, die sonst in der Sprache lebten, die unmittelbaren großen und kühnen Gedankenbilder, die man mit dem Klange der Worte sonst noch faßte; die Sprache wird ein kalter matter Zierling und Schwächling und ist auf ewig todt für alle stolzen und freien Schwünge und Flüge, womit sie sich in ihrer Jugend fortschnellte. Werden wir zu einer solchen Gränze gelangen, welche zugleich das Nichtweiter des teutschen Lebens und Strebens wäre? Ich hoffe es nicht. Mir kömmt vor, als sey auch der Sprache die Morgendämmerung einer schöneren Zeit aufgegangen. Sie kann mit dem Volke nur auf dem politischen Wege zu ihrer alten Kraft Fülle und Einfalt wiedergenesen. Der Krätze ist sie freilich lange los gewesen, höchstens sitzt hie und da eine einzelne Spur davon an ihr; aber die verlorne alte Frische Freudigkeit und Einfalt hat sie noch nicht wieder erlangt. Wenn die Teutschen erlangen, was wir von Gott hoffen, daß sie es erlangen werden, wenn sie ein öffentliches Leben erlangen, das die meisten Polizeistuben und Schreibstuben zuschließt und die Beamten und Gelehrten aus halben Scheinwesen, wo man oft zweifeln konnte, ob sie auch in irdischen Leibern steckten, in Männer der That und der Rede verwandelt; wenn wir ein öffentliches Leben erlangen, wozu alle Klassen des Volks in ihrem Kreise mit gehören, wo das unmittelbare Wort regiert für die todte Schreibfeder; wenn jemals die Zeit wieder kömmt, wo es Volksfreuden Volksjubel und Volksfeste giebt, wo alle Stände alle Klassen sich zusammenleben und zusammenlieben, dann ist ein neuer Tag für die theure Muttersprache aufgegangen, dann wird wie aus einem unsichtbaren Zauber mancher Ton und mancher Laut manches herrliche Bild und manche todte Idee, die mit ihren Hüllen ihren Worten jetzt tief vergraben liegen, wieder an das Licht des Lebens hervorgrünen und hervorblühen. Denn ich sage es zum dritten und vierten Male: je frischer das Volk strebet und blühet, desto frischer strebet und blühet auch die Sprache. Den Trost haben wir wenigstens immer, einen gewaltigen Trost für unser Daseyn und für unsere geistige Bildung, daß die Wurzeln unserer Sprache bei uns selbst liegen und durch die lebendige Fluth, die in glücklichen Zeiten aus dem ganzen Volke hervorbraust, begossen und erfrischt und zum Triebe neuer Blätter und Blüthen gereitzt und gelockt werden. Und welch ein Reichthum und welche Mannigfaltigkeit und Verschiedenheit der Töne Farben Schatten und Lichter nach dem Sinn und Gemüthe eines jeden verschiedenen teutschen Volksstammes! und das von den Alpen bis zu den Küsten Norwegens und Islands hinab. Denn auch da giebt es Wurzeln, die für uns in dem alten Germanien am Rhein und an der Elbe einmal grünen und Sprossen und Blüthen treiben können.

Ich habe von gespenstischer Dünnheit der Sprache gesprochen, von zu großer Verflüchtigung und Vergeistigung derselben von der Verschleifung und Zerstörung des Lebendigen Unmittelbaren Dichterischen in ihr. Will ich denn das Streben so vieler trefflichen teutschen Männer, die uns seit achtzig Jahren in Kunst und Wissenschaft verherrlicht haben, damit wegleugnen? will ich überhaupt behaupten, daß die überwiegende Geistigkeit in den Teutschen ein Gebrechen sey, daß nicht auch jede Sprache, insofern sie eine gebildete Sprache heissen soll, eine gewisse geistige Feinheit und Dünnheit haben muß, um gewisse zartere und feinere Seiten und Verhältnisse des Gemüthes und der Idee abzubilden, die in jenen früheren und einfältigeren Zeiten noch nicht erscheinen können, wo die Sprache im großen vollen Klange und reisigen Heldentritt fast ganz unmittelbares Leben und Dichtkunst ist, wo sie aber in Klarheit Bestimmtheit und Gewandtheit noch gar nicht in Prose sprechen kann? Bewahre Gott! das will ich nicht. Ich habe nur andeuten wollen, wie so Feines überhaupt angedeutet werden kann, das einem wie ein kaum erfaßlicher Schatten immer unter den Händen zerrinnt, daß es unserer Sprache und Bildung in dem letzten Jahrhundert an innerem Gleichgewicht gefehlt hat und bis diesen Tag fehlt, weil unsre Gelehrten und Künstler meistens in einer dem Volke zu fernen Höhe einseitig schwebten und die rechte antäische ergänzende und stärkende Kraft nicht aus den Wurzeln der Spracherde gewinnen konnten und weil überhaupt in dem Volke das fröhliche waidliche muthige freie tapfere Leben und Wirken nicht war, das aus derselben immer frische Knospen und Blüthen der Gefühle und Ideen hervortreiben und so das Sprachgebiet bereichern oder edle Todte, die nur in einem Scheintode lagen und noch nicht von der Verwesung ergriffen waren, wieder auferwecken konnte. Freilich giebt es einzelne ausserordentliche Menschen, Sonnenkinder eines Zeitalters, wie von einem fremden Planeten Herabgekommene, die als Verkünder Herolde und Weissager gleichsam ohne ein Volk und eine große Geschichte einer herrlichen Zeit, die da kommen soll, voranschreiten oder die auch wie zum Troste als letzte Heldenkrone und Liebeskranz von Gott auf die Leiche eines vergehenden Zeitalters gelegt werden; aber für die Mehrheit bleibt es immer wahr, wenn wir nemlich von einer natürlichen Literatur eines Volkes sprechen, nicht von einer künstlich gemachten, wie die zu Alexandrien und Pergamus und das gelehrte Treiben unter Adrian z. B. in der alten Zeit waren, daß geschrieben und gedichtet werden muß, wie gefühlt und gelebt wird. Können wir denn das in unserer Literatur nicht auch gewahren? Zum Beispiel die Bücher aus dem fünfzehnten und der ersten Hälfte des sechszehnten Jahrhunderts, wo unsere Sprache sich zuerst zur Prose bildete, nachdem sie für die Dichtkunst lange ihre herrlichste Zeit gehabt hatte, athmen einen einfältigen gutmüthigen harmlosen treuen behaglichen und tapfern Sinn, wie denn damals die Menschen noch nicht fühlen konnten, daß das reiche und mächtige Leben des teutschen Reichs im Zerfallen und Zerfliessen war. Es ist daher in den meisten Schriften jener Zeit das Gefühl von Muth Wohlseyn und Freude. Luther und die Reformatoren und ihre Gegner im ernsten und strengen Kampfe scherzen zwar noch zuweilen wie die treue einfältige und gutmüthige Zeit scherzte und spielte, aber doch bemerkt man, daß die Sprache einen festen ernsten kurzen fliegenden und heftigen Gang zu gehen begann gleich der Zeit. Nach diesen großen Geistern, die um die größten Dinge stritten und kriegten, kamen kleinere, es kam Schulgezänk und trauriger und kleinlicher Hader und Neid und Hetzerei und Durchstecherei aller Art. Nun verliert die Sprache sowohl die Kraft als den Wohllaut und bei der Zersplitterung der Dinge und Herzen, wo alles sich an dem Einzelnen zerarbeitete, begann sie leer zu werden an Einfalt und Anmuth wie an Geist und Liebe. Nur einzelne zarte und mächtige Stimmen klangen noch zuweilen von solchen, welche die heilige Muse Siona für den Kirchengesang begeisterte. — Darauf als durch die Friedensschlüsse zu Münster und Osnabrück die Leiche des alten heiligen römischteutschen Reichs zerlegt und mit bunten Larven und Königs- und Herzogsmänteln und Pallien und Infuln und endlich auch mit Allongenperuken und Haarbeuteln eingekleidet und wieder aufgerichtet ward, als wäre noch Leben und Kraft in ihr, ward nicht hinfort die Literatur das Bild des teutschen Reichstags und der Friedenshandlungen von Aachen Köln Nimwegen Riswyk und Baden? schien nicht die höchste Idee eines teutschen Stils in den Reichstagsberichten und der Europäischen Fama ausgesprochen? ward nicht die Sprache selbst, wie alle europäische Staaten bei jeder Friedens- und Kriegshandlung an unserm zerrissenen Reiche lappten und flickten und gelegentlich auch daran zerrten nagten und mauseten, ward die teutsche Sprache nicht buntscheckigt wie die babylonische Verwirrung des Reichs und schnatterte sie, als die teutschen Männer teutschen Stolz und Hochsinn verlernt hatten und nur noch ein diplomatisches Vaterland sahen, nicht den Tönen und Lauten aller der Völker nach, die ihre Mitherrscher waren? aus ihr selbst aber konnte sie weder den Donnerklang der Rede noch das Liebesgesäusel des Liedes mehr hervorblasen? Später als mit den Jahren 1740 und 1750 einzelne Schriftsteller, eine begeisterte vaterländische Bardenschaft, von dem Gefühle der Elendigkeit und Jämmerlichkeit der teutschen Literatur ergriffen, Hand ans Werk legten und wieder in reinen Tönen der Teutona singen und klingen wollten, wirkte die Armuth und Trockenheit von unten aus dem Volke auf sie zurück: die Begeisterung, die sie entflammte, ward nicht von allen in Freude und Liebe getragen. Es war doch nicht die Unmittelbarkeit des ächten Lebens, doch nicht die volle frische Lebensfluth, es war doch eine Kunst in dem, was man teutsche Natürlichkeit nannte. Kunst mußte es wohl seyn, aber es war mehr Kunst als Trieb, und eben durch die Franzosen verführt, die man abschütteln wollte, legte man an das, was in Zeiten des fröhlichen Triebes wie die Eiche des Waldes und die Lilie des Feldes aus eigener Kraft wächset und blühet, oft das enge und knappe Maaß an, was die Leute in Paris die ewige Regel des Geschmacks und der Schönheit nannten. In den Jahren 1770 und 1780 kam freilich mehr Leben und Strom in Sprache und Literatur, es kam auch hin und wieder mehr Erinnerung und Klang des Alten wieder, aber im Ganzen hingen ihnen noch Nebel vor den Augen, daß wenige deutlich sahen, woher und wohin. Die große teutsche Zeit, die von dem zwölften bis sechszehnten Jahrhundert gewesen war, lag kaum in trüber Dämmerung vor ihnen, die Vergangenheit der Geschichte — man wird Kaiser- und Kriegsgeschichten und Reichstagshandlungen noch keine Geschichte des Volks nennen — war in den letzten drei Jahrhunderten wie versunken und von jener altgermanischen und altnordischen Schwärmerei und Ritterlichkeit und von der Süßigkeit und Lieblichkeit der Zeit des

Minnegesangs hatte man nur einzelne dunkle Töne klingen gehört: die tiefe Wurzel des Lebens der Sprache und die Erinnerungen der Sehnsucht und des Heldenthums der Väter waren wie abgeschnitten. Und nun sollte aus der Magerkeit und Dürftigkeit der Gegenwart, die an Finanzplanen und Zollgesetzen und Kriegsordnungen reicher war als an Freude und Einfalt und aus der einzelnen Idee eines noch so reichen und tiefen teutschen Herzens das Mächtigste und Tiefste geschöpft werden. Es gelang einigen bis zur Bewunderung, daß sie groß waren fast ohne Volk und Vaterland; aber die herrlichen Strahlen, die hin und wieder ausschossen, hatten immer keine allgemeine Sonne, wohin als zu ihrem Mittelpunkt sie wieder zurückflossen und woher sie neue Flammen holten. Darauf ist unsere Zeit gekommen, eine Zeit geistiger und politischer Umwälzungen und Bewegungen, mit welcher wenige frühere Zeiten verglichen werden können. Jeder hat in die hohe Fluth und in die wilde Bewegung mit hinein gemußt, wenn er sich bei'm Anfange derselben nicht sogleich auf hohe Sanddünen zurückgezogen hatte. Kampf Streben Trieb nach allen

Seiten, wohl oft zu viel, wie einige meinen. Kann sich aus dem Chaos, worin wir umgetrieben werden, ein politisches Leben gestalten, das eine fröhliche und muthige teutsche Seele hat, so wird auch die teutsche Sprache aus dieser Zeit einst große Belebungen und Entwickelungen melden.

War in jener Zeit, wo mehrere brave Teutsche fühlten, daß die schwächlich und kümmerlich gewordene Sprache die Krätze und den Aussatz ja die Franzosen hatte, ein heftiges Widerstreben gegen die wälschende und fälschende Wortmengerei und Ausländerei, so ging das eigentlich mehr auf die Wörter als auf die Gestalt der Ideen und den geistigen Ausdruck, welche durch die lange Gewohnheit des Fremden und die lahme Mattigkeit des Teutschen bei vielen der eifrigsten Teutschler doch eine halb französische Art und Farbe behielten. Das Widerstreben, das sich in den letzten Jahrzehenden gegen das Französische gebildet hat, liegt tiefer. Es ist bei Manchen ein bloß idealischer Widerwille aus dem Gefühle entsprungen, das sich durch die Wiedererweckung der Erinnerungen unsers großen Alterthums immer mehr erhellt hat, daß die französische Art und Kunst uns ewig eine fremde bleiben muß, wenn wir unser Größtes und Bestes nicht für blanke Zierlichkeit und kalte Feinheit hingeben wollen. Bei andern aber ist dies Widerstreben rein politisch, aus dem Unglück entsprungen, daß wir von dem Volke, dem wir über ein Jahrhundert nachgestrebt und nachgeäfft hatten, endlich hinterlistig unterjocht und auf das grausamste gemishandelt waren. Bei diesen mögte man fast Haß nennen, was sie treibt; und deswegen sagen Manche, daß der Haß sie übertreibt. Doch haben sie keinesweges Unrecht, wenn sie behaupten, daß viel unnützer französischer Tand, den unsere Sprache sich immer wieder als fremden und unnöthigen und zum Theil recht lächerlichen Zierrath anhängen will, und viele immer wieder auflebende französische Art, die sich tief in unserm Leben und in unsern Sitten eingenistet hat, noch bei uns auszutreiben ist. Aber ob dies so ausgetrieben werden kann, wie manche von ihnen es anfangen, das ist eine andere Frage. Gern ist man mit ihrer teutschen Liebe einig, aber zu Einem Ziele führen mancherlei Wege.

Was nun besonders die Reinigung Besserung Erhebung und Bereicherung der Muttersprache betrifft, so sind, wie mir däucht, viele der redlichsten Streber und Eiferer für sie auf dem falschen Wege. Manche scheinen wie Knaben Blumen zu pflanzen, welche mit den Kronen schön leuchten aber unten an den Stängeln keine Wurzeln haben und daher verdorren müssen, wie die Sonne darüber kömmt. Neue Wörter machen, wodurch man fremde ersetzen will, alten fast verschollenen Wörtern wieder Geltung und Umlauf geben, das ist kein Werk der Willkühr, es kann nur das Werk des lebendigsten und unbewußtesten Lebens seyn. Das ganze Volk, wie ihm neue Gefühle und Begriffe aufgehen, schafft und findet auch neue Wörter und Zeichen für sie; höhere Geister schaffen und finden sie auch und bringen sie in Umlauf. Das schöpferische Volk wirkt da eben so wie die dunkel und geheimnißvoll schaffende Natur, der schöpferische Geist vielleicht wenig anders, vielleicht nur selten mit Bewußtseyn. Die Sprachkünstler und Sprachlehrer, meistens trockene und strenge Leute, wollen ihre Kinder nach Regeln zeugen und gebähren; aber darum werden es so häufig Dummköpfe oder kommen auch sogleich todt zur Welt. Selbst die alten trefflichen Wörter, die fast verschollen sind und die man wieder lebendig machen kann und lebendig machen soll, müssen mäßig und bescheiden gebraucht werden, damit das Volk sie allmälig wieder für gute und ächte teutsche Münze annehmen lerne. Denn sehr erklärlich und verzeihlich ist das Gefühl, welches einem ein zu sichtbares Streben und Bewußtseyn bei Dingen, die natürlich seyn und wehen und scheinen sollen wie Luft und Licht, viel unleidlicher macht, als eine unbewußte Nachlässigkeit und Vergessenheit. Auch mir und gewiß vielen andern Biederleuten ist es ein Gräuel, daß unsere schöne reiche und volltönende Sprache bei so vielen Gelegenheiten und Gegenständen immer noch fast wie die verlegene und blöde arme Sünderin da stehen und sich gebärden muß, als wenn sie weder lauten noch sprechen könnte. Denn über manche Dinge, worüber sie vor zwei Jahrhunderten noch ihr gutes und leichtes reines Teutsch sprach, kann sie jetzt nur noch mit französischen Worten sprechen; ja sie hat es hin und wieder so weit gebracht, daß ihre eigenen Worte, wenn sie was bedeuten sollen, auf französisch gestutzt und geschwänzt werden müssen. Ich glaube, wir sind in keiner Hinsicht mit unserer Sprache verlegen. Was schon Leibnitz wußte, was der unsterbliche Ihre, der ausserordentliche Sprachkenntnisse hatte, in seinem vortrefflichen schwedischgothischen Wörterbuche gezeigt hat, daß unsere Sprache eine der ältesten mannigfaltigsten reichsten und herrlichsten Urbilder der frühesten Zeit ist, das müssen wir bedenken und nicht da nach Schätzen graben, wo sie für uns nicht liegen und wo wir so leicht zur Falschmünzerei verführt werden können. Welch einen Reichthum, den anmuthigsten und vielgehaltigsten und vielgestaltigsten, haben wir an Mundarten, mehr als irgend ein anderes bekanntes Volk! Besonders mögte es leicht zu beweisen seyn, daß die sassische Mundart, die bis in den höchsten Norden hinaufläuft, unerschöpfliche Minen hat, die künftiger Bearbeitung warten. Ich mögte fast behaupten, daß in dem Bezirke zwischen dem Harz und der Weser und dem Rhein ein solcher Reichthum von Grundwörtern und Grundbildern der Sprache liegt, daß ich die Wurzeln der meisten germanischen Sprachen und gewiß ein gutes Drittel der Wurzeln der griechischen Sprache dort wiederfinden will. Es ist unleugbar durch die Geschichte, daß der sassische Stamm, zu welchem viele Völkerschaften des skandinavischen Nordens und die meisten Völker des nordwestlichen Teutschlands bis an und über den Rhein gehörten, in mancher Hinsicht eine höhere Ausbildung der Verfassung des Kriegswesens der Sitten und der Sprache hatten als die östlichen Germanen. Man denke nur an die frühe Ausbildung der angelsächsischen Sprache an die skandinavische Sprache in Norwegen und Island an den Wohllaut die Fülle und Bestimmtheit des Altschwedischen, weswegen eben in Schweden das dem Sassischen ähnlichere Schwedische über das Gothische gesiegt hat; und will man es bis diesen Tag in der klarsten Anschauung sehen, so durchwandre man Westfalen und lebe unter dem Volke und studiere seine Mundarten; dasselbe thue man in den Niederlanden in Ost- und Westfriesland in Holstein Mecklenburg Pommern Brandenburg — und man wird erstaunen über den Reichthum von Anschauungen Bildern und Ideen, welche diese Mundart vor allen andern teutschen Mundarten voraus hat. Was nun in dieser Mundart in Sprichwörtern und Volksscherzen niedergelegt ist oder vielmehr sich ruhig niedergelegt hat, (denn in den meisten dieser Orte ruhet die Sprache zum Theil, weil sie keine schreibende ist) das hat jetzt freilich den Karakter des kleinen Volks angenommen, in dessen Kreisen es rundgeht, aber in der inneren Tiefe und in einer gewissen vielseitigen und vielspiegelig abgeschliffenen Feinheit deutet diese Mundart auf eine frühe Entwickelung und Bildung des Volkes hin, welches sie spricht; welche Entwickelung und Bildung wahrscheinlich älter war als die Einwanderung der sassischen Stämme in den Nordwesten Europas und Teutschlands. Vorzüglich ist der sassischen Art eine wundersame schräge Darstellung eigen, wo sie die Dinge im Gegensatz oder gar in völliger Umkehrung betrachtet und abspiegelt. Dieses Schräge könnte klimatisch seyn und ist es zum Theil auch. Weil die Natur in schroffen und ziemlich unfreundlichen Gegensätzen gegen den Menschen spielt, so könnte daraus, indem er sich zugleich über sie und über ihre und seine

Mängel lustig macht, die Ironie und Satyre und die Ausbildung des Komischen, die hier sehr weit getrieben ist, als ein ganz natürliches Gewächs hervorgesprungen seyn. Diese Erklärung reicht bis zu einem gewissen Grade hin und findet auch in Manchem ihre völlige Lösung; aber die zugleich durchblitzende und spiegelhelle Tiefe der Idee und ein gewisser feiner Schalk, (ein ganz anderer als der sassische Eulenspiegel) der aus der Vielseitigkeit und Vielgestaltigkeit der Bilder hervorblitzt, werden wahrlich nicht in den Hütten und Häusern freier Bauern und Bürger gebildet sondern setzen ein feines in mancherlei Verhältnissen und Verknüpfungen mit einander spielendes und sich einander beleuchtendes und bildendes gesellschaftliches Leben voraus. Man klagt bei unserer hochteutschen Sprache mit Recht, daß es ihr an Mannigfaltigkeit und Vielseitigkeit der Bilder mangele, die zarten Lichter und Schatten der geselligen Verhältnisse und des zwischen dem sinnlichen und geistigen Triebe hinspielenden Gemüthes, wie es eben im lebendigen Leben spielen muß, auszudrücken und zu malen. Von dieser schrägen und schräg und seitwärts einspielenden gesellschaftlichen Bildung scheint das Volk viel gehabt zu haben, welches ältestens sassisch redete. An Sprichwörtern Sittensprüchen feinen Bemerkungen und Vergleichungen schrägen Anschauungen und Namen kurz an allem, was ins Gebiet des Lustigen und Komischen und in das lebendig lebende und wirkende Leben einschlägt, ist diese Sprache sehr reich. Viel ist in dieser Hinsicht aus der reichen Fundgrube schon geschöpft; weit mehr aber kann noch geschöpft werden. Auch däucht mir, daß sie viel mehr als die hochteutschen Mundarten, jener glücklichen Mittelfarben und Mittellichter hat, wo ein Wort zugleich das sinnliche und geistige Leben die leibliche und die geistige Misgestalt oder Schönheit bezeichnet. Doch schon zu viel über einen Gegenstand, der sich der Darstellung fast weigert und immer nur wie das Leben überhaupt aus der innersten Tiefe angeschaut und erkannt werden muß.

Was haben wir aber nun zu wünschen für die teutsche Sprache? und in welchen Zweigen könnte am verdienstlichsten für ihre Verschönerung und Bereicherung gearbeitet werden? Darüber einige flüchtige Bemerkungen.

Wie eine Sprache wird und wie die hohen und tiefen Geister des Volkes aus ihr schaffen und wirken können und wie wenig da wie in allem Lebendigen durch Absicht und Willkühr zu erlangen ist, wie überhaupt jede Sprache und ihr Leben in jedem Zeitalter ein allgemeines Weltbild und Volkbild darstellen muß, das habe ich anzudeuten gesucht. Das Volk in seinem dunkeln und geheimen Leben und Wirken und einzelne große Genien schaffen und bilden die Sprache. Aber diese großen Geister stehen nicht allein, ihre unsterblichen Werke sind nicht allein ihre Arbeit und ihre Geburt. Dankbar müssen sie erkennen, daß viele herrliche Kräfte viele wackere und unverdrossene Männer vorarbeiteten und mitarbeiteten, damit sie so Großes hervorbringen konnten. Die Sprachkünder Sprachlehrer Sprachkünstler und alle andere Männer, die in irgend einer Kunst und Wissenschaft treu fortschreiten und wirken, sollen uns immer in hohen Ehren bleiben; nur Sprachschöpfer im höheren Sinn und Wortmacher müssen sie nicht seyn wollen. Das wird selten einer, der darum weiß, daß er es seyn will, so wie der Mann, der recht darauf grübelte, wie er es anfinge eines Rafael und Shakespeare Vater zu werden, am wenigsten solchen Sohn hervorbringen wird. Was wäre aber nun von denen, welche einen heiligen Eifer für das Einheimische und Teutsche haben, zunächst zu wünschen?

Das wäre der nächste Wunsch, daß der teutsche Sprachvorrath gesammelt würde.

Unsere Gelehrten sind mit einem löblichen Eifer beschäftigt, die lange im Moder der Vergessenheit gelegenen Sprachdenkmale unsers Mittelalters zu sammlen und herauszugeben. Viel ist schon geschehen und mehr ist noch zu hoffen. Aber traurig ist es, daß es dabei an einem Mittelpunkt fehlt, besonders an einem solchen Mittelpunkt, wo auch der äusseren Hülfe an Macht und Geld die Fülle wäre. Vieles von Urkunden und Denkmälern, was der teutschen Geschichte und Sprache trefflich dienen würde, bleibt im Dunkel begraben, weil ein kleinlicher Neid und eine noch kleinlichere Furcht, daß gewisse Besitz- und Rechterschleichungen, die jetzt aufgedeckt weder Schaden noch Vortheil bringen, zur öffentlichen Kunde kämen, sie zurückhalten. Dergleichen könnte nur die Macht beweglich machen, nicht die drohende Macht, die wir in solchen Dingen nicht lieben noch loben, sondern die bittende und beifallende Macht, die immer einen gewaltigen Zug haben wird. Anderes können die Kräfte einzelner Männer nicht lüften, kein Buchhändler druckt es, weil der Absatz die Kosten nicht bezahlt; auch fehlt es den Bearbeitern an Vermögen und Zeit, ihre ganze Muße daran zu wenden. Soll ich hier die alte Klage wieder singen, daß wir unglückliche Teutsche nicht einmal die Vorarbeit und das Vorgeräth für unsere Geschichte gethan und fertig haben? So müssen wir denn an die Forscher und Schreiber unserer Geschichte immer noch die ungerechtesten Forderungen machen. In den letzten zwanzig Jahren ist freilich für solche Dinge keine Zeit gewesen; aber diese Zeit muß nun doch bald kommen, wenn wir unersetzliche Schätze nicht ganz verlieren sollen. Und wie viele haben wir wohl verloren von den Jahren 1792 bis 1804 bei dem Hin- und Herflüchten Verschleppen Entwenden Stehlen Vertrödeln und Verganten von Urkunden und Schriften und später bei der wilden und geschwinden Umkehrung der Klöster Stifter

Reichsstädte und bei der Aufräumung und Ausleerung ihrer Bücher- Geräth- und Kleinodienkammern!

Das wäre jetzt auch die Zeit und zwar die höchste und letzte Zeit, daß in Teutschland im großen Stile, entweder unter dem Schutz einer Regierung, welche die Mittel dazu hergäbe, oder durch die Vereinigung Einzelner, eine Gesellschaft für die Sprache gebildet würde, nicht eine solche, die sich bloß hinsetzte und an dem Vorhandenen klaubte feilte besserte und regelte, sondern eine lebendige und frische Gesellschaft, die sich über ganz Teutschland von den Alpen und der Maaß und Mosel bis an die Slie und Memel verbreitete und Männer von Kenntnissen und gutem Sinn und Geruch und Fähigkeit das Lebendige aufzufassen in die einzelnen Landschaften und Gaue versendete, daß sie aufläsen und erkundeten, was vom Sprachvorrath noch aufzulesen und zu erkunden ist. Diese Lesen und Sammlungen, fünfzehen und zwanzig Jahre so fortgesetzt, würden dann mit dem, was im Druck und in der Handschrift schon vorhanden ist, zusammengelegt und allmälig herausgegeben. So würden wir besondere Wörterbüchlein der einzelnen Landschaften und Gaue, oft eines einzelnes Thales oder eines Inselchens erhalten; und dann könnte später von geistvollen und gelehrten Männern endlich auch ein teutsches Wörterbuch gefertigt werden.

Ich habe gesagt, es ist die höchste und letzte Zeit, daß wir anfangen müssen zu lesen und zu sammeln. Nicht, daß ich grade ungeheure Schicksale des teutschen Volks fürchtete — denn wozu sollten wir dann sammeln? — oder ein Verderbniß und einen Untergang der teutschen Sprache; sondern ich fürchte etwas Anderes, ich fürchte den Untergang und das Vergessen alles Alten. Eine neue Zeit ist da, eine gewaltige Zeit, welche wie eine Sündfluth hereingebrochen ist und vieles schon weggeschwemmt hat, dem Manche vor dreißig und vierzig Jahren noch wohl die Dauer einer kleinen Ewigkeit zutraueten. Diese neue Zeit bringt neue Triebe neue Anziehungen neue Bedürfnisse. Manche Gegenstände die sonst gewußt und geübt werden mußten, haben allen Reitz für die Kunde und für das Leben verloren, und mit ihnen muß nothwendig viel Anderes in das Grab der

Verwesung sinken, wenn es durch gemeinschaftliche Fürsorge der Weiseren und Besseren nicht gerettet wird. So vieles, was für teutsches Leben teutschen Brauch und Gewohnheit und teutsches Recht sonst wichtig war, ist es heut nicht mehr, und die Studien und Uebungen, welche sich darauf bezogen, müssen natürlich auch schlafen gehen. Wenn man nun jene Sprachschätze sammelt, so sammelt man ja nicht bloße Wörter nicht bloße äusserliche Hüllen und Schalen der Dinge, worin der Kern fehlt; nein man sammelt, wenn man Geist zu dem Geschäfte mitbringt, das teutsche Leben und die teutsche Geschichte in ihren Keimen. Und wann sie einmal gesammelt sind, mögten sich wohl solche finden, die diese Keime zu lieblichen Blumen und stolzen himmelragenden Eichen der Kunst und Wissenschaft entwickeln könnten. Man wird, wann man den ganzen Vorrath beisammen hat, erstaunen über den reichen Schatz, und wenn die rechten Geister darüber kommen, die das Wichtige von dem Unwichtigen und das Gold von den Schlacken zu scheiden und aus den unendlich vielen und kleinen und feinen Bilderchen Ein großes und helles Bild zusammenzusetzen verstehen, dann wird man sich der Ausbeute freuen. Denn für unser ältestes und früheste Leben für unsere ganze Geschichte für unsere Sitten unsere Gesetzgebung Wissenschaft und Philosophie würden wir viel Herrliches finden. Das sage ich aber aus dem Gefühle und der Ansicht vieler wackeren Männer heraus, daß uns nach hundert Jahren für Manches ganz die Schlüssel fehlen würden es aufzuschliessen. Denn es ist unglaublich, wie geschwind der Wendepunkt einer neuen Zeit oft die Erinnerung von dem auslöscht, was vor wenigen Jahrzehenden noch so lebendig war. Das Beispiel liegt ja so nah. Wußten die Männer, welche in den Jahren 1740 und 1750 die teutsche Sprache und Literatur wieder zu rühren und zu bewegen anfingen, noch viel von dem Teutschland, das in den Jahren 1440 und 1500 gewesen war? geschweige von dem Teutschland der Jahre 1200 und 1300? waren die Namen und Thaten und Werke der Väter nicht verschollen? — und doch hatten wir die Buchdruckerkunst und der Schreibseligkeit genug — waren die Augen und Ohren nicht verschlossen, daß sie nicht sehen und hören konnten, was in tausend lieblichen und lustigen Hieroglyphen in Kirchen Thürmen Burgen und Mauren da stand und von den Lippen der Hirten und Handwerksburschen erklang?

Wenn die Sprache so in allen ihren Gränzen gesammelt wäre, würden wir Manches finden, was uns des meisten Fremden entbehren liesse, wir würden in dem Alten für manches Neue und Neueste die trefflichsten Zeichen und Namen finden. Aber unser Sprachkreis ist nicht bloß auf Teutschland und auf seine Mundarten beschränkt. An den Niederlanden Dänemark Schweden und Norwegen sind wir Miterben, wie wir ihnen an uns die Miterbschaft zugestehen, ja wir sind es an England und Schottland. Diese Sprachen, wie verschieden sie sich in mancher Hinsicht auch gebildet haben, sind doch bis auf den heutigen Tag die verwandtesten und enthalten die reichsten Entwickelungen Bildungen Deutungen und Erklärungen ja selbst Belebungen und Ergänzungen aus einander. Manche herrliche und einzig bezeichnende und malende Wörter Schwedens Norwegens und Islands könnten wir aufnehmen, ohne daß teutschen Menschen in ihnen etwas Fremdartiges zu begegnen scheinen würde; eben so sie von uns. Das südliche Britannien ist seit dem elften Jahrhundert mehr romanisirt, das nördliche aber und Dreiviertel Schottlands sind immer fast ganz germanisch geblieben und haben viel später erst die romanischenglische Sprache als Schriftsprache angenommen. In den herrlichen Romanzen und Balladen Nordenglands und Südschottlands weht in Sinn Ton Farbe und Sprache durchaus ein rein germanischer Geist, von welchem uns etwa ein Drittel zwei Drittel aber den Skandinaviern zu Gute kommen. Denn daß auch die alten Pikten skandinavische Germanen waren (vielleicht sang Ossian zur Zeit ihrer Kämpfe mit den Kaledoniern, einem galischen Volke) und wie später Sachsen Angeln Normänner die Lande eingenommen haben, darüber sind alle besten schottischen Geschichtforscher einig. Das ist aber wahr, daß die jetzigen Engländer und Schotten viele Wörter jener kostbaren Ueberreste aus dem Zeitraum vom dreizehnten bis siebenzehnten Jahrhundert aus ihren Sprachen gar nicht zu erklären wissen und daß sie zu den Isländern Schweden Normännern und Sassen ihre Zuflucht nehmen müssen. Ich habe manche ihren besten Sprachforschern unerklärliche Wörter und Gebräuche aus den Sitten und Gebräuchen und den Sprachen des schwedischen und sassischen Volks deuten können, selbst durch Wörter, die sich nur einzeln in meiner abgeschlossenen Heimath, einer Insel der Ostsee, finden.

Bei dem Eifer für die germanischen und teutschen Alterthümer, der sich nicht bloß in unserm Vaterlande regt sondern sich viel früher in Dänemark und Schottland regte und nun endlich auch in Schweden beginnt, welches herrliche Volk ein Jahrhundert in den Ketten französischer Zierlichkeit und Aefferei erstarrt und erfroren gelegen hat, wird sich wohl in guten Tagen wieder erneuen was Schlözer und Andere, die viel weniger wußten als Schlözer, oft für ganze immer für halbe Mährchen ausgaben. Der nordische Mensch, den die Sehnsucht des kurzen Lenzes und der in manchen Monaten zu kurzen Sonne ganz natürlich zu einem lüsternen Wandrervogel macht, wird wahrscheinlich mit anderm Sinn, als mit welchem er Göttingen und Leipzig zuweilen noch besucht, die teutschen Universitäten bereisen: er wird nicht bloß nach der Gelehrsamkeit fahren sondern auch nach den Landen und Leuten. Welche Aehnlichkeiten welche Deutungen welche wundersame Räthsel und Hieroglyphen wird er hie und da finden, die ihm viele Sehnsuchten und Ahndungen im Busen wecken müssen! Wenn er nach Friesland kömmt und hin und wieder seine Sprache und Art wiederfindet, wenn er dort des großen Heldenjünglings Siegfried denkt, dessen große Mähr den Norden und Westen verbindet und über die Gestade des Rheins hinausläuft und dann wieder in das ferne Land des Eises und Schneees hinab, wo die Riesen und Zwerge und Zauberprinzessinnen wohnten? wenn er das Elsaß Oberschwaben das Vorarlberg und die Schweitz durchwandert und so viele verwandte Töne und Bilder und Gesichte ihm begegnen? Und endlich was in unsern ältesten Heldenliedern niedergelegt ist, gehört es nicht auch ihm, wie uns dem Sinn und der Bedeutung des Lebens nach die Edda mit angehört? denn der Streit um den historischen Besitz und um das Alter und die Jugend ist der kleinste Streit. Uns Teutschen könnte es aber wohl so ersprießlich seyn, wenn viele von uns, die bei den Franzosen und Italiänern oft ganze Jahre verspielen, einmal wieder gen Norden zögen und sähen, wie es sich bei den gastlichen Schweden und Normännern und auf den schönen Inseln der gerührigen und freundlichen Dänen lebt. Da würden wir über unser Eigenes auch Manches zu denken bekommen, was uns daheim im Vaterlande nicht einfällt, und manche Sehnsuchten Gefühle und Anschauungen würden wieder jung in uns werden, welche grade zu dem tiefsten germanischen Leben und Streben zurückwinken und zurückmahnen.

Kurz hier im Norden ist die gemeinsame Wurzel des Triebes und Lebens mit uns die älteste und ist von den Nordländern auch selten verkannt worden. Und wie rüstig haben sie für das Alte gearbeitet! besonders die Dänen, welchen in dem letzten halben Jahrhundert das größte Lob gebührt. Denn die Schweden, welche in der letzten Hälfte des siebenzehnten Jahrhunderts zuerst so muthig anfingen, sind stehen geblieben, weil sie seit den Jahren 1720 und 1730 den wälschen Medusenschild gesehen hatten. Doch jetzt rüsten auch sie sich wieder für das Vaterländische.

Zusammenhang mit der teutschen Sprache und Literatur hat der Norden in allen Zeiten gehabt. Im sechszehnten Jahrhundert schlang die Reformation zwischen Teutschland und ihm ein neues mächtiges Band, und hat auch auf seine Sprache und Literatur den allergrößten Einfluß gehabt, einen zu großen, klagen viele Nordländer. Luthers Bibel und andere Schriften wurden fast wörtlich von ihnen übertragen und auch die oben erwähnte heilige Dichtkunst der Lutherischevangelischen ist beiden Völkern fast ganz gemeinsam geworden; und die Schweden haben unter Gustav Adolf Christinen und den großen pfalzgräflichen Königen eine Zeit gehabt, wo die teutsche Sprache vor allen Sprachen den Vorrang hatte und wo gegen den Ausgang des siebenzehnten Jahrhunderts und im Anfange des achtzehnten unter der Regierung Karls des Elften und Karls des Zwölften schwedische Dichter in reinerer teutscher Sprache sangen als die Teutschen nach Opitz und Flemming. — Und nun ist, wie mir däucht, die Zeit da, wo wieder etwas Anderes zusammenfügen und einigen muß.

Sollte dies ein Traum seyn? Nein ich hoffe es nicht. Die Flamme, die neu entzündet ist, kann doch nicht erlöschen, ehe sie Aschen gemacht hat. Wenn wir politisch bestehen, wenn unser Vaterland irgend noch die Tugend und das Glück hat, sich politisch einen Leib und eine Gestalt zu erschaffen, so wird der teutsche Adler mit neuem Geist und Streben höher und höher fliegen, und der Klang seiner Flügel wird den weissen nordischen Falken herablocken, der nun in seinen Felsen und Klippen, daß die Götter und Helden zu Grabe gegangen und die Geschichte schweigt, in einsamer Trauer die Flügel hangen läßt. Der germanische Norden und Süden werden wieder zu einander kommen, nicht durch das Schwerdt, wodurch ihrer beider Schäden nicht geheilt werden können, nein durch den seligen Lichtreiz der Wissenschaft und Dichtkunst. — Und können wir, die am Rhein und an der Elbe und Donau wohnen, der nordischen Brüder entbehren? Wir haben ihrer lange entbehrt; aber in welcher Zeit? Im Mittelalter waren sie immer frisch bei uns, ja sie lebten und blüheten recht in unserer Mitte und umfaßten in den Sagen und Heldenliedern unser innigstes Leben. Die erhabene Schwärmerei, die vom Norden weht, die unendliche Sehnsucht nach einem ewigen Frühling und einer ewigen Liebe, die aus den Herzen und Augen nordischer Menschen funkelt, der lebenverachtende und mit kühner Unschuld allen Gefahren entgegenbrausende nordische Ungestüm, der noch immer bis zur Zauberei lebendige Fabel- und Natursinn, dann die Einfalt Treue Gastlichkeit Biederkeit und der stille Menschen- und Freiheitssinn, der dort in jeder Bauerhütte blüht — o teutsche Jünglinge, ihr könntet da wohl mehr holen und lernen, als ihr oft von den Gassen Roms und Paris zu Hause bringt. — Und sie bei uns? Wir sind ihr Süden; bei uns sollten sie zuerst ein Maaß des südlichen Lebens lernen, ehe sie nach Frankreich und Italien reisen. Dort umfängt die, welche gleich sehnsüchtig südliche Nachtigallen und fabelhafte Riesen und Verzauberte suchen zu leicht das zauberische Netz sinnlicher Lüsternheit und Verführung, und sie bringen kein frisches Leben, sie bringen den glatten oder den welken Tod mit in die Heimath.

IX.

Ein Wort über das jetzige teutsche Gelehrtenwesen: auch Zeichen der Zeit.

zusammenzettelnd, diese unruhigen Sprachverderber und Kopfverdreher und Herzenverwirrer wirken noch fast gefährlicher als die Politiker. Kurz, wenn es noch ein paar Jahrzehende so fortgehe, werde eine unüberwindliche Barbarei alles überschwemmen und den Ruhm der teutschen Wissenschaftlichkeit und Gründlichkeit auf immer vernichten.

Diese Klagen sind zugleich gerecht und ungerecht wie fast alles, was in einer Zeit der Umwälzung und Verwandlung geklagt geschrieben und gesprochen wird. Unverletzt und ungeneckt bleibt ja kein einziger von den Lebendigen in einer solchen Zeit; er wird gestoßen und stößt wieder. Dieses Naturgesetz läßt sich in der irdischen Welt nie aufheben. Man mag aber Klagen und Anklagen über Einzelnes verzeihen, wenn sie auch ungerecht sind; aber wer eine ganze Zeit verdammt, die doch wahrlich keine faule Zeit ist und viele herrliche Opfer drein gesetzt hat, beweist einen eigensüchtigen Uebermuth, der fast noch übermüthiger ist als die Uebermüthigen, deren Treiben ihn belästigt. Die Welt kann dem Menschen so wild oder so eng werden, daß er sich aus dem Getümmel oder Gefängnisse hinaussehnt: dann muß er sterben. Wer sich aber gebärdet, als wenn er noch Recht und Lust hat unter den Lebendigen zu verweilen, der soll sich und seinen Ruhm vielleicht seinen Stolz auch einmal vergessen und auf einen Augenblick fühlen und leiden, was alle empfinden und leiden. Das wäre freilich etwas Allerliebstes gewesen, und so hatten wir es in den Jahren 1792 und 1794 noch, dem wilden Spiele und übermüthigen Getümmel so auf einem Abstand von vierzig und achtzig Meilen aus der Ferne zuzusehen und welthistorische Glossen über die Zeit zu machen; was man so nennt die Welt durch den Guckkasten beschauen. Aber freilich die Herren standen da auch ziemlich so wie die Gaffer vor dem Guckkasten. Aber diese sicheren Bewohner des Parnasses und Olymps der teutschen Gelehrtenwelt, die in ihrer getrennten Erhabenheit und Unverletzlichkeit unberührt bleiben wollten, mußten auch fühlen lernen, was sie leider lange nicht gefühlt hatten, daß es einen Gott und ein Volk und ein vergeltendes und strafendes Schicksal giebt. Waren denn diese, waren die teutschen Gelehrten die Unschuldigen und Reinen und ohne alle Makel und Sünde, daß sie alle andern, die in der unseligen Verwirrung und dem unsäglichen Unglück der Zeit mit umgewirbelt wurden, nur so von oben herab die Dummen und Verblendeten oder die Tollen und Verwilderten nennen durften? Nein! nein! das waren sie nicht. Hatten nicht viele von ihnen mit dem Bösen gebuhlt? hatten sie nicht sein Evangelium verkündigt als die Lehre eines neuen und unvergänglichen Heils der Welt? hatten nicht viele von ihnen gewälscht und gefälscht, als es anderer Lehren bedurfte? hatten die meisten nicht geschlafen in der Gefahr und von fremden Dingen gefabelt und geträumt, als die eigenen schon vergehen wollten? hatten sie, welche das junge Salz der Erde frisch und bitter erhalten sollten, es nicht mit ihrem allerweltlichen Wasser geschwächt? hatten sie zu rechter Zeit den rechten Gehorsam, die rechte Achtung gegen das Vaterland und das teutsche Reich gepredigt, die rechte brennende Liebe und den rechten heiligen Zorn? Nein! nein! das hatten sie nicht gethan. Und nun, da alles zerrissen verwirrt und verwildert ist, verlangen sie den Gehorsam die Achtung die Liebe und Bescheidenheit für sich, die sie damals, als es galt, dem Höheren und Größeren nicht verschafften? Also wenn man dies bedenkt, wenn man erwägt, wie die Gelehrten und Wissenden lässig träumerisch schläfrig und gegen das Heiligste und Größte gleichgültig waren gleich den Laien und Unwissenden, mögen sie uns nicht überzeugen, daß sie die Strafe nicht verdient haben wie wir alle. So daß es mit Recht heissen mag: es hebe keiner den Stein auf! Und wer jetzt über die Vernachlässigung und Hintansetzung oder gar über Entweihung und Entheiligung seiner Persönlichkeit klagt, beweist, daß er ein kleiner und eitler Mensch ist. Denn wann die ganze Welt Ein Seufzer und Eine Klage ist, muß der Einzelne schweigen. Nur den Hochbetagten und Greisen mag man dies verzeihen; die andern müssen fühlen, daß Manches anders wäre, wenn auch sie, als es galt, anders gewesen wären, oder sie müssen auch den Gott dieser Zeit erkennen gelernt haben, der grade in Mitten des Elends und der Wildheit sich barmherzig erwiesen hat, am barmherzigsten aber durch seine Stäupung. Und haben sie ihn erkannt, so müssen sie sich freuen und das einzelne Leid nicht zu laut ausschreien.

Jene Alten preisen die Vergangenheit glücklich und finden die Gegenwart wild herb unleidlich, wie die meisten Menschen thun, die aus der Jugend nicht einen idealischen Trieb oder einen tiefen Glauben an Gott mit ins Alter hinübergenommen haben. Sie können sich darin nimmer zurechtfinden, wo diese Zeit doch reichen Trost und glückliche Hoffnung gewährt. Sie sind allerdings zu beklagen; aber der betagte Gelehrte nicht mehr als der betagte Bauer und Schuhmacher. Denn das Alte ist vergangen und das Neue ist nicht fertig.

Wenn sie aber den Zustand der Gelehrsamkeit, wie er vor dreißig und vierzig Jahren war, preisen in Vergleichung mit dem jetzigen, wenn sie alle Münde vollnehmen von der damaligen Artigkeit Liebenswürdigkeit Zierlichkeit und Manierlichkeit, von der Achtung, welche gelehrte und gebildete Männer vor einander hatten, so entspringt diese Lobpreisung bei manchen wahrlich aus einer recht jämmerlichen Quelle, aus der gelehrten Eitelkeit, die ich zeigen muß, denn sie will immer wiederkommen und sie kann nicht genug gegüsselt werden. Es war freilich eine sehr bequeme und manierliche Zeit die Zeit von 1770 und 1780. Da ging alles fein gemächlich und verträglich in dem ebenen Geleise fort, Klein und Groß Gelehrt und Ungelehrt hatten sich die Welt und das Leben und alle Anstalten des Lebens für den Magen und für die Bedürfnisse des hungrigen Thiers in uns ganz bequem eingerichtet und alles mit einem ganz hübschen Firniß von einem bischen Himmel und Moralität und Sentimentalität angestrichen; kurz es war eine Zeit, wo man Fünf grade seyn ließ auch in den Dingen, wo Fünf nie grad seyn kann. Als die Allgemeine Deutsche Bibliothek noch blühete und die Göttinger Gelehrten Anzeigen einen Jüngling durch einen einzigen Beifallswink noch zu einem gelehrten und berühmten Mann stämpeln konnten, als es nur noch eine einzige Literaturzeitung gab — o welch eine liebenswürdige fromme goldene gründliche Zeit war das! Da waren die Beinamen der Vortreffliche der Gelehrte der Berühmte der Unsterbliche der Einzige sehr wohlfeilen Kaufs; und viele der Vortrefflichen und Unsterblichen und Einzigen (zu ihrer Zeit würdige und verdiente Männer; das leugnen wir nicht) sind begraben und fast schon bis auf die Namen verklungen. Jenes goldene Zeitalter der teutschen Gelehrten, wo die Excellenzen und Magnificenzen und Eminenzen aller Art so groß waren, wo die gelehrten Zeitungen und Blätter uns jedes Jahr ein halbes Dutzend neue Unsterbliche lieferten, ist nun freilich gewesen; und gebe Gott, daß es nimmer wiederkehre! Denn des hohlen Wahnes und leeren Dünkels war auch unglaublich viel, und die lügenhaften Zierlichkeiten und die zierlichen Lügen haben weder der Literatur noch dem Volke gefrommt und sind auch denen nicht zu Gute gekommen, die sie brauchten und für die sie gebraucht wurden. Geschieht jetzt auf der andern Seite zu viel, ist zu viel Ausgelassenheit und Uebermuth — nun die Gelehrten sollten darüber am wenigsten klagen, was selbst Fürsten und Staatsminister und Staatsräthe sich gefallen lassen. Sie müssen das Wehen und Sausen des Geistes immer loben, wenn sie auch nicht wissen, von wannen er wehet und wohin er fähret und wenn er ihnen ihre mühsam gesammelten und geordneten Sibyllenblätter auch mal aus einander wehet. Dies ist das Element, in welchem sie allein leben und weben können, das Element, woraus ihr Ruhm und ihre Unsterblichkeit blühet, wenn sie die Flügel haben sich von ihm in die Ewigkeit tragen zu lassen. Ja freilich der Geist sauset und brauset; aber wenn sie aufgemerkt hätten, könnten sie wohl wissen, woher er wehet und wohin er fahren will. Wie erbärmlich verräth sich hier bei vielen ein kleinlicher Neid und ein jämmerlicher Hochmuth, daß sie sogar mit solchen einstimmen, welche, wie ein jetzt schon verstorbener Hofkanzler eines gewissen Reichs und ein jeder Hofkanzler, der Napoleons weiland Gedanken errathen konnte, meinen, die Welt könne nicht eher glücklich werden, als bis nur noch zwei Bücher gelesen würden, nemlich der Katechismus und der Hof- und Staatskalender. Freilich es ist ein übermüthiger frecher scharfer und schneidender Geist, welcher die alte und die neue Zeit sondern soll; es ist dieser übermüthige und verwegene Gesell auch bei dem Trefflichsten und Größten, was unsere Tage athmen und ersehnen, immer mit dabei, und wer sich nicht der Liebe und dem Leben entziehen sondern in der lieben Welt Gottes mit wirken thun und leiden will, wie er soll, der kann freilich nicht ungeneckt bleiben und muß sich oft von recht schlimmen und schlechten Buben, die auch die Larve der Zeit vors Gesicht nehmen und in ihre Posaune stoßen, zerhadern und zerhudeln lassen. Dazu nun der mancherlei politische Hader die mancherlei Ansichten und Meinungen der Menschen die Zwietracht in der Wissenschaft und Philosophie selbst, welche eben so viele neue Verfassungen und Grundverträge abgeschlossen und wieder umgestoßen haben als die Königreiche und Freistaaten. — Diese Zeit, die jede Tugend jede Vortrefflichkeit und Gelehrsamkeit zuweilen in Zweifel gezogen und als ein gewöhnliches Nichts behandelt hat, war freilich nicht von der Süßigkeit, daß sich jeder über die Fülle seines Lobes und Ruhmes schon bei lebendigem Leibe fast zu Tode lachen und freuen konnte; er ward von Zeit zu Zeit des Vergänglichen und Gebrechlichen erinnert. Aber eben diese wilde Zeit, deren Uebermuth und Ausgelassenheit wir grade nicht loben wollen, hat in Wissenschaft Leben und Staat im Kriege und im Frieden auch einen Geist aus sich herausgewehet, den wir in Germanien seit Jahrhunderten nicht gefühlt haben, den alle, welchen man vor zehen und fünfzehen Jahren davon verkündigt hätte, als ein Mährchen verlacht haben würden. Darum sollen sie neben dem großen Guten das kleine Uebel ertragen. Es ist freilich viel Uebermuth und Frechheit viele nichtswürdige Hetzerei und Klatscherei auch in der gelehrten Welt und in der teutschen Literatur; aber auch das wird wieder zu Ordnung und Stille kommen, wann sich die Gestalt dieser Zeit erst wieder befestigt hat. Mag Lüge Bosheit Verworrenheit und Leidenschaftlichkeit hie und da auch das Würdigste und Ehrenvolleste zu beschmutzen und zu entwürdigen suchen, das Reine und Gerechte geht endlich aus jedem Schmutz nur noch glänzender hervor. Und die wegen ihres einzelnen Kleinen und Persönlichen so erbittert sind, müssen sich doch schämen in der besseren Seele der Zeit. Grade aus diesem Hader und Widerstreit auch in der Wissenschaft und Philosophie, was sie einen alles umkehrenden verwirrenden und vernichtenden Zustand genannt haben, wie ist der matte und faule Schlaf des alten Besitzes, der zum Theil auf bloßer Verjährung gegründet war, die in der Gelehrtenwelt nie gelten sollte, dadurch aufgeschüttelt, wie sind die leuchtendsten und belebendsten Blitze dadurch herausgeschlagen und selbst denen erfreulich geworden, die schlafen wollten! und der große politische Hader, der mit Schwerdtern und Schreibfedern zugleich geführt wurde und zum Theil noch geführt wird, strebt er nicht immer frisch fort, gewinnt er von Jahr zu Jahr nicht mehr Land, wird nicht die Meinung, der Pabst der neuen Zeit, der Vermittler Versöhner und Richter, immer mächtiger? und wird nicht auch hieraus Recht und Kraft und Gleichgewicht geboren werden? Dieser schäumende und brausende Strom, worin gottlob in Teutschland mehr milde und liebende und gehorsame Kräfte sind als freche wilde und boshafte, muß allerdings seine Zeit haben zur Ausgischung und Ausgährung; aber die Wehklage ziemt denen am wenigsten, die durch die Idee so erhabenen Standpunkt haben sollen, daß sie jenseits der Trümmer eine schönere Welt erblicken können.

Sie klagen, die Gründlichkeit sey untergegangen, die Jugend werde durch Welttriebe und politisches Leben den Studien entrissen, die Geister seyen auf Fremdes gewandt. Schon fühle das die Literatur; endlich werde aller Ernst und alle Großartigkeit derselben versinken und die Folianten und Quartanten, wodurch die teutsche Gelehrsamkeit sonst glänzte, werde in fliegenden Blättern und Pamphlets aufgelöst werden. Auch diese Klage über Unfleiß und Ungründlichkeit der Zeit ist wohl ziemlich leer und ungründlich. Freilich die letzten zehen Jahre sind durch das ungeheuerste Glück und Unglück so überspannt und übergereitzt gewesen, daß allerdings hin und wieder wohl die Gelehrsamkeit darunter gelitten hat, daß auch wohl mancher gründliche und fleißige Mann, der sonst in der Stille seines Studierzimmers vielleicht ein unsterbliches Werk geschaffen hätte, für die Freude und Noth der Zeit andere Sorgen und Arbeiten hat übernehmen müssen und zum Theil noch übernehmen muß. Es ist aber eben recht, daß es so ist; es ist ein Glück für die teutsche Literatur und Gelehrsamkeit, daß es dahin gekommen ist, daß die Gelehrten aus ihrem Studierzimmer einmal in das Leben auf den Marktplatz und die Rathsstube ja gar auf das Schlachtfeld hinausgetrieben sind. Das hat uns Jahrhunderte gefehlt, das wird der Sprache den Lehranstalten der ganzen teutschen Wissenschaft und Literatur einen andern Schwung und andern Klang und andere Farbe geben. Freilich sind unsere gelehrten Schulen und Hochschulen und andere wissenschaftliche Anstalten immer noch durch würdigen Ernst durch Gründlichkeit und Gewissenhaftigkeit ausgezeichnet gewesen; aber jeder Unbefangene wird gestehen, daß sie von Jahrhundert zu Jahrhundert immer mehr von dem lebendigen Leben geschieden wurden und dem Volke, auf welches sie doch wirken und in welchem sie die frischen Geister immer stacheln und spornen sollten, in mancher Hinsicht zu fern standen, ja nicht selten in einer traurigen kalten und neblichten Mittelwelt schwebten, wo sie weder des Lichtes des Himmels noch des Grüns der Erde froh wurden, kurz wo sie nichts geben noch empfangen konnten. Noch ist diese Zeit zu bewegt zu gereitzt und überspannt, noch hat das Leben draussen für die meisten einen zu mächtigen Zug, als daß die stillen Studien solche Arbeiten fördern könnten, die einen langen Athem erfordern. Aber es wird ja einmal stiller werden, und dann wird der teutsche Tiefsinn und Ernst, von dem jungen und tapferen Leben gestählt und gekräftigt und von allen Pulsen des Volkes in Liebe Zorn und Ruhm mit berührt, wohl Anderes offenbaren, als was der gleichgültige Sinn und der in den Mausoleen und Katakomben die alten Todtengebeine und Mumien aufschüttelnde Fleiß hervorbringen konnte. Wir hoffen, die teutsche Literatur wird künftig nicht mehr mit einer Allerweltgestalt prahlen, die gar keine Gestalt ist, sondern auch sie wird sich einen teutschen Leib und eine vaterländische Art zulegen. Das kann man aber weissagen, daß die todte Gelehrsamkeit, die bloß auf das blinde Wissen ohne Sinn Mitgefühl und Vaterland pocht, die nicht mit allen empfinden lieben hassen leben und leiden kann, einst mit Recht wenig bedeuten wird. Denn die jetzige Zeit, wie schwer man sie auch anklage, und oft nicht ohne vielen Schein, will doch das Matte frisch und das Todte lebendig machen, sie will unnatürliche Trennungen aufheben, sie will das Geschlecht wieder zum Leben zurückführen.

So ist allenthalben Streit und Hader mit Recht und mit Unrecht und diese merkwürdigste Zeit hat keine Hütte und keinen Pallast keinen Thron und keine Kanzel unerschüttert gelassen. Aber zwei Arten Erklärer Deuter und Richter der Zeit haben sich unter vielen andern erhoben, über welche noch ein Wörtchen gesagt werden muß. Ich will die erste Art die Vornehmen die zweite die Frechen nennen.

Die Vornehmen sind recht eigentlich aus den verworrenen Händeln der politischen und philosophischen Meinungen aus der vollesten Gährung des Zeitalters geboren, sie haben Holz und Stroh mit zu dem Feuer getragen, das uns die letzten Jahrzehende gebrannt und gewärmt hat. Jetzt da sie älter werden und die Nichtigkeit und Eitelkeit vieler Strebungen des Menschen einsehen, jetzt im vierzigsten und fünfzigsten Jahre, gebärden sie sich, als hätten sie immer nur das Große und Ewige gefühlt als seyen sie mit dem Kopfe oder Herzen nicht mit in der Verwirrung und den Strudeln des Zeitalters gewesen. Sie machen sich vornehm und sehen hoffärtig herab auf das ganze Treiben der Zeit, verachten alle einzelne Bestrebungen und Uebungen, wodurch wackere

Männer Haltung und Festigkeit in die Menschen zu bringen suchen, und weisen immer auf ihr Hohes und Tiefes hin, und erklären die Zeit für verloren, wenn sie das nicht immer, und das allein, sehe athme und empfinde. Wir ehren auch die himmlische Idee als die Erhalterin und Erheberin des irdischen Lebens; aber eben weil wir sie ehren, verachten wir nimmer weder die religiöse noch die politische Ascetik; ja eben weil der Mensch hier mit der Hälfte seines Seyns noch in der Erde wurzelt, erkennen wir demüthig, daß es viele Mittelkräfte und Mittelgewohnheiten und Mittelübungen giebt, die den Boden des Menschenherzens für die Idee auflockern die durch fromme Gewohnheit und treuen Dienst die Gemüther auf das Unvergängliche und Ewige richten. Wir wissen auch, mit wie vielen Dingen immer noch bloß gespielt wird — aber so wird gespielt werden, solange Menschen leben — wie vieles, was sehr ernst werden könnte, durch Tand und Eitelkeit in leeren Spaß und Hohngelächter der Spötter verwandelt wird. Aber wenn uns das jämmerlich däucht, so dünken uns jene hochmüthigen Schreier aus den Wolken viel jämmerlicher; denn sie schreien nur aus Eitelkeit gegen das Eitle.

Die Frechen — das sind jene, worüber nicht bloß ernste Gelehrte, welchen die schlimme Zeit die ehrwürdige Kappe der Weisheit etwas kurz geschnitten hat, sondern alle Biedermänner mit Recht klagen. Ein leichtes gauklisches lügenhaftes unverschämtes Gesindel Hinundherflatterer und Hinundherschnatterer, die keinen Gott keine Religion kein Vaterland haben sich aber immer die zierlichsten Larven umhängen. Daran erkennt man sie, daß sie meistens dahin blasen, wohin der Wind des Augenblicks wehet. Einige werden auch von bloßem Leichtsinn getrieben und von der boshaften Freude, daß nun die Zeit gekommen ist, wo man auch den Besten unter dem Titel freier Ideeen und Ansichten eins anhängen kann. Sie sind ein nothwendiges Uebel, und wer diese mit Gewalt wegschaffen will, der giebt auch diejenigen Geister der wüthenden Willkühr preis, welche das Unglück der letzten Zeiten allein aus der Ungebundenheit der Idee herleitet und uns alle unter Dummheit und Knechtschaft begraben und die veraltete und eben darum zerfallene Verwesung aus den Trümmern wieder aufbauen mögte. Die Guten sehen diese frechen Gaukler und Spaßmacher, welchen selbst der blutigste und fürchterlichste Ernst noch zum Spaß dienen kann, freilich mit Schmerz ihr Wesen treiben; aber sie wissen, daß das Wesen oder vielmehr Unwesen sein Ende haben wird, wie die Welt sich politisch befestigt hat und die öffentliche Meinung, die nun freilich über der chaotischen Sündfluth der mancherlei und verschiedenerlei Ideen und Ansichten meistens eine flatternde Noahtaube ist, welche weder Baum noch Strauch findet, wo sie sich niederlasse, in dieser festen politischen Grundlage einen Mittelpunkt des Urtheils gewinnt. Das ist der Trost mitten in den unseligen Gaukeleien Durchstechereien und Klätschereien und Hetzereien, die viele treiben, daß Wahrheit und Gerechtigkeit daß die wirkliche Tugend und Ehre endlich obsiegen.

Die teutsche Wissenschaft und Literatur hat, wie wir oben hin und wieder gewiesen, mehr als einmal versucht, ob sie sich ohne ein Vaterland behelfen könne, ob sie sich ein ideales Vaterland ein ideales Teutschland in der Luft der Idee bauen könne, aber der

Versuch hat natürlich immer misglücken müssen. Jetzt stellt die Weltgeschichte die grosse Frage an uns, ob der Geist, den man beschuldigt, daß er mit frechem Uebermuth die alte Zeit niedergerissen habe, eine neue Zeit wiederaufbauen könne, ob wir durch die Idee wiedergeboren werden können. Das ist jetzt mehr als je in die Hände der Gelehrten und Wissenden gegeben, das lange verlorne Vaterland wiederzuerschaffen das glorreiche und freie Teutschland voll Gerechtigkeit Gesetzlichkeit Wissenschaft und Frömmigkeit wiederzugebähren. Denn kann die Idee diese Welt nicht zügeln, so geht sie wild mit uns durch; kann die Idee diese Erde nicht wieder zusammenbauen, so bleibt sie als eine zerrissene Leiche liegen.

Diese hohe Bestimmung ist der denkenden und wissenden Kraft geworden. Darum darf sie sich im einsamen Hochmuth und in einsamer Grübelei nicht mehr gebärden, als sey diese Welt nicht ihre Welt und diese Erde nicht ihre Erde. Wenn dieses beselende und begeisternde Leben frisch bleibt, wenn der höchsten himmlischen Idee das feste irdische Vaterland immer als Mittelpunkt vorschwebt, worin sie ihre zerstreuten Strahlen wieder sammeln kann, wenn damit aus dem tiefsten Glauben und aus der blühendsten Hoffnung des Christenthums eine ganze Sonne voll Liebe zusammenrinnt und den Gehorsam die Geduld und die Demuth mitbringt, welche in christlichen Staaten nimmer fehlen sollten, so dürfen wir für die Zukunft hoffen, daß das, was so Würdiges und Ernstes erstrebt, sich selbst in festerer Würde und tieferem Ernst gestalten werde, als jetzt unter den vielfach flatternden schimmernden schwebenden und verfliegenden Gestalten des Tages erscheinen kann.

X.

Denkmäler Feste Spiele.

Das teutsche Volk war einst sehr reich an Festen Spielen Lustbarkeiten Possen und Gaukeleien aller Art, sowohl der ernsten als der muthwilligen Art; doch mehr der letzten. Denn da die Arbeit, womit jeder die meisten Wochen Tage und Stunden des Jahres genug in Athem gehalten wird, schon ein großer Ernst ist, so suchten sie zur Erholung und Ausruhung von derselben als Gegengewicht sich ihren Theil Scherz und Spaß, und also ward der Muthwille dem Ernst vorgezogen. Wie ist das alles so gar anders geworden, als es einst war! wie viele Spiele Lustbarkeiten und Possen des Mittelalters werden uns in unsern Büchern und Urkunden genannt, von welchen wir sogar die Erklärung verloren haben! wie viel Anderes ist in unsern Zeiten, in den letzten dreißig und vierzig Jahren, ausgestorben oder hat aussterben müssen, weil Sitten- und Medicinal- und Accis- und Finanzpolizei es mit Gewalt unterdrückt haben! Eine große Veränderung brachte natürlich vor drei Jahrhunderten die Reformation, welche eine ernstere und strengere und während eines gewissen Zeitraums eine sehr spröde, man mögte sagen eine zu spröde und herbe, Ansicht der Welt und der weltlichen Freuden hervorbrachte, besonders bei denen, welche der kalvinischen Strenge folgten. Da wollte der Puritanismus unter dem Titel böse Lust so Manches ausrotten, was sich so schwer aus der menschlichen Natur ausrotten läßt. Darauf brach mit dem dreißigjährigen Kriege das Unglück der Zeiten ein und jene Harmlosigkeit Einfalt und Fröhlichkeit auch der Wohlstand und die Fülle des sinnlichen Lebens, die in den früheren Jahrhunderten in Teutschland geblüht haben, kamen nimmer wieder. Stehende Heere stehende Schulden stehende Kriege erhöhete Zölle und Abgaben Erfindung und Ausbildung der Finanzkunst strengere Polizei und vor allem mit dem angestrengten Leben größere Armuth und Freudenlosigkeit wie lustig der teutsche Student und Handwerksbursch auch noch zuweilen dazwischen sang — in diesem allem nennt man einen mannigfaltigen und vielfachen Tod der Lustbarkeiten und Spiele des Volks. Doch diejenige Zeit, welche man in der teutschen Literaturgeschichte mit dem Namen Aufklärungsepoche oder Epoche der Aufklärer und Illuminaten bezeichnet, die Zeit von dem Jahre 1770 bis 1790, die Zeit, wo die Menschen das Tiefste und Ueberschwänglichste in leere Mährchen und die Mährchen wieder in kahlste Prose zu verwandeln strebten, wo Gott Teufel Gespenster Hexenmeister Zauberer und alle zauberischen und geheimnißvollen Kräfte und Zeichen in der Natur und in der Menschenbrust in lauter luftige oder nichtige Begriffe verwandelt wurden, kehrte auch alle die unschuldigen Kinderspiele und lustigen Zaubereien und Wahne des Volkes um. Und nicht bloß, daß sie sie verlachte und verspottete, nein sie nahm Religion und Regierung Finanz und Polizei zu Hülfe und jagte sie von Jahrmärkten und Landstraßen von Bühnen und Schenken weg: die Menschen sollten sich sittlich verständig und vernünftig freuen so klang es. Gegen diese Worte hat nun wohl keiner was zu sagen; aber ihre Auslegung war gar zu eng. So ist die Jagd fortgegangen und geht fort bis auf diesen Tag. Unter dem Titel der Unsittlichkeit des Müssigganges des Aberglaubens der Gefahren des Lebens und der Gesundheit hat man all das bischen Uebermuth und Muthwillen und Wahn und Mährchengeist, was noch unter dem Volke geblieben war und sich zuweilen ein lustiges Spiel machte, fast in allen Landen Teutschlands mit Stumpf und Stiel ausgerottet; besonders hat diese allerdings überspannte und arme Zeit jede Arbeitstunde, die durch Feste und Spiele für die Finanzen des Staats verloren geht, mit rechenmeisterischer Gewissenhaftigkeit angeschlagen.

Wir finden es nun allerdings christlich und recht, daß man solche Feste und Spiele unbarmherzig vertilge, welche christliche Sitten gradezu entehren und schänden. Deren werden aber wohl sehr wenige seyn. Die meisten liegen in der Mitte zwischen Gutem und Bösem Laster und Tugend Glauben und Aberglauben, sie sind wie dieses irdische Leben bunte Mischlinge, rein für die Reinen unrein für die Unreinen. Aber sie sind nicht bloß wie das Leben, sie sind ein nothwendiger Theil des Lebens, sie sind nächst der Arbeit das Menschlichste, und frech ist die Hand und das Herz, wenn es nicht zugleich auch die Hand und das Herz des freiesten und fröhlichsten Christen ist, die sie so leicht wegschneiden. Die Bühnen in den Schenken die Possen auf den Jahrmärkten Hanswurst und der Narrendoktor und der Gaukler, der Bären- und Hundereigen zu dem brummenden Dudelsack aufführt, sind wohl häufig eben nicht unsittlicher als die Maskenbälle und Redouten und Bühnen der vornehmen und gebildeten Welt. Es ist jammervoll genug und man merkt es wohl an dem armen stummen sang- und klanglosen Leben des Volkes in Feld und Stadt, daß man durch diese unbarmherzige und unmenschliche und unchristliche Sorge für die Sitten und die Gesundheit der Menschen und besonders für die liebe Zeit, die nach Kant doch nur in dem Menschen ihr Maaß hat, dem Volke so viel Schönes Dichterisches Schwärmerisches Wähnendes und Träumendes genommen hat, woraus die schönsten Blüthen der Liebe des Glaubens und der Hoffnung und die innigsten und lebendigsten Anschauungen Gottes und der Natur hervorsprießen mußten, etwas so Tiefes und Innerliches, als die Herren freilich nicht begreifen können, welche nie gelernt und gefühlt haben, wie die unsichtbare und überschwängliche Welt sich in solchen Dingen und Erscheinungen bei dem Volke abspiegelt. Und thut sie es nicht bei jedem so? und sind wir nicht am Ende auch arm und wüst und leer und ohne Kraft und Saft und Kunst und Liebe, wenn man dem Volke den Saft und die Schwärmerei und den sogenannten Aberglauben abgezapft hat? wenn man ihm die Fantasie ermordet oder vielmehr in langsamer Quälerei erstickt hat?

So ist viel Herrliches Tiefsinniges und Gemüthliches mit diesen dem Scheine nach so unbedeutenden Spielen und Freuden des Volkes zu Grabe gegangen. Und wir Andere, die wir den Gebildeten näher stehen, sind wir reicher? haben wir ein eigenthümliches frisches teutsches Leben voll teutscher Treuherzigkeit Fröhlichkeit und Derbheit? herrscht in unsern Gesellschaften Spielen und Freuden nicht immer noch das Fremde und Wälsche vor mit so mancher Ziererei und äffischer und lügnischer Fratze und Weinerlichkeit, wohinter ein schadenfrohes und grinsendes Teufelchen der Unnatur und des Frostes und Zähneklappens im Hinterhalte lauert? Was über hundertfünfzig Jahre alt geworden, was fünf Menschenalter durchlebt und durchzeugt hat, das hat sich als ein böser Geist bei uns eingenistet, dessen kalte und zierliche Freudenlosigkeit so leicht nicht auszutreiben ist.

Der öffentlichen Spiele und Feste haben wir ganz entbehrt, aller äusserlichen Zeichen und Bilder eines kräftigen und heldigen Aussenlebens und einer schönen und dichterischen Gewalt der menschlichen Natur: keine Denkmäler keine Siegesfeste keine öffentlichen Reigen und Spiele. Denn die himmlischen Feste, die sich auf die fröhliche Botschaft des Heilands beziehen, und selbst die Freuden und Wonnen dieser Feste sind zu erhabener Natur, als daß sie in diese Sinnenwelt viel hineinspielen dürften. Das einzige Aechtteutsche von großen weltlichen Festen und Aufzügen war sonst noch die Kaiserkrönung, die aber nach dem Laufe der Natur etwa alle fünfundzwanzig und dreißig Jahre nur einmal erfolgte und von wenigen gesehen ward. Die Te Deum laudamus nach Siegen oder Niederlagen oder bei Friedensschlüssen die Vermählungen und Begräbnisse der Könige und Fürsten treten entweder als Soldatenfeste auf, die man bei großen Uebungslägern doch mächtiger und feierlicher sah, oder sie zeigten sich in Paruken und Haarbeuteln und mit Mänteln und Stutzerdegen und Spaßhütchen, die der Wälsche sich für sein leichtes und springendes Leben erfunden hat und die unser Volk doch nie als einen rechten heiligen Ernst sondern gottlob immer nur als einen halben Spaß angesehen hat, der seine innigsten Gefühle von Liebe und Traurigkeit bei solchen Gelegenheiten bescherzt. Endlich scheint eine bessere Zeit gekommen zu seyn. Die letzten herrlichen Jahre und die Siege und Wunder von Gott haben die Herzen wieder auf das teutsche Leben gewendet und teutsche Menschen wünschen auch draussen zu haben, was die Söhne und Enkel zur Tugend entflamme und ein Gedächtniß dieser glorreichen Zeit sey.

Der achtzehnte Oktober des Jahrs 1813 bei Leipzig hat uns Teutschen einen hehren allgemeinen Festtag gegeben, der schon von allem Volke anerkannt ist und auf allen Bergen Höhen und Thürmen in Feuerflammen leuchtet. Diese Feuer werden ja mit

Gott nicht wieder erlöschen, wie Zwiespalt und Hoffnungslosigkeit sonst auch die Herzen zerreissen mag. Das ist ein Siegesfest.

Wir sollten auch ein Trauerfest feiern, ein ernsteres stilleres, das auch zur Tugend ermahnte, wir sollten einen Tag feiern der edelgefallenen Todten, der Männer, die sich im großen Sinne dem Vaterlande als Opfer dargebracht haben. Etwa der Tag, wo Scharnhorst in Prag starb oder wo der unsterbliche Andreas Hofer in Mantua erschossen ward. Diese beiden Namen müßten jetzt freilich die Festnamen seyn, woran still angereihet würden, die als Opfer wälscher Wuth und Tyrannei in Wesel und Marburg in der Altmark und im Oldenburgischen ermordet sind, weil sie ihr Volk und Vaterland nicht vergessen konnten, auch alle die, welche in diesem heiligen Kriege auf Schlachtfeldern ihr Leben ausgehaucht haben.

Wir haben dieser Zeit noch kein Denkmal errichtet, kein so stolzes und großartiges, das alle auch durch den Umfang erstaune. Leipzig wäre der Ort, auf dessen Gefilden die teutsche Irminsul des neunzehnten Jahrhunderts errichtet werden sollte, wohin die Ururenkel noch wallfahrteten und einander die ungeheuren Freuden und Schrecken der ersten beiden Jahrzehende desselben erzählten. Jetzt ist die Zeit wohl schon vergangen, daß sie noch werden könnte: ein Gedanke treibt den andern und eine Woge wälzt die andere vor sich her mit der Geschwindigkeit, daß was jetzt nicht bald wird nie wird. Vielleicht wäre das schöne Denkmal geworden, wenn der Fürst, dem die Stadt und das Land gehorcht, nicht über das trauren könnte, was die Wonne von ganz Teutschland war. So hindert leider das Einzelne bei uns immer das Allgemeine bis diesen Tag. Doch ist Leipzigs Tag nächst der Hermannsschlacht einer der hehrsten teutschen Tage.

Auch jenem alten Helden, der die Römerketten zerbrach, unserm Hermann oder Arminius sollte man seine Irminsul wieder aufrichten in Westfalen irgendwo, wo die Bahn seiner Siege war, auf jenem hohen Bergkegel bei Stadtbergen, den die Diemel umfließt und wo die alte Sage sie hinsetzt, oder auf einer der Spitzen der Westfälischen Pforte vor Minden. Denn der Held, der draussen sein Werk trieb, der jeden Berg und Hügel jeden Baum und Strauch einst darauf angesehen hat, wie er sein Mitkämpfer werden könnte, soll auch draussen vor aller Augen sein Denkmal haben. Ein Keppler ein Leibnitz bedürfen dessen nicht so. Ihre Denkmäler leuchten in dem Himmel der Idee und der Sterne, wo sie von tückischen Händen nicht entweiht oder niedergerissen werden können.

XI.

Vom Mysticismus und Einigem, das sich daran hängt.

Es ist ein trauriges Gefühl, daß die grüne Eiche, unter deren Schatten ich mit meinem Liebchen sitze und so allerliebste Gedanken habe, mir auch den Ast reichen kann, woran ich mich erhänge.

(Aus den Papieren von F. A.)

Was der Mysticismus ist was darunter verstanden wird und verstanden werden sollte, das wissen die meisten. Aber unerklärlich und tief wie das Gefühl des Mystikers, in dem verborgenen Abgrund der Seele mit allen Sternen des Himmels und allen Dunkelheiten der Hölle wechselnd, versinkt einem auch der Gegenstand, wie man ihn fassen und betrachten will, und beschreiben, was denn Mysticismus eigentlich sey, wird darum keinem gelingen. Doch an den Zeichen wird man ihn erkennen. Zuerst sage ich, wo er nicht eine gemeine Larve ist, er ist für den Scherz und auch fast für die Darstellung zu ernst und unergründlich. Darum soll man die folgenden Worte auch nur ansehen als Zeichen seiner Zeichen, wenn man will als Schatten aus Lichtern.

Daß es das Edelste Tiefste und Unergründlichste im Menschen ist, was als das Thätige und Bewegliche in den Mystikern erscheint, dasjenige, was mit Gott und mit der Sternenwelt wunderbar verknüpft und immer wieder zur alten Heimath zurückwinkt, darüber sind alle einig, welche über das Innerlichste und Geheimste nicht spotten dürfen. Es war eine Zeit, wo jeder Mystiker ein Narr und Tollhäusler hieß; das war eben nicht unsre beste Zeit. Die jetzige Zeit mögte nun den Mysticismus leicht zu hoch anschlagen und überschätzen und auch manche Erscheinungen für tief innerlich nehmen, die wahrlich sehr auf der Oberfläche liegen. Daß übrigens bei den Teutschen von jeher über dunkle Mystiker und umnebelte Gefühlsmenschen geklagt worden, mag das Volk sich eher zum Lobe als Tadel rechnen; denn wo nicht dichte Nebel und Schatten sind, bekommen die hohen Lichter des Gemüthes kein Lager, worauf sie sich betten können. Doch kann ich nicht unbedingt in das Jauchzen einstimmen, womit einige die vielen Mystiker unserer Tage als ein glänzendes Zeichen der Zeit begrüßen. Viele derselben sind freilich ein Bild und Zeichen, daß das Innerliche und Fromme wieder bei uns erwacht ist; andere aber spielen aus Mitteltrieben und Mittelreitzen mit mystischen Scheinen und Andeutungen hervor, vielleicht mehr in der Aussen- als Innenwelt wurzelnd; und endlich sind auch wohl mehrere, die aus Blödigkeit und Verzagtheit vor dem Zeitalter sich in die düstern Abgründe des Gemüthes stürzen, damit ihnen dort wo möglich das Hören und Sehen vergehe. Glaubt es mir, es giebt jetzt eben so viele Mystiker aus Feigheit und Verzagtheit als aus unüberwindlicher und alles überwindender Sehnsucht nach Gott und dem Himmel; und auch solche fehlen nicht, die mit allerlei Schimmern und Klängen ein buntes Spiel der Eitelkeit treiben.

Welche Mystiker sind mir die rechten? welche liebe ich? Diejenigen sind mir die rechten und die liebe ich, welche in einem lichten seligen Daseyn wie liebende Sterne der Menschheit über die Dunkelheit dieser Welt und über die dichteren Dunkelheiten des Gemüthes hinfunkeln schon diese trübe irdische Welt gleichsam mit Sternenglanz erfüllen und auch dem Sprödesten und Trockensten eine Ahndung geben, daß eine schönere Erkenntniß ist als die

Erkenntniß durch Begriffe und ein festerer Himmel, als dessen Gewölbe auf Schlüssen aufgeführt wird. Hier auf Erden war nur Einer ohne Sünde, derjenige, der aus dem Himmel herabkam, daß er die Sünden der Welt auf sich und mit sich hinwegnähme; auch die Sterblichen, welche uns die unschuldigsten reinsten und lichtesten dünken, bezahlen der Sünde ihren Zoll und müssen der Sündlichkeit ihrer und der allgemeinen Natur wohl oft genug inne werden. Aber jene schönen lichten Seelen, welchen der Himmelstraum des göttlichen Daseyns sich doch nur auf Augenblicke verdunkelt, haben in der Liebe und dem Glauben immer die süße Versöhnung, sie haben ihren Gott und ihren Heiland immer mit sich und darum fängt das Zittern vor der Sünde und vor der Welt der Sünden ihren inneren Sinn nicht als einen Kerkergefangnen ein. Sie fliegen gleich unsterblichen Nachtigallen immer singend über das Leben hin, doch singen ihre Frühlingslieder mitten in dem Jauchzen der ewigen Liebe die Trauer der gefallenen Seelen, die sich wieder in die alte Sternenheimath zurücksehnen. Diese lieben und lieblichen Kinder Gottes spielen eben so fröhlich mit den Blumen der Erde als mit den Sternen des Himmels, sie zittern vor keinen inneren Schrecken des Herzens vor keinen Schrecken der Natur. Sie sind die Versöhnten in Liebe und zünden durch ihr bloßes Daseyn und Leuchten in vielen Dunklen das Licht und in vielen Betrübten den Trost. Solche habe ich gekannt und kenne ich, welche alle Güter und Freuden der Erde in Unschuld geniessen und nicht daran zu denken bedürfen, welche Schlangen in uns lauren und welche ungeheure und finstere Kräfte in den Eingeweiden der Erde mit fürchterlichen Trieben hausen.

Unerfreulich ist die andere Art, die trockene strenge düstere Art, welche durch die Sünde zu Gott will und nicht kann; denn wie mag einer durch die Sünde zu Gott kommen? Diese Art mögte orientalisiren und kann es nicht, sie verwirft die Sinnenwelt als voll eitel Elend und Sünde, sie will immer nur Gott nur den Heiland nur die Zeichen der Erlösung das Opfer das Blut und die irdischen Sündenmale in den Wundenmalen des Himmlischen sehen. Ach! und die Begierde fasset sie doch, in der Mönchszelle wie im

Walde, in dem einsamen Kämmerlein wie auf dem lärmenden Jahrmarkt, die Begierde die Sünde ist allenthalben; wenn sie aus Bäumen und Blumen aus Saitenspiel und Vögelgesang aus funkelnden Augen und rosigen Wangen dieser Welt wenn sie aus Hoffahrt und Ruhm und Silber und Gold uns nicht anlächelt und anlockt, so lockt die schmeichelnde und lüsterne Schlange tief aus unserer eigenen Brust; und halten wir den Leib mit Wachen und Fasten und Arbeiten und Plagen ermattet und zermartert, sie kömmt in Träumen und Gesichten als ein Gespenst der Hölle und erschreckt auch da noch die bange Seele. Es ist hier keine Rettung, es geht kein Weg durch die Sünde und durch ihre Zerknirschung und Zermalmung zu Gott. Einigen ist Gott bei der Geburt, von der Wiege an gnädig gewesen, anderen kömmt die himmlische Gnade später, daß sie es plötzlich wissen, worin der Sieg über die Sünde ist, in dem lichten kühnen Streben nach oben, das alle Sünde unter sich tritt, und in der stillen Demuth der Liebe, die sich mitten unter den Sünden mit dem Himmel versöhnt.

Verdamme ich diese Mystiker, die in Reue und Buße vergehen und darin oft den letzten Sinn und die letzte Kraft für das Leben verlieren? Mit nichten. Wie dürfte ich armer sündlicher Mensch das? Auf vielen Wegen führt Gott das sterbliche Geschlecht und die Christenheit zu sich, und wer mag zu seinem Bruder sagen: dein Weg ist der falsche, komm zu mir, ich wandle auf der rechten Straße? Es hat seit den ältesten Zeiten solche Mystiker gegeben, solche verdüsterte und schwere Pietisten, die, weil sie von Anfang durch einen traurigen Irrthum alle sinnlichen Flügel verschmäheten, zuletzt auch den irdischen Stoff nicht mehr hatten, woran sie die himmlischen Flügel für den höheren Aufflug befestigen mogten. Dieses arme und verfinsterte Geschlecht, das sein Lebelang in Reue und Buße über die sündliche menschliche Natur und über die Welt voll Elend und Sünde weint, stellt eine dunkle Schattenseite unsers ganzen kurzen Daseyns vor, es zeigt uns den alten Adam mit allen seinen vergänglichen Freuden und Trieben auf eine Weise, die auch dem Muthigsten und Fröhlichsten alles irdische Streben und Wirken zuweilen auf immer verleiden könnte. Die

Welt und die Sünde hat allerdings die Seite auch, welche sie in der trostlosesten und ärmsten Nacktheit zeigen; und es muß wohl gut seyn, daß solche Büßer der Sünde, gleichsam Büßer und Warner für alle, da sind, damit wir die Schattenseite der Sinnenfreuden auch einmal erblicken und uns zurufen: armer Wandrer, wohin? oder wie jener große König in der Schlacht bei Kollin zu seinen Leibwachen sagte: Wollt ihr denn ewig leben?

Das ist das Betrübende bei diesen Pietisten, daß ihre Herzen selten zu Engelfrieden und Engelliebe erquickt werden, wo alle Sünde und alles Leid über die Sünde auf Augenblicke zerrinnt in der Einen unendlichen göttlichen Liebe; nein die Sünde und der Teufel sitzen ihnen, auch wann sie zum Beten niederknieen, immer auf dem Rockzipfel, und so mangeln sie nicht nur der liebenden und fröhlichen Ansicht der Welt sondern auch oft des liebenden Urtheils über Andersdenkende und Andersglaubende. Sie werden leicht in einem geistlichen Hochmuth befangen und vermessen sich zu richten, wie Gott allein richten darf. Wie gesagt: niemand richte und verdamme seinen Bruder! Mancher Mensch lebt fröhlich und lustig in der Aussenwelt genießt alle sinnliche und weltliche Freuden mit seinen Brüdern betet wenig geht wenig zur Kirche aber wandelt treu rechtschaffen und still seines Weges fort, Gutes schaffend und Gutes verbreitend, scheint auch wenig von Sünde und von Reue über die Sünde zu wissen. Darf ich nun, der ihn nur aus der Ferne sieht, rufen: das ist ein Verdammter, das ist kein Christ? weiß ich denn, in welcher Gnade und Liebe er vielleicht mit Gott steht, ob er im Himmel dereinst nicht viele Stufen über mir sitzen wird, der ich doch täglich meine Betstunden halte fleißig zur Kirche und zum Tische des Herrn gehe und mit Eifer strebe, wie ich selig werden mag? Nur wo das Laster herrscht, da darf ich Unchrist rufen. Soll ich meinem Bruder nicht gönnen, wenn er stärker ist als ich, daß er sich des Gesanges und Saitenspiels freue, daß er im Duft der Rosen und Lilien und im Lerchen- und Nachtigallengesange schwelge, daß er mit allen verschiedensten Menschen, mit Zöllnern und Sündern und mit Frommen und Christen lebe? Fühle ich, daß ich es nicht darf, daß meine Lust und Begierde gleich in Sünden gereitzt wird, wohl, so wandle ich den strengeren Weg der Entsagung und Flucht; aber wie mag ich sagen, daß jener ein Sünder ist?

Und die Sinnenlust und die sinnliche Verführung? Freilich giebt es ein Maaß und Unmaaß, und es ist wohl ein Glück, wenn aus jeder Brust zu rechter Zeit die Frage tönt: was darfst du? was darfst du nicht? Es giebt feinere Sinne und gröbere, aber ohne Sinn und Sinnenlust giebt es kein Leben. Der Streit zwischen dem Irdischen und Himmlischen zwischen dem Geist und dem Stoff zwischen der Geisterwelt und Leiberwelt ist so alt als das menschliche Geschlecht. Die alte längst vergangene Welt alle Philosophien des Morgenlandes und Abendlandes alle Weisheit der Indier Perser Aegypter und Griechen Engländer und Teutschen hat diesen Streit nimmer schlichten können und wird ihn nicht schlichten. Es ist Einer, der den Sieg gebracht hat und die Ueberwindung, das himmlische Feuer des Glaubens und der Liebe, welches von allen Sünden rein brennt. Er heißt Jesus Christus der Heiland der Sohn des lebendigen Gottes. Das Herz, in welchem er wohnt und in welchem seine lichte

Flamme leuchtet, zittert nicht mehr vor dieser Erde und ihren Freuden, es beruhigt die wilden Triebe der Natur und der eigenen Brust, sieht in der Erde das verlorne Bild des Glückes und der Schönheit wieder und bebt nicht vor den Schlangen, die unter ihren Blumen lauschen können; denn ihn beissen sie nicht. Nur der Christ kann die verlorne Unschuld der Natur wieder herstellen und das Paradies wieder blühend machen, wenn auch Winter und Krankheit und Tod in die Welt gekommen ist. — Und diese armen Büßenden täuschen sie sich nicht selbst, wenn sie meinen ohne Sinne fühlen ahnden glauben und denken zu können? würde nicht nach ihrer engen Ansicht selbst die Freude an Gott und dem Heiland und dem himmlischen Reiche eine sinnliche sündliche Freude? Und so ist es und muß es bleiben, solange wir in diesen irdischen Leibern wallen. Daher in ihnen der unheilbare Zwiespalt und die düstere Trauer bis ans Grab.

Diese pietistische Art, wovon wir in den Mährischen und Böhmischen Brüdern den Herrnhutern Methodisten Quakern und vielen Anderen so mannigfaltige Abdrücke haben und wovon das Morgenland seit den ältesten Zeiten immer so viele Muster geliefert hat, ist besonders in den letzten zehen Jahren wieder sehr zahlreich geworden, theils als Gegensatz gegen die frühere flache und ungläubige Zeit der Natürlichkeit und Begreiflichkeit aller Dinge, wo alles Innerliche und Ueberschwängliche als Aberglaube verlacht ward, theils durch die Noth und das Elend der Zeit, welcher viele schwächere und weichere Gemüther nicht gewachsen waren, welchen die Welt, worin sie nicht ausdauren konnten, jetzt nur als eine Welt des Uebels und des Bösen erscheint. Sie hatten nicht Fülle des Glaubens genug, das Leid und die Sünde derselben im liebenden Gemüthe in sich zu versöhnen und mit dem Muth und der Hoffnung als heitere Geister über das Chaos hinzuschweben. Darum versanken sie in dem Gefühle der Sündlichkeit und thun nun Reue und Buße für uns alle; auch für diejenigen, welchen die Zeit nur durch Leichtsinn erträglich wird. Wir mögen ihnen danken, daß sie uns auf eine so rührende Weise zeigen, was uns allen und was dieser Welt überhaupt gebricht, aber ihrer Predigt glauben wir nicht, daß dieses Zeitalter schlechter verruchter sündlicher sey als irgend eine vergangene Zeit. So weit sprechen sie nur ihren Umfang von Liebe ihr Gefühl und Bedürfniß aus. Wenn keine Sünde und kein Irrthum wäre, so hätte es nie der Prediger und Propheten bedurft. Aber fangt von Jesaias und Jonas an hört dann den Hieronymus und Augustinus später den Arnold von Brescia und Huß hört Tauler und Luther und Johann Arndt und Spener und Zinzendorf und andere große Begeisterte und Weissager des Herrn — weil sie gegen die Sünde predigten, erschien sie ihnen als das häßliche Ungeheuer, das sie ist: und aus den Worten jedes dieser frommen und gewaltigen Seher und Priester Gottes will ich beweisen, daß sie ihre Zeit so oft als die allerverruchteste gesehen haben. Diese pietistische Ansicht von allgemeiner Sündlichkeit und Verderblichkeit der Sinne und der Sinnenlust beginnt, wie mir däucht, auf unsere Theologie und Philosophie trübselig und trübsinnig zu wirken. Denn das ist die Sache: Kann dieser ewige Streit durch den milden Frieden und die himmlische Versöhnung des Christenthums nicht geschlichtet werden, so giebt es kein

Mittel. Die, welche die Welt so empfinden und glauben, müssen bis zur äussersten Spitze hinaus, sie müssen sich als Karthäuser und Trappisten einkerkern und hungern und dursten und frieren und schweigen, sie müssen sich als Fakire im kalten Schnee oder heissen Sande hinwerfen und alle Glieder verrenken und zerfleischen und zauchzen, daß sie die Sinnenwelt überwunden haben. Aber werden sie die Eitelkeit überwinden angestaunt und bewundert zu werden? werden sie nicht selbst glauben in sich hinein in einen besseren und reineren Spiegel zu blicken als der Spiegel der andern Herzen dieser Welt ist? O die Sinne! die Sinne! und die Nichtigkeit des armen Menschenherzens! wohin soll der Mensch entfliehen, daß er sich vor ihnen rette? Nur durch ein lichtes und fröhliches Christenthum, wo das Bild des Heiligsten und Reinsten, der je auf Erden lebte, immer als Muster vorschwebt, ist das möglich. Da lösen sich alle Sinne und alle Sinnlichkeit in Einem Sinn auf — freilich auch mit sinnlichen Sinnen empfunden — und es blühet die Blume der Unschuld und Schönheit, vom Thau der himmlischen Liebe benetzt, auf der

Erde, damit wir uns nach den unvergänglichen Frühlingsblüthen da droben sehnen. Ja hier ist das Ende und der Sieg auch schon im Lande der Vergänglichkeit. Die strengen Pietisten aber, die den Blick aus Furcht von dem Himmel weg immer wieder zu der sündlichen Erde wenden müssen, gelangen nimmer zum Ende und Siege; denn jemehr sie dem Teufel entfliehen wollen durch Kämpfe in sich, desto mehr muß er ihnen erscheinen. Könnten sie das Versöhnende und Fröhliche des Christenthums ganz fassen, so würde Manches sich ihnen im milderen Lichte zeigen und sie würden in Demuth erkennen, daß auch in der Lehre des Heils Gottes Wege die mannigfaltigsten sind und daß nicht alles Verderben ist, was Verderben scheint.

Es ist ein Glück, daß in unsern heiligen Büchern des Neuen Bundes gemeldet wird — es könnte ja auch nicht darin stehen — wie der Herr und seine Jünger im vollen Leben gelebt und sich keiner menschlichen Freude und Geselligkeit entzogen haben; also daß die schwarzen und trüben Misdeuter des Evangelii sich darauf nicht berufen können. Das Christenthum zeigt nirgends diese Düsterniß und Freudenlosigkeit, lehrt nirgends die finstere Ansicht der Natur und Freude, wovon diese frommen Büßer und Kopfhänger erfüllt sind. Es lehrt: das ganze Menschengeschlecht ist voll Sünde, die Erde ist es wie der Mensch mit ihren Lüsten und Begierden; aber die leiblichen Kasteiungen Martern Enthaltungen die Flucht und das Schrecken vor der fröhlichen Sinnenwelt lehrt es nirgends, weil ihr nicht entflohen werden kann. Die Sündlichkeit muß ja wohl bleiben, aber sie soll durch den hohen muthigen Geist und Glauben durch die Zerknirschung und Zerfließung der Sinnenlüste in der himmlischen Liebe und Demuth überwunden werden: so daß der Christ zugleich vor seinen Feinden zittert aber doch seiner Helfer getrost ist und das Fröhliche und Anmuthige, was die Welt hat, ohne Zagen genießt.

Ich habe bei Gelegenheit der Volksspiele und Feste angedeutet, wie ein gewisser strenger Puritanismus, der allerdings mit dem Sinne verwandt ist, aus welchem die Reformation entsprang, dem Volke seine Freuden und Lustbarkeiten verkümmert und es dadurch wahrlich nicht sittlicher noch frommer gemacht hat. Soll ich andeuten, was ich meine, so will ich mir die Jugend als ein Bild wählen. Wenige Menschen sind, in welchen die himmlische Milde und Liebe von der Kindheit bis zum Greisesalter gleichsam als ein Sternenathem ohne Aufhören wehet; die meisten gehen durch Stufen, wie denn das Leben schon die Stufen von vier Altern hat. Fast bei allen erwachen in einem gewissen Zeitraum jene titanischen Kräfte der Natur, aus welchen sie in den früheſten Altern ihres Daseyns vielleicht jene Riesengeschlechter geschaffen hat, die im frechen Trotz mit den Kindern der Gestirne hadern wollten und die jetzt vergangen sind. Dieser titanische Zeitraum ist das Alter vom sechszehnten bis fünfundzwanzigsten Lebensjahre. Welches Keimen und Sprossen und Duften und Blühen aller Triebe dann in dem jungen Menschen! welche Wechsel von Wildheit und Milde Liebe und Zorn Arbeit und Faulheit Licht und Nacht Himmel und Erde! welche Gluth und Innigkeit und Gewalt aller Triebe und Leidenschaften! Das scheint recht das Alter der Sünde zu seyn und wird von allen Pietisten als das sündlichste Alter angesehen. Freilich ist dies ein gefährliches Alter und es gehen viele darin verloren, — wie es denn überhaupt eine Entwickelungsperiode ist — aber bei vielen trügt der Schein, es ist bei ihnen bloß ein übermüthiges üppiges Spielen der Kräfte ein fröhlicher kampflustiger liebelustiger mit allen Sehnsuchten strebender nach allen Gestalten und Geistern hinspielender Zustand. Und wie manche Glückliche kommen aus diesem vollen Sinnenspiele, worin aber gottlob auch der Geist mit ist, unschuldig und heiter heraus und gestalten sich nachher auf das herrlichste für das arbeitvolle und thatenreiche Leben des Mannes! Wahrlich die Jugend, eben weil ihre Triebe so fröhlich sind und so vielen geistigen Aether einsaugen, spielt viel unschuldiger als die folgenden Jahre, die weit mehr von der Sünde und ihren dunkleren Begierden belagert werden. Eine solche Poesie der Natur und überhaupt das Poetische und in gemischter Geistigkeit und Sinnlichkeit Ueberschwängliche muß den Pietisten und den Pietistischgesinnten ein Räthsel seyn und bleiben, ja wohl ein Gräuel dünken, worin Heidenthum und unchristliches Wesen spielt.

Diese trübliche Ansicht fängt an sich hie und da in unserer Literatur zu zeigen. Daß das Schlüpfrige das Lüsterne das Glatte und Lügenhafte und das Frechheidnische, wo es nur erscheint, als unchristlich und schändlich verdammt werden muß, versteht sich; aber wie sie die titanische Jugend des Lebens und die sinnliche Fülle und Freude überhaupt verdammen, mögten viele von ihnen alle Dichtkunst, insofern sie nicht bloß Psalmen und geistliche Lieder schafft, und alle Kunst überhaupt vertilgt wissen und sehen alle bunten Scherze und Spiele der Fantasie als Kuppler und Buhler der Hölle an. Ich habe ja schon fünfundzwanzig Jahre mit Bewußtseyn gelebt und manche Erscheinungen dieser Zeit, die uns Jahrhunderte von Ideeen und Anschauungen vorübergeführt hat, vor mir hinfliegen sehen. Wie manche herrliche Natur ist durch Maaßlosigkeit dieser Jahre untergegangen! — freilich auch manchen haben sie zu That und Kraft aufgerufen, der sonst nie erwacht wäre — wie viele hat die Philosophie verschlungen! wie manche die Politik! Und nun verschlingt die Mystik. Dieser Freund war ein süßer schwärmerischer Jüngling, unschuldig wie die reinen Feuerstrahlen und die Blumen des Feldes. Nun sind die Schatten der Zeit zu schwarz vor ihm aufgestiegen, er bereut, daß er einst träumen konnte daß er mit Blumen spielte daß er liebliche Lieder von Liebe und Wein dichtete und von dem Genuß des kurzen vergänglichen Lebens, daß er mit Fülle empfand redete und darstellte. So ist ihm die schöne Jugend zur Sünde geworden. Schlage nur die Bücher der Verschiedenen auf, siehe, wie sie aus Furcht vor dem Sinnlichen und Sündlichen immer gestaltloser, ich mögte sagen gelenkloser und gliederloser werden; selbst das Wort soll nicht mehr lebendig noch gewaltig seyn, damit es nicht sinnlich zaubere und hexe. Sie sollten schweigen, nein sie sollten sterben, wie die Trappisten zugleich stumm und lebendig todt sind. Dieser Irrthum ist zu bejammern, er lähmt ja er tödtet manche treffliche Geister in der Blüthe, die sonst als Lichter der Wissenschaft und Kunst geglänzt haben würden. Freilich die flache wälsche Geistigkeit der früheren Zeit, wovon unserm Leben und selbst unserer Literatur noch mehr anhangt, als wir gestehen wollen, war so sündlich elendig, daß sie wohl in die entgegengesetzte Uebertreibung jagen konnte. Auch hätten diese Recht, wenn der Mensch der Sinnlichkeit entfliehen könnte, ohne daß er zugleich dem Leben entflöhe; aber in dem dunkel brütenden und gestaltlosen und lichtlosen Tartarus, worein sie sich aus Furcht vor der Sünde stürzen, weilen und wurmen noch wohl schrecklichere und finstrere Kräfte als die, deren Herrschaft sie entrinnen wollten.

Die Natur ist voll Sünde und Grausen, sie wimmelt von dunkeln und geheimen Kräften und Trieben, die uns mit Gier und Geitz und Wollust und Mord und Wahnsinn und Raserei anblasen und das göttliche Ebenbild zum Thiergebilde verzaubern. Eben eine solche düstere Gruft der Schrecken ist in uns und in den Begierden, die in uns bellen und schlängeln. Wen das Gierige und Lüsterne überwältigt hat, den hauchen die Rosen und Lilien nur mit neuer Gier und Wollust an und selbst die heiteren Gestirne befragt er nur um Raub und Mord. Wir stehen und wandeln alle auf diesem Boden und müssen die ungeheuren Kräfte einsaugen. Aber dieselbe Natur hat auch einen Athem und Schein und Klang von Sehnsucht und Liebe, sie hat Spiele und Zeichen wie die Gestirne droben, sie trägt wie wir das Siegel einer schöneren Vorzeit. Doch auch ihre lieblichsten und mildesten Kräfte, die wir einsaugen, ihre muthigsten und geistigsten Scheine, welche die wilden und gierigen Affen und Katzen und Schlangen, die in ihnen und in uns lauschen, einschläfern und beruhigen mögten, sind mit sinnlichen und sündlichen Säften gemischt. Wir können diesen Einflüssen und Mischungen nimmer entrinnen, solange wir auf dieser Erde sind. Was irdisch Großes und Herrliches gethan und gemacht werden soll, die That des Helden das Werk des Sehers und Künstlers, muß von diesem Athem mit beseelt seyn. Ist also dies Leben überhaupt nicht eine Posse — wie es uns so oft vorkömmt — ist jede Arbeit und Mühe des Sterblichen nicht ein tragisches Blendwerk einer höheren Macht, die ein spaßhaftes Täuschungs- und Aeffungsspiel mit uns spielt, so können wir uns dieser Natur, welche unsere Natur ist, nicht entziehen. Der reinere Athem, der uns von Gott und von den Sternen zuwehet, die himmlische Liebe und Sehnsucht, die der Sohn des ewigen Vaters in die Welt gebracht hat, bedarf doch dieses Stoffes und dieser Natur, damit der Mensch auf Erden etwas bilde und schaffe. Aber die grause Furcht und die grause Liebe der Natur muß ja bleiben, solange wir in diesem sterblichen Leibe wallen. Wer die höhere Versöhnung durch den Geist der ewigen Liebe nicht finden wer die dunkeln und fürchterlichen Schatten dieses Lebens und dieser Natur durch den lichten und muthigen Geist Christi nicht erhellen kann, der wird freilich nimmer begreifen, daß die Natur auch Scherz und Uebermuth haben darf und daß der christliche Christ mit diesem Scherz und Uebermuth wieder einen zweiten lustigen Scherz treiben darf.

Doch jeder sehe zu, wo er steht und was ihm frommt. Wir wissen, daß Jesus Christus in die Welt gekommen ist, daß er uns von den Schrecken der Sünde und des Todes und von den düstern wollüstigen und mörderischen Naturgeistern erlösete, welche das Heidenthum gefangen hielten. Die alte ewige Zwietracht sollte geschlichtet der Stoff sollte vom Geist besiegt der Leib vom Geist durchdrungen, die Natur sollte dem erlösten Menschen wieder unterworfen werden. Viel ist geschehen in achtzehnhundert Jahren, wo das Christenthum sein heiliges Kreuz aufgepflanzt hat, lebt und webt ein geistigeres Geschlecht, die irdischen Kräfte und Begierden und Schrecken der Natur haben viel von ihrer Gewalt verloren, das Menschengeschlecht ist in der That so von Feuer und Geist durchzeugt, daß manche Erscheinungen der Sinnenwelt, die in jenen früheren Zeitaltern noch gewöhnlicher waren, manche unmittelbare Einwirkungen der Naturgewalt auf den Menschen ja unmittelbare gegenseitige Behexungen und Bezauberungen, welche der Mensch und die Natur mit einander trieben, jetzt den meisten unglaubliche und unbegreifliche Mährchen heissen. Der Mensch ist nicht mehr so sehr ein Antäus, als er in der Vorzeit war, er ist mehr ein Herkules geworden, der mehr im Feuertriebe lebt als im Erdentriebe und einst ganz in Flammen aufgehen soll, damit er das Land der alten Heimath erfliegen könne. Viele alte und neue Mystiker haben gesagt, in der Zeugung liege die Sünde, dadurch werde der Stoff und die Sünde fortgepflanzt, das sey der jammervolle Apfelbiß Adams gewesen. Das Christenthum und seine hohe Bestimmung aber sey eben das, daß die Menschen endlich sich selbst der Menschheit zum freiwilligen Opfer bringen, daß sie aufhören das Geschlecht und die Sünde durch Zeugung fortzupflanzen. Wann alle Menschen so vom Geist der reinsten himmlischen Liebe durchglüht seyen, daß aller irdische Liebestrieb, auch in seinen reinsten Offenbarungen immer ein Sündentrieb, völlig in ihnen ersterbe, dann werden sie und die Erde zugleich in Flammen aufgehen und als ein wohlgefälliges Opfer dem Erlöser entgegenfliegen. Wie des sündlichen Geschlechts und der sündhaften und kranken Natur und aller seufzenden und klagenden und traurenden Kreatur endlich ein Ende werden soll, das weiß ich nicht und werde es nie lösen. Da wird Gott zu seiner Zeit schon Hülfe bringen und ein Einsehen thun; aber daß es auf diese Weise nicht geschehen kann, das fühle ich wohl. Auch weiß ich nicht, was dem Menschen, dem Geistigen Erlösten, an der Erlösung des Planeten liegt, der mit allen seinen Gelüsten und Trieben und dunklen Kräften grade in seinen hohen Augenblicken ihm doch nur wie ein blindes fühlloses und bewußtloses Thier vorkommen muß. Denn giebt er der Natur von seinem Geiste nach ihrem Maaße, so muß sie ihm wieder eine Art Gott werden, und die alten Zaubereien des Götzendienstes und der Vergötterung der Begierden und alle die Schrecken, von welchen Jesus Christus uns erlöst hat, sind wieder da.

In solche und in ähnliche düstere Abgründe stürzt, in einem trüben Anstarren der Sündlichkeit und Gebrechlichkeit, worin alle Kraft und Lust des irdischen Handelns und Wirkens zerrinnt, versinkt, wer nicht die biblischen Sprüche oft in seine Seele ruft, die goldenen: ich bin das Licht und das Leben, und ihr sollt auch Licht seyn und im Lichte wandeln. Denn dieses Wörtlein Licht ist es, darin wohnt jede Heiterkeit Freude und Tugend, darin wohnt auch der helle scharfe und geschwinde Geist, der die Lüste und Begierden dieser Welt zügelt und überwindet, so weit sie zu zügeln und zu überwinden sind. In diesem Lichte erkennen wir das Eine, was nothwendig ist, wir erkennen uns selbst und wie viel wir vermögen. Die aber im Gefühl der Reue und Buße und in der Angst vor der Sünde in das Dunkel kriechen, weil sie die Schatten der Welt nicht sehen mögen, welche freilich am Lichte erscheinen, müssen grade, weil sie im Dunkeln sitzen, immer über das Dunkle grübeln und verfallen in Zweifel und Trübsinn und gerathen auf Räthselaufgaben und Räthselauflösungen, die grade zu der düstern Zauberei zurückführen, der sie entfliehen wollten. Und das ist noch das Jammervollste, daß in dieser trüben Einsamkeit der Teufel sich zu ihnen gesellt, der ein Geist der Schwermuth und der Finsterniß ist, und ihnen wohl die christliche Liebe und Demuth entführt und sie mit Eitelkeit Hochmuth und Lieblosigkeit und anderer Ladung der Finsterniß befrachtet, wie man so häufig an ihnen sehen kann.

Ausser dieser Art Mystiker, welche ich mit einem ausdruckvollen Worte die pietistischen genannt habe, muß ich noch der naturphilosophischen poetischen politischen ästhetischen Mystiker erwähnen, theils weil man sie nach dem Vorherrschenden ihrer Ansichten und dem, was sie in die Mystik hineingeführt hat, wohl mit Recht so nennen kann, theils auch mehr noch, weil ihnen diese Namen von andern schon gegeben sind.

So wenig man dem Christenthum je Verbrechen und Wahnsinn zur Last legt, welche durch Misverstand und Misdeutung entstanden sind, z. B. von der Opferung des Isaak und selbst von dem blutigen Opfer, welches der Heiland am Kreuze für die ganze Menschheit gebracht hat, eben so wenig kann die Philosophie, die erhabene Pförtnerin alles Wissens für die Misverständnisse und Misauslegungen von Schwachköpfen oder Wirrköpfen. Die Naturphilosophie ist eine der jüngsten Erscheinungen. Die Philosophie war zu sehr aufs Trockne gerathen und konnte nicht mehr flott werden. Da kamen einige kühne Denker und rissen sie wieder auf das weite offene Meer. Wir verdanken den Männern ausserordentlich viel, wie allen, welche der Idee einmal wieder die Flügel für den kühnsten Flug losbinden. Denn fliegt sie auch der Wahrheit vorbei, immer hat der kühne Muth einen Erfolg, wäre es auch nur der, daß man auf dem unbekannten Ocean an irgend einer neuen Stelle eine Nordwestdurchfahrt versucht hat, die nicht geglückt ist. Auch das ist Gewinn, wenn man weiß, wo man nicht durchdringen kann. Viele der Naturphilosophen, besonders die leichteren und dünneren, (solche gebärden sich am liebsten wie

Begeisterte und Weissager) verkündigten uns bald, nun sey der menschliche Geist bis zur Werkstatt alles Schaffens und Werdens durchgedrungen, nun schaue man Gott ganz klar in seinem Weltbau, nun könne man das Wundergetriebe des Himmels und das noch wunderbarere Getriebe des menschlichen Busens aus den Eingeweiden der Erde deuten. Kurz alle Tiefe der Weisheit und Erkenntniß aller Anfang und alles Ende des Lebens Gott die Seele die Offenbarung der Sündenfall das Geheimniß der Menschwerdung Gottes und der Erlösung ward als ein neuer Fund der Naturphilosophie verkündigt. So weissagten die neuen Propheten, aber ihre Worte waren so delphisch, daß man selbst ein Prophet werden mußte, um ihre Orakel erklären zu können. Da es so schwer war, ihnen in die Karte zu sehen, so dachten gescheidte Leute an die gemeinen Volksaussprüche: Gott läßt sich von den Menschen die Augen nicht ausstechen, Gott läßt sich von den Menschen nicht in die Karte sehen. Wenigstens, daß sie ihm so nicht, wie sie vorgaben, in die Karte geguckt hätten, das konnte man wohl wissen, ohne ihre Lehre untersucht zu haben. Auch hier, wie bei vielen Erscheinungen der Zeit, welche mit ungeheuren Erwartungen angekündigt und begrüßt sind, ist es denn allmälig auch stiller geworden, und was die neue Wissenschaft wirklich zu Tage gefördert hat, wird nun schon ruhiger betrachtet und weiter fortgebauet. Das verdankt man den Naturphilosophen und das wird fortleben, daß sie die Natur, daß sie die Idee derselben wieder lebendig gemacht, daß sie sie von dem todten Begriff erlöst haben; auch jenes Größere, woran die geistvollen Betrachter und Untersucher der Dinge auch noch nie gezweifelt hatten, daß sie die lebendige Welt wieder im innigen wechselseitigen Zusammenhang und den Menschen, insofern er ein Sinnenwesen ist, mit tausend dünneren und gröberen Fäden an ihr gebunden gezeigt haben. In dieser Hinsicht kann man sagen, sie haben die Natur göttlicher gemacht und insofern auch Gott selbst und den Menschen. Auch auf die tiefsten Geheimnisse der Offenbarung ist diese Philosophie bezogen und man hat den inneren geistigen und übernatürlichen Menschen oft eben so wie den äusseren leiblichen und natürlichen Menschen aus der Natur zu erklären gesucht.

Man hat endlich entdeckt, wie Adam und Eva im Garten Eden zur Zeit der Unschuld, als Gottes Ebenbild in ihnen durch Ungehorsam noch nicht verdunkelt war, die Thierwelt und die Pflanzenwelt und die Metalle und Edelgesteine in der Erde beherrschten, wie in den nächsten Geschlechtern nach ihnen noch mehr unmittelbares Verständniß und also unmittelbarere Zauberherrschaft über die Natur war, wie in den ältesten Sprachen selbst jedes Wort eine Zauberformel war, die sich auf eine andere Hieroglyphe der Welt, auf ein Thier eine Pflanze einen Stein eine Quelle, bezog und mit diesen in Verbindung gesetzt die ungeheuersten Erscheinungen und Wirkungen hervorbringen konnte. Dies, was von dem schönen Urstande der Menschen noch übrig geblieben, habe sich im Ablauf der Jahrtausende von Jahrhundert zu Jahrhundert immer mehr verdunkelt, die Zeichen und Formeln seyen den Menschen endlich die Wesen geworden wie uns die todten Namen und Begriffe, und so haben sie zuletzt Thiere und Pflanzen und Steine und Gestirne angebetet und seyen immer tiefer versunken in dem abscheulichsten und blutigsten Götzendienst der Wuth und des

Wahnsinns, bis der Weltheiland gekommen, die Menschen von dieser bösen Zauberei des Nichts zu erlösen und ihre Gesichter wieder auf das verlorne Unsichtbare und Unvergängliche zu richten. Unserer Zeit sey es nun endlich vorbehalten, den das stumme und todte Schweigen der Natur so lange bedeckenden und verhüllenden Isisschleier zu lüften, und die Zeit sey nicht mehr fern, wo die, welche reines und unschuldiges Herzens sind, mit der Natur wieder werden sprechen und ihr die Geheimnisse des Himmels und des Herzens werden abfragen können.

Diese tiefen und hohen Dinge müssen immer zwischen Wahrheit und Schein Anschauung und Wahn hin und her schweben, ihr Leben und Seyn ist so fein und verborgen, daß nur der hellste Augenblick und der hellste Sinn zusammen es zuweilen haschen und einen noch feineren und dünneren Schatten daran zeigen können. Zwar hat diese Naturphilosophie die merkwürdigsten Erscheinungen ans Licht gefördert und Vielem wieder Sinn und Bedeutung gegeben, was lange für todt gehalten war; auch ist der Mesmerismus und Magnetismus ein äusserst bedeutsames Räthsel, das zwischen den geistigen und leiblichen Kräften in der Mitte spielt, und der Reitz muß groß seyn, in die Dunkelheiten solcher Geheimnisse hinabzusteigen und die Natur in ihrem Heiligthume zu belauschen. Aber — aber — jene einmal vergangenen Wunder kommen doch nicht wieder, auch mit der rein- sten Gesinnung werdet ihr die Natur nicht meistern und beherrschen können, wie vielleicht der Urmensch weiland in seiner Reinheit und Unschuld, sie wird euch nur neue pythische Orakel vorgaukeln, um euch ins Verderben zu locken, wenn ihr nicht immer zu den Sternen droben schauet und zu ihm, der auf ihnen wohnet, und euch dort wieder im Lichte kräftiget. In diese wunderbar beseelte und belebte und doch so thierische und grausen- volle und mit Abgründen von Begierden ver- schlingen wollende Erdenwelt dürft ihr nicht mit der ganzen Liebe hineinfahren, ohne daß Wahnsinn und Verwirrung euch fassen und euch immer dunkleren und dunkleren Mäch- ten überliefern, die euch nicht mehr loslassen, wenn ihr aus dem süßen Zauberkelche ge- schlürft habt.

Denn wie weit ist man gegangen! wie hat man wieder gehofft diesen Leib der Erde durch die magische Kraft des Wortes und Geistes nicht bloß bezaubern und beherrschen sondern auch durch ihn zaubern zu können! Es ist sehr zweifelhaft, ob es für den Menschen je ein Glück gewesen ist, daß er in diese dunkeln und grausen Kräfte heller geschaut und mächtiger über sie geboten hat; denn wie ein Gott hat er doch nie über sie geboten und sie haben ihn wohl öfter verführt, als er sie geführt. Wohin sie mit den Heiden gefahren und welche Gräuel aus diesen gegenseitigen Zaubereien geboren waren, das wissen wir wohl. Aber der Pfad der Christen geht nach einer andern Seite, nicht wo die Wurzeln des Baums liegen sondern wohin die Blüthen wollen. Er sieht die Welt der Leiber und ihre Triebe und Kräfte als seine Unterthanen an, die ihm dienen müssen; aber er muß zittern zu tief in diesen lockenden Abgrund zu schauen, damit er nicht in der Nacht versinke, deren schwermüthiger Reitz so fürchterlich ist. Denn des Christen Land ist das Land des Lichts. Er bedarf der magischen Zauberei und Orakelfragerei der Natur nicht, seinen Glauben und seine Offenbarung zu bestätigen; er bedarf der Wunder an Steinen und Bäumen und Pflanzen und Metallen nicht, sich in dem zu befestigen, was ewig bleibt. Er hat einen andern Moses und andere Propheten, und wie der Heiland die Juden schalt, wann sie zur Bestätigung seiner Sendung Zeichen und Wunder von ihm begehrten, so muß er den lüsternen Trieb verdammen, der ihn hinlockt, wo er nichts entdecken kann, das nicht schlechter wäre, als was er nun bald zwei Jahrtausende besitzt. Und was sollte ihm die geheimnißvolle und magische Kraft des Wortes, wodurch ihm Steine und Bäume tanzen und die Geister des Abgrunds antworten müßten, als seine Eitelkeit zu nähren und ihn wieder hineinzuzaubern in die Welt der dunkeln Gefühle Gestalten und Wahne, wo er in rettungsloser Irrsal bald Steg und Weg verloren haben würde? Nein er hat ein anderes Wort, das nicht an die Thore der verriegelten Natur sondern an die Pforten des Herzens klopfen soll. Er hat das Wort des Lichts und des Lebens. Damit zaubere er, damit thue er täglich das erhabene Wunder des Glaubens und der

Liebe, welches dieses Dunkle immer dunkler zeigt, damit das jenseitige Lichte immer lichter werde. Damit locke er die ewige Gnade und Liebe, daß sie ihn von der Erdenliebe und Naturliebe retten, von welchen zu dicht umstrickt er vielleicht noch Giganten und Titanen und gigantische und titanische Kräfte aber keine Engelgebilde zeugen wird.

Wir stehen kaum in den ersten seichten Wassern dieses Stroms und gerathen schon, wie wir die räthselhaften und magischen Zaubereien anschaulich zu machen streben, in die Räthsel und Zauber der Worte hinein. Die Natur ist dem sinnenden und denkenden Menschen nie ein ganz verschlossenes Buch gewesen, ja je lichter er nach oben geschaut hat, desto klarer hat er in ihre Tiefen geschaut; aber der Zauber mit dem Einzelnen und die einzelne Gewalt ist ihm wohl auf immer mehr und mehr verloren, je mehr er in das höhere Gebiet der Geisterwelt getreten ist. Mag er sich mit edlem Durst des Wissens noch so viel an diesen Wundern üben, wie er das höchste Wunder einmal hell in seiner Brust erlebt hat, können sie ihn nicht verlocken: er kann die pythischen und dodonischen Orakel nicht wieder erwecken wollen, nachdem er die göttliche Wonne des lichten Seyns und Erkennens einmal gekostet hat. — Und ihr, die ihr an diesem schaudervollen Abgrunde steht und in den Eingeweiden der alten Berge zu finden meint, was täglich in euren Herzen auf und unter gehen muß, wenn ihr mit eurem Gott in Frieden seyd, ihr, die an diesem Abgrunde stehet und andere hineinlocken mögtet, glaubt ihr denn, daß Gott die Berge und Steine und Bäume und Pflanzen noch vor euch tanzen und die Wasser bergan fliessen und den Schnee brennen lassen wird, wie vielleicht einst geschehen ist? Nein, Gott giebt auch die Wunder nach dem Maaße der Zeiten und nie hat er die Wundergabe verliehen, damit die eitle Neugier und die lüsterne Hoffahrt sich für die Sünde brüste. Wozu solche Wunder in dieser Zeit? Der Geist kann in allen lebendig werden und die himmlischen Wunder thun, wenn sie ihn suchen und sich ihm zu eigen geben wollen. Dieses Geschlecht bedarf der Vermittelung der Leiber nicht mehr, damit es erkenne und glaube, was überirdisch und übernatürlich, d. h. über der Sprache und den Zeichen dieser Natur, ist, wie vernehmlich der

Mensch diese auch oft noch sprechen und zeichnen kann.

Das ist eine eigenthümliche Erscheinung, daß die Mystiker, die aus dieser Naturschule hervorgehen, auf der einen Seite freilich verkündigen, daß der Mensch sich hüten soll vor der Verführung der magischen und dämonischen Kräfte, die in der Welt der Leiber auf ihn lauren, daß er sich von diesen lieblichen Schrecken und schrecklichen Freuden hinwenden soll zu den Betrachtungen und Bildern, woraus allein die sicheren und heiteren Freuden der Seele erblühen und die Flügel wachsen können, mit welchen er über dieses Nichts des Scheins hinaus das Unvergängliche erfliegen mag — daß sie aber auf der andern Seite gleichsam durch eine unbewußte magische Kraft doch immer selbst zu den leiblichen Zaubereien und leiblichen Wundern hingezogen werden. So lockend ist die Gewalt der Dämonen und so fürchterlich ist die Wahrheit des Spruches des Dichters des Wallenstein: Leicht aufzureitzen ist das Reich der Geister. Wer sie einmal aus ihren grausen Tiefen heraufgerufen hat, der mag sie so leicht nicht wieder hinunterbannen. Wir wollen nichts gegen die Wunder sagen, wir glauben daran, wir sehen und erleben sie alle Tage. Aber bleibt uns — wir bitten euch — bleibt uns vom Leibe mit jenen dicken körperlichen leiblichen Wundergeschichten, die ihr uns unter dem Titel Christliche Geschichten und Gesichte und Ahndungen und Entzückungen frommer Seelen verkauft. Reitzt ja die Menschen nicht nach der Seite hin, die Täuschung die Neugier die Eitelkeit endlich der gefährlichste Feind der Hochmuth, der bei Gott meint in besonderer Gnade zu stehen, nisten sich bei euch und euren Jüngern ein, und ihr erlebt und erschafft solche Wunder in Menge. Wer leugnet, daß er solche erlebt, daß das Wort das Gebet die Zuversicht der Liebe und des Glaubens daß die magische Gewalt des Bildes sogar das Gegenbild hervorbringt? Aber behaltet in eurem stillen Herzen, was aus stillem Herzen hervorquoll; behaltet für euch in Bescheidenheit und Demuth, was euch ein Wink ein Ruf ein Zeichen Gottes und des Heilands geworden ist; locket den Geist der Ahndung und Spähung nicht zu sehr hervor: für den schwachen Menschen kann er so leicht der schlimmste aller Teufel werden. Je gestiger und lichter sich der Himmel und Gott euch offenbaren und in euren Herzen verkliren, je geistiger und gestaltloser und namenloser die Wunder sind, deren Entzücken ihr in euren Herzen flammen fühlet — desto verwandter seyd ihr der göttlichen Gnade, desto mehr seyd ihr christliche Wunderthäter. Es ist bei einigen Menschen eine Krankheit, daß die Geisterwelt ihnen in Naturgestalten und täglichen Lebensbegegnissen gleichsam verkörpert kömmt, ihr Geist hat eine zu dünne Hülle, er ist krank. Je gesunder das Leben und je reiner der göttliche Athem der Seele, desto mehr gehen die Wunder der geistigen Wirkungen in die ganze Blüthe des Daseyns über als Muth der Arbeit als tapfere That ideales Werk als Tugend und Geduld des ganzen Gemüthes. Dabei richte jeder, was Wissenschaft Geistesbildung Frömmigkeit ihm Herrlichstes aufschließt, auf das Ganze und immer auf das Ganze des Lebens und der Welt. Wer alles einzeln in sich erschaffen und erleben will, beschaut sich selbst zuletzt in leerer Eitelkeit und wird ein Affe, weil er Gott zu werden trachtete. Ihr wißt ja, wodurch der alte Adam fiel; sollte der neue darum erlöst seyn, damit er zu seiner Zeit die alten Hexenkünste wieder beginnen könnte? O nein! Darum ist das Wort, das ewige Wort des Lebens, Fleisch geworden, damit das andere Wort, die Macht der Sprache und Lehre, endlich die einzige Zauberkraft würde, der wir vertrauen dürfen. Wie die Musik in dem Maaße gestaltloser und durch das Spiel mit allen möglichen Gestalten und Bildern und zu allen möglichen Gestalten und Bildern hin die verworrenste und weichlichste aller Künste geworden, wie wir sie in unsern Tagen erleben, als sie sich von ihrem lebendigen Worte, von der menschlichen Stimme und dem Gesange entfernt hat, und wie sie fast in eine Gaukelei und Hexerei mit den Instrumenten ausgeartet ist, so sind alle Wunderscheine und Wundererscheinungen in dem Maaße verführischer und verderblicher, als sie von dem Wunder abirren, das uns verheissen ist durch die Wirkung des göttlichen Wortes, woran wir glauben. Also daß, wenn man das Ganze übersieht, wie es in der Naturwissenschaft und in dem, was man daraus herleitet und daraus herleiten mögte, hervortritt, hier wohl wieder mannigfaltige und wundersame Spiele eines allgemeinen geistigen Lebens erscheinen, aber die Kluft zwischen diesem und dem Geist, den der Heiland verheissen und gesandt hat, so weit ist, als der Himmel von der Erde ist, und allein durch den Glauben ausgefüllt werden mag.

Das muß als Zeichen der Zeit auch noch berührt werden, daß, gleichwie einige meinten, das Christenthum und die Offenbarung bekommen durch die Naturphilosophie und die Wunder des Magnetismus neue Befestigung und Bestätigung, andere zu fürchten begannen, es werde endlich nichts als ein dunkles Gemisch räthselhafter Kräfte übrig bleiben, welche durch ihr halbgeistiges Zauberspiel, durch jene wunderbare Magie, wodurch der Menschen lüsterne Eitelkeit und Wißbegier zu leicht angezogen wird, den tieferen Glauben wegspielen und in allerlei Einzelheiten zerstückeln werden. Aber beide die Hoffnungen und die Besorgnisse haben sich besänftigt. Man freut sich der lebendigen in so mancherlei wundersamen Beziehungen zu uns scherzenden und lockenden und öfter unbegreiflich äffenden und schreckenden Natur, aber jenes Sternenland, das uns der Heiland entdeckt hat, liegt zu hell und zu hoch über allem diesem Gewirr und Gemische der Kräfte, als daß, wer sein klares und gleiches Wesen einmal erkannt hat, fürchten könnte, daß auch die wundersamsten Nachäffereien und Nachbildereien uns seine Heitre wieder wegzaubern könnten.

Was meine ich unter dem poetischen Mysticismus? Ist nicht jeder Mysticismus seiner Natur nach poetisch? So scheint es; aber der puritanische, den wir den pietistischen Mysticismus nannten, ist es einem großen Theile nach gar nicht sondern seinem Wesen nach ein Hasser aller Kunst und Dichtkunst, weil das eben sein Wesen ist, daß er ob den Bildern des unteren Elends und der Sünde erstarrt und wegen dieser Erstarrung und Zerknirschung die hohen Heilmittel des Geistes, zumal des christlichen Geistes, gar nicht erkennen kann. Dieser poetische Mysticismus, den ich meine, könnte auch der historische genannt werden, weil er aus einer gewissen Ansicht der Geschichte, die aber nicht älter ist als zwanzig Jahre, hervorgeht. Jene Männer, welche zuerst mit rechtem teutschem Ernst wieder auf die Vergangenheit hinwiesen als auf eine tiefste Wurzel teutschen Lebens und Wirkens, die vielleicht auch jetzt hin und wieder grünen und Blätter und Blumen treiben könnte, schilderten jene Vergangenheit des Mittelalters mit so lieblichen und reitzenden Farben bloß nach ihrer Lichtseite in Hinsicht der Fröhlichkeit Männlichkeit Frömmigkeit Ritterlichkeit und Kunst, daß seit jener Zeit viele Jünglinge in Versen und Prose in Kleidern und Schnauzbärten gemittelaltert haben, freilich die meisten auch den Beweis gebend, daß eine Vergangenheit, die einmal dahin ist, sich mit aller Liebe nicht wieder lebendig machen lasse. Ich habe mich oben schon erklärt über diese merkwürdige Erscheinung unserer Tage und wie die Fantasie und Liebe in jener grauen Zeit alles verherrlicht, um das, was uns in unserer Zeit auch jetzt erfreuen könnte, ja recht im dunkelsten Gegenschein oder Schatten zu zeigen. Dieser Mysticismus (denn eine Art Wahn ist es, der sich mit altteutscher Frömmigkeit und Einfalt ziert) ist nun freilich nicht so innerlicher und ernster Natur als jene andere frühere Art, eben weil er ein poetischer ist und genug von den Eitelkeiten dieser Welt in sich trägt; aber er geht doch mit mancherlei Merkwürdigkeiten durch unsere Literatur und mögte auch gern ein poetischpolitischer Mysticismus werden, und da macht er denn freilich unter der Maske der Teutschheit Frömmigkeit und Ritterlichkeit allerlei wunderliche Sprünge und Gaukeleien und gebärdet sich, als wolle er den Menschen die Herzen nur für den Himmel stehlen, da er ihnen doch gern das Geld aus der Tasche holen mögte.

Ich habe oben schon gesagt, daß diese poetischen Träumer von einem Mittelalter, das, wie sie es uns geben, nie war, immer nur zweierlei Menschen sehen, nemlich die Priester und die Ritter, woraus alles Große und Herrliche jener Jahrhunderte, die auch wir bewundern und lieben, geboren seyn soll; die andern Klassen des Volks werden kaum beiläufig erwähnt und am liebsten halten die Herren in ihren Schilderungen sich auf bei der Behaglichkeit und Abhängigkeit der Leibeigenen und Hörigen und bei den stillen frommen und kindlichen Verhältnissen, worin diese zum Altar und Ritterdegen gehalten wurden. Es ist da nichts als eitel Liebe Freude und Wohlgefallen und zum Schlusse folgen immer die Seufzer, daß ein so herrlicher menschlicher und christlicher Zustand je vergehen und sich in einem wilden und heidnischen Streben nach Freiheit auflösen mußte, welches dem Christenthum und den milderen und stilleren Trieben desselben fremd sey. Wir wollen, obgleich jene Bewunderer sogar der Leibeigenschaft uns bitter machen könnten, gestehen, daß die Blüthe des Geistes jener Zeit aus dem Priesterthum und Ritterthum keimte. Aber der Stamm und die mächtigen Aeste des Lebens waren die herrlichen freien Städte, von Bürgern bewohnt und selbst gleich unsern Tagen von mancherlei und zuweilen von recht blutigen Kämpfen für Freiheit und Gesetzlichkeit bewegt und zuweilen empört. Das Volk aber, jene größere Klasse der Bewohner Teutschlands, welche auf dem Lande vom Feld- und Waldbau lebten, lag meistentheils tief in Knechtschaft darniedergedrückt und in einigen Landen Teutschlands fast in Sklaverei, und wenn es hie und da einen christlichen Ritter als einen freundlichen Herrn segnete, so hat es gewiß mehr wilde und rauhe Eberhetzer und Menschenhetzer verflucht; denn die Herrschaft der

Willkühr ist nie sanft gewesen. Das wissen wir aus der Geschichte und auch aus unserer teutschen Geschichte, so daß der poetische Traum verschwindet; und das können wir leider durch die beiden letzten Jahrhunderte noch nachweisen. Obgleich durch die Kreuzzüge und durch das Emporkommen und Aufblühen mehrerer und größerer Städte die Leibeigenen und Frohnpflichtigen in einigen Gegenden ihren Zustand gebessert hatten, so wurden sie auch in den späteren Jahrhunderten noch in vielen anderen Gegenden, und zwar nicht bloß in Gegenden des vormaligen slavischen Gebiets sondern selbst in dem freien und sassischen Westfalen, immer mehr um die letzten Reste der Freiheit betrogen. Man schlage nur des gründlichen Kindlingers Schriften nach, der alles mit Urkunden belegt hat, also daß die Leugner nicht weichen mögen.

Dieser poetische halb priesterliche halb ritterliche Mysticismus offenbart sich durch ein unaufhörliches Schelten und Schimpfen auf unsere Zeit; noch mehr ist er auf die Reformation ergrimmt und mögte den Doktor Martinus gern zu dem bloßen Reitknecht Görge herabsetzen, der er eine Zeitlang war, als sein Herr ihn auf die Wartburg entführen ließ. Sie mögten uns einbilden, daß das Zeitalter, das für geistigere Wunder erwachsen ist, die alte Wunderkraft wieder erwecken könne, die einst an Klötzen und Steinen und Bäumen und Quellen ihre Wundermacht offenbart hat. Das scheint aber bei diesen Feudalrittern und Feudaldichtern, wie man sie mit einem treffenden Namen wohl nennen mag, gar zu sichtbar durch, daß ihnen keine Herrlichkeit des Mittelalters mehr gefallen hat, als die Unterwürfigkeit und der christliche Gehorsam und Demuth und Stille, wie sie sie zu nennen belieben, des gutmüthigen teutschen Pöbels, Leibeigene und Frohnpflichtige genannt. Da laufen denn durch die Rittergeschichten und Heldengeschichten, wie ihre Fantasie sie bildet, auch manche seltsame Erscheinungen mit durch bis auf die Kornett- und Pagenstreiche hinab, wogegen ein frommer Christ wohl mancherlei recht ernste Einwendungen machen mögte, besonders da manche von ihnen sie recht wohlgefällig und als in den ganzen Rahmen jenes frommen und einzig christlichen Lebens gehörig schildern: einige hübsche Beischläferinnen ein halbes Dutzend

Bastarde bei Gelegenheit einige Durchprügelungen des prügelgebornen Pöbels Volk genannt und des Volkes Pöbel genannt, thun den allerdemüthigsten und allerchristlichsten Männern keinen Eintrag. Daß sich zu dieser Lehre manche gestrenge Ritter mit und ohne Mühe auch manche geadelte Kinder von Ochsenmästern und Lieferanten und Zöllnern und Sündern, die sich ein Wappen für baares Geld kauften, bekennen, ist wohl das Natürlichste. Sie schmeichelt einer Seite des menschlichen Herzens gar zu sehr, die mit dem Christenthum nichts gemein hat, jener Herrschsucht und Hoffahrt, wodurch Vater Adam weiland gefallen ist. Diese sitzt tief in unserm Blute, und der Kitzel sticht gar zu süß, der alles aus Gnaden und nichts aus Gerechtigkeit thun mögte. Wir Christen sind freilich was wir sind von Gottes Gnaden; unter uns aber sollen wir von menschlicher Gerechtigkeit seyn. Doch in unserer Zeit, wenn sie von ihnen auch einmal nach ihrem Ernst gewürdigt würde, mögten viele von ihnen wohl keine Gestrenge bleiben sondern kaum als Halbritter mit tombackenen Sporen erfunden werden.

Ich habe von Rittern ohne Mühe gesprochen. Wir haben deren jetzt so viele, und grade diese eignen sich solche überfeine und ästhetischpoetische Lehre am liebsten zu. Ich will ihnen weisen, daß dieser Name nicht von meiner Erfindung ist sondern wohl ein paar Jahrhunderte älter. Hier ist die Stelle,*) woraus ich ihn genommen.

„Ritter, deren sind viererlei: 1) des „heiligen Grabes die Würdigsten, 2) S. „Katharinen Perg und Finsterefteres die „Theuresten, 3) die auf der Tiberbrücken „bei Krönung des Römischen Königs die „Besten, 4) in Sturm und Schlachten „die Gestrengsten, 5) die Fünften bei einer „Lehn oder Wahl eines Römischen Königs, „die nennet man Ritter ohne Mühe. „(Hier hat ein Schelm am Rande geschrie„ben hodierni: die Heurigen.) In „etlichen alten Briefen findet man Halb„ritter: sind die, so die Ritterschaft zu Je„rusalem geholet oder vom Römischen Kaiser

*) S. Leibnitii Collectanea etymologica. Hannover, 1717. Daselbst aus Hundii Glossario manuscripto. S. 226 bis 227.

„zu Rittern geschlagen. Aber die in Schlach„ten und Sturm oder auf der Tiberbrücken „hat man für ganze Ritter gehalten. Die „Halbritter haben das Feld allein auf der „linken Seite führen dürfen. Dies wissen „jetzo wenige."

Von diesen Feudaldichtern und Mittelalterträumern und Lobpreisern längstvergangener Zeit und Herrlichkeit sind einige allerdings in einem unschuldigen und dichterischen Wahn, die in Hinsicht unsrer gegenwärtigen Zeit zu den Blöden und Verzagten gerechnet werden können, deren eben erwähnt ward; die meisten derselben aber sind willkührlich und unwillkührlich vom Eigennutz bestochen, es schimmert ihnen durch alle die gepriesene Herrlichkeit und Frömmigkeit und Ritterlichkeit jener schönen Vergangenheit etwas durch, das sie mit einem Triebe, der Juden und Lombarden natürlicher seyn sollte als christlichen Rittern, gern festhalten mögten: es ist so ein wenig recht tiefe Erniedrigung und Dienstbarkeit und Leibeigenschaft des armen Volkes. Daß ich hier keinen bittern Scherz spreche sondern einen recht bittern Ernst, beweisen ja so viele junge Bücher in Versen und

Prose, in welchen man jetzt dasjenige als die rechte Blume der Frömmigkeit und Liebenswürdigkeit des Mittelalters darzustellen sucht, was uns andern grade die dunkelste Seite desselben däucht, ein Ueberrest des garstigen Heidenthums, den Geitz und Herrschsucht immer gern wieder beleben mögten, nachdem unsere Zeit, die denn doch auch nicht ganz ohne Gott ist, dieses alte schändliche Ungethüm barbarischer Finsterniß und Unmenschlichkeit, endlich hingerichtet hat. Jene Willkühr und Leibeigenschaft, die bis auf unsere Tage, wo sie wegen des Widerstandes mancher Ritter ohne Mühe nur mit Noth zerstört werden konnte, der Gräuel und Schanden genug offenbart hat — ich spreche hier als Augenzeuge — soll nun mit Einem Male das christlichste kindlichste menschlichste und natürlichste aller Verhältnisse werden. Ja so weit sind die Thoren oder Gaukler gegangen, daß sie uns Leibeigenschaft und Dreifelderwirthschaft als nothwendige Aussprünge und Ausspiele und Gleichnisse des höchsten Geheimnisses des Christenthums, der Dreieinigkeit, haben zeigen wollen. Bei solchen Ausgeburten einer tollen Fantasie und tollerer Herrschsucht weiß man wahrlich nicht, ob man mehr lachen oder weinen soll.

Und immer führen diese Herren Dienstbarkeit und Leibeigenschaft ein als ein stilles frommes glückseliges Kind der Milde und Liebe: nichts als Freude und Friede und Gehorsam, nichts als Ruhe und Stille der Leidenschaften, Hut und Schirm frommer Sitte und züchtiger Schaam, wohlthätige Beschränkung des Willens, der sonst zu leicht Frevel und Uebermuth werde — denn was solle der ungebildete Mensch mit der sogenannten Freiheit anfangen? — kurz ein Himmel auf Erden, die bei dieser Schilderung paradiesischer Friedseligkeit Frömmigkeit und Unschuld fast schon mit dem Himmel zusammenzuschweben scheint, der Graf und Freiherr und Edelmann der Aufseher Beschützer Vater und Hohepriester, wie in der allerältesten Zeit, als Gott selbst noch vom Himmel herabkam und in Engelgestalt die Wohnungen der Patriarchen besuchte und ihnen seinen Willen unmittelbar verkündete. Das lautet gar schön und man läßt sich von Bildern des christlichen Friedens und Stilllebens so gern hinwiegen, von jener Sehnsucht der Frommen nach heiteren halcyonischen Tagen, wo des Getümmels und Lärms weniger wäre und man mit seligen Blicken immer ungestört nach oben schauen könnte. Aber hier steckt die Schlange unter der Blume und man hört sie wohl zischeln, wie leise und zahm sie sich auch gebärde. Nein liebe Ritter und Dichter ohne Mühe, die Stille des Christenthums besteht nicht in Knechtschaft, die christliche Freiheit besteht nicht in knechtischer Furcht und heidnischer Unterwürfigkeit, die christliche Bescheidenheit und Demuth ist ein viel höheres Ding als jenes stumme und kriechende und schleichende Wesen, wo die Ritter ohne Mühe den größten Theil der Ebenbilder Gottes gern in Dummheit und Armuth erniedrigt sähen und dabei heuchlisch den großen Spruch des Heilands gern verfälschten: Selig, die da geistlich arm sind, denn das Himmelreich ist ihr in Selig, die da weltlich arm sind, denn das Himmelreich ist ihr. — Denn so ist es wirklich, die weltliche Armuth die weltliche Dienstbarkeit und Elendigkeit, woraus doch von jeher so viele hündische und bettelische Laster gebrütet sind, möchten sie als die offene Pforte des

Himmelreichs zeigen; aber man fragt billig: warum wollen sie selbst nicht in diesen Himmel hinein?

Klagen sie bei Beschuldigungen, welche sie auf die Gegenwart wälzen, über Auflösung aller Bande der Gesellschaft, welche die Menschen sonst in Zucht hielten und jedem einen festen Punkt im Leben anwiesen, so stimmen wir so weit mit ihnen überein, als nicht Willkühr, welche Einzelnen frommt und allen schadet, sondern Gesetze und Ordnungen, die für alle gelten, gemeint sind. Wie ich über die Lösung und Zersprengung aller Land- und Stadtverhältnisse über fliegenden Besitz des Grundeigenthums über Aufhebung der Zünfte Innungen und Genossenschaften über die Verhältnisse des Adels und Bauers denke, das habe ich anderswo *) breiter verhandelt und mag es hier nicht zum zweiten und dritten Male wiederholen. Ordnung und Zucht will wohl jeder, der es mit dem Vaterlande red-

*) S. Des Wächters Dritten Band, die Abhandlung: Ein Wort über die Pflegung und Erhaltung der Forsten und Bauern u. s. w.

lich meint, aber Ordnung durch das Gesetz und für das Gesetz, daß seine heilige und göttliche Majestät, worauf alle Majestät lieser Welt ruhen muß, immer hehrer und unverletzlicher erkannt und verehrt werde.

Diejenigen Ritter, welche wirklich Gestrenge sind und es in Sturm und Schlachten wurden, haben wohl erkannt, daß jene ritterliche Zeit auf immer dahin ist, wo das arme Volk, der miser populus, die Sammlung elendiger hülfloser und dummer Personen, wie gewisse Leute die Menge, (d. h. die meisten Menschen) von oben herab nennen, neben den Rittern und Freien nicht einmal das Schwerdt ziehen durfte für das Vaterland, das gar nicht als sein Land angesehen ward, wie man das jetzt mit größerem Rechte den Israeliten und Heiden, die etwa in christlichen Staaten leben, streitig machen will. Wie man diese unsere Zeit auch anklagen und verschwärzen mag — sie hat ja der Blößen genug — wie grämlich und wüthig manche Grundsätze der Gleichmacher Levellers Independents Jacobins Feuillants Maratisten und Napoleonisten auch sind, sie hat doch einen tiefen christlichen Grund. Das Mittelalter hat die Menschheit durch viele Verlarvungen Verpuppungen und Verwandelungen von Stufe zu Stufe weiter geführt, es hat eine Unendlichkeit von kleinen und großen Genossenschaften und Körperschaften, gleichsam Krystallisationen des gesellschaftlichen Zustandes, als eben so viele Nothbehelfe einer noch sehr unmündigen und nur durch die unendliche christliche Liebe und durch die reiche und milde Tugend der Germanen haltbaren und tragbaren Zeit in sich entwickelt, wohlthätige und in Freude und Lust manche Jahrhunderte fröhliche und lebendige Anstalten der Zucht Sitte und Freiheit des Volkes. Warum sind diese vergangen? Doch auch nur durch die allmächtige Zeit. Weil des Einzelnen im Staate zu viel ward, als das ganze christliche Leben von Jahrhundert zu Jahrhundert zu höherer Geistigkeit fortschritt, weil so viele verschiedene und oft nach den verschiedensten Richtungen hin strebende Rechte Gebräuche Herkommen Gewohnheiten, alle auf dem unergründlichen und ungeschriebenen Gesetze des Herzens gegründet, aber immer unsicherer und wankender werdend, wie das Volk sich in

Lastern und Tugenden mehr entwickelte, sich endlich nicht mehr ohne eine höhere Ansicht und Einsicht behaupten und erhalten mogten, so ist nach einem gebildeteren Rechte und Gesetze gegriffen und so hat sich, was in hundert und tausend kleinen Staaten im Staate verkörpert einzeln da stand, von Jahrhundert zu Jahrhundert immer mehr vergeistigt und unter allgemeine Begriffe gestellt. Mögen wir, was von dem Alten für unsere Zeit und unser Volk und überhaupt für alle Zeiten aller Völker paßt, erhalten und behalten! aber das Meiste ist vergangen. Manche Verhältnisse der Zucht und des Gehorsams, die in jenen Tagen nothwendig waren, sind es jetzt nicht mehr; ja sie würden die verderblichsten seyn, wenn man sie wiederherstellen wollte. Jetzt sind wir so weit, daß das allgemeine Gesetz herrschen muß; Weniges ist nur noch durch Brauch und Gewohnheit zu halten. Gleichheit der Rechte vor dem Gesetze fordert jetzt jeder Staat unerbittlich, der ein wahrhaft christlicher Staat heissen will. Der Bauer und Bürger ist nun ein Freier, ein stolzer christlicher Wehrmann und Heermann geworden, wie der Graf und Freiherr, und läßt sich mit Gewalt nicht mehr nehmen, was er mit seinem besten Blute erkauft hat. Nur die Sachen möget ihr hie und da wieder hörig machen; nicht mehr die Personen. Diese Freiheit ist auch christlich, wohl christlicher als eure Leibeigenschaft und Dreifelderwirthschaft und andere Wunder und Mährchen eines gottwohlgefälligen Christenthums, woran wir mit allen freien und freigesinnten Menschen nicht mehr glauben. Freilich sagen viele mit Recht, daß jenes allgemeine Gesetz einem weiten Rocke gleich ist, im Sommer zu schwer und im Winter zu kalt, weil er jeden möglichen Wind auffängt, und daß jene einzelnen Rechte und Bräuche und Herkommen, worin die Welt sonst zusammengehalten ward, jedem dichter anschlossen und bequemer saßen. Das läßt sich aber nicht ändern. Man muß sich auch den weiten Rock warm und häuslich bequem machen lernen. Und wenn wir in der Ueberklugheit unserer hohen Geistigkeit nicht für alle Zeiten dumm geworden sind, so muß sich in den unteren Ordnungen des Lebens der neuen Zeit und den neuen Weltverhältnissen gemäß allmälig viel Einzelnes und Besonderes wieder absetzen und gestalten, Gott wird ja nach dem so viele Jahrtausende schon bewährten Sprichwort seine Teutschen nicht verlassen.

Und wie weit ist der Aberwitz und Uebermuth gegangen? Haben wir es nicht gelesen in sehr gelesenen Büchern, haben wir es nicht gehört von sehr gehörten Menschen, daß es ein ewig zu bejammerndes Unglück sey, daß der große Krieg vom Jahre 1813 nicht aus der rechten Quelle entsprungen, daß ihn das Volk, das dumme verächtliche Volk, gleichsam so miterklärt und mitgeführt habe? Es wäre allenfalls noch besser gewesen, daß Napoleon und seine Franzosen uns noch fünf oder zehen Jahre länger geplagt und geschändet hätten, wenn dann nur Priesterthum oder Adel die große Sturmglocke allein angezogen und geläutet hätte? — Was wollen sie damit? wollen sie etwa im frommen Gehorsam, daß der König immer allein ein Wort und eine Stimme haben solle? Das Wort und die Stimme hat der König ja auch allein gehabt, so weit in allgemeinster Noth ein König sie haben kann; aber er hat den Jammerklang und Weheklang und Racheklang und Hoffnungsklang seines Volks vernommen, er hat das

Wort und die Stimme des Volks vernommen und hat königlich gefühlt: Das muß mein Wort und meine Stimme seyn. Diese Herren möchten den Willen ohne Willen und den Fürsten ohne Geist, sie möchten allein die Herrscher und Besitzer seyn. Das ist es und daher das nichtige und gottlose Geschrei; denn dieses Geschrei ist ein Geschrei gegen Gott.

Auch solche Töne hört man noch oft von denen ohne Mühe nicht von den Gestrengen aus Sturm und Schlachten, welche an einen gewissen vornehmen Uebermuth und an manche andere Vornehmigkeiten erinnern, die sie jetzt vergessen sollten. Hier muß ich ein ernstes Wort sagen. Wenn sie von Christenthum und Ritterlichkeit von Hingebung und Entsagung der weltlichen Eitelkeit von Demuth und Liebe und Gehorsam so viel wissen, so sollten sie zuerst eines der großen Gesetze der Menschlichkeit gedenken und in jedem Menschen Gottes Ebenbild erkennen und verehren. Das Wort vornehm ist schlecht wie seine Bedeutung; edel stolz das sind hohe Worte, sie ziemen dem Ritter und dem Knecht und können mit christlicher Liebe und Demuth bestehen: sie können nur aus einem hohen Geiste und edlen

Gemüthe hervorblühen. Das Vornehme aber kann sich jeder dünkelnde Dummkopf erwerben und grade dieser am ersten. Die mit dem Jämmerlichen noch junkern und prunken wollen zum Gelächter der Besseren, mag man des Wortes eines englischen Großkanzlers erinnern, der eines Bauers Sohn war und in Gesellschaft alter Dukes und Baronets einmal so viele leere Gespräche über Wappen und Stammbäume mit anhören mußte, daß er endlich ungeduldig ausbrach: Meine Herren, mit alten Edelleuten däucht es mir wie mit Kartoffeln, ihr Bestes ist immer unter der Erde. Es mag ein scharfer Sporn und hoher Trieb im Adel seyn in der Erinnerung von stattlichen und glorreichen Ahnen, die man noch bei Namen aufzählen kann. Wir beneiden keinem wahren Edlen dies Gefühl; aber er muß durch Tapferkeit und Menschlichkeit die Ahnenprobe geben. Doch auch der Sohn des Bauers und Tagelöhners giebt jeden Tag diese Probe, zum Beweise, daß wir andern mit den Adelichsten in Adam unsern gemeinsamen Ahnherrn verehren dürfen. Denn welche waren Kolumbus und Cooks und Kepplers und Luthers und Scharnhorsts der Unsterblichen Ahnherren? Und weil das Vornehme und Eitle sich immer wieder erheben und den spitzen und züngelnden Schlangenkopf hervorstecken will, so sage ich, daß die größten und herrlichsten Männer aller Zeiten und Völker in Einfalt Schlichtheit Gutmüthigkeit Freundlichkeit und Derbheit des Lebens und der Gestalten und Gesichter immer wie Bauren aussehen; so daß schlichte und einfältige Bauren hätten ihre Väter seyn können. Und ward ja auch der gemeinsame Urahn Adam, als er nicht mehr im Paradiese wohnen durfte, von Gott als Bauer auf den Feldbau angewiesen. Kaiser Trajan Heinrich der Vogler Friedrich der Rothbart Ludwig der Heilige Max der Erste Georg von Frundsberg Christian der Vierte von Dänemark Karl Gustav von Schweden das waren doch wohl ritterliche und zugleich freundliche Männer und Helden, die haben aber den starken gemüthlichen Baurenkopf, aus dessen tüchtigem Inhalt sich wohl zwei drei gewöhnliche Spitzköpfe schnitzeln liessen. Von den Lebendigen schweige ich. Gottlob auch die Menschenköpfe bekommen wieder ein tüchtigeres und volleres Gepräge. Ja ihr Eitlen, ihr mögt euch mit

Schönheit und Adel der Gestalt und Gebärde brüsten, wie viel ihr wollt, der Bauer eures Volkes bleibt doch immer das Urbild ächter Stärke und einfältiger Schönheit, der ewige Adam des Geschlechtes. Mögen die Geschlechter der Fürsten und Freiherren hie und da seltene Bilder von Schönheit und Großheit der Gestalt zeigen, ich will aus den Häusern der Waldbewohner und Bauren Teutschlands schon die Gleichbilder wo nicht noch bessere Bilder holen. Wo ein Volk nicht durch lange und uralte Knechtschaft entweiht oder gar durch einen fremden schöneren Stamm niedergetreten und endlich unterjocht ist, wie dies offenbar in Polen in Hinsicht des größeren Adels eine Art Schein hat und wie es zum Beispiel in Kurland und Lievland und Esthland der Fall ist, da muß die Grundgestalt bei denen bleiben, die das einfachste natürlichste und gesundeste Leben führen. Und wollt ihr wetten? Ich schlage ein. Sucht ihr in den Geschlechtern nach, welche die ältesten Stammbäume haben; ich gehe auf meiner Jagd auf den Harz und in den Thüringerwald ins Breisgau und Elsaß und ins Waldeckische Lippische und Friesische, und will euch die meinigen schon gegenstellen. Und darum sollt ihr mir nicht so pochen auf eine verkehrte Ansicht des Mittelalters und auf Vorzüge, die gar nicht christlich sind und die ihr immer noch vor vielen Andern verlangt. Darin beweist euren Adel und eure höhere und edlere Gesinnung, daß ihr das gleiche geistige Geburtsrecht — das Recht, das Christus uns gebracht hat — alle erkennet und anerkennet. Dann wird euch jeder gern das Eigene gönnen, wenn ihr es würdig behauptet.

Auch politischer Mysticismus ist zuweilen genannt worden. In dem Sinne, wie diese Ritter ohne Mühe unter den frommen Scheinen und Larven des Christenthums irdischen und politischen Raub fahen und behalten mögten, könnte auch der obige poetische Mysticismus wohl eher ein politischer als poetischer heissen. Man hat auch solche wohl politische Mystiker genannt, welche durch die Gewalt des göttlichen Wortes die Menschen zu rüstiger Gesinnung und That für Freiheit und Vaterland haben entzünden wollen. Aber auch da paßt der Name nicht, weil das Politische, als welches den Blick doch meistens auf die Erde und die irdischen

Verhältnisse Bedürfnisse und Kämpfe gerichtet hat, der Idee des Mysticismus gradezu widerspricht. Denn dem Politischen ist das weite Feld der Fantasie oder nur der Fantasterei sehr abgeschnitten. Eher könnte man von einem politischen Pietismus und Puritanismus sprechen, weil da nicht mehr an die tiefe Fantasie gedacht wird. Am richtigsten sprechen wir von einem politischen Fanatismus, weil dieses wüthige Thier, weil es fantasielos, auch blind ist. Und in der That ist davon weit mehr Geklingel, als er selbst da ist, wie es denn vieldeutige centaurische gigantische und titanische Namen mit hunderttausend Köpfen und Fäusten und Leibern giebt, womit man vortrefflich spuken und gespenstern kann.

Aber den ästhetischen Mysticismus wirst du uns doch nicht ableugnen, wenn du den politischfanatischen auch gern leugnen mögtest, weil du desselben selbst angeklagt bist? Nein diesen leugne ich keinesweges, wenn wir uns nur erst über die Worte verständigt haben. Wenn ihr einen gewissen bequemen Weg ins Himmelreich meint, ein Seitensteigelein, wo man durch eitel Blumen und über weiche Wiesen und durch blühende Lauben ganz lustig und bequem hingelangt, wo der alte Sankt Peter als Pförtner steht, während die dummen Frommen sich auf den dornigen und steinigen steilen Wegen in Frost und Hitze abmatten und unter tausend schweren Mühen und Seufzern emporklimmen; wenn ihr ein gewisses weichliches und zierliches Geklingel meint, ein gewisses himmelndes und frömmelndes Getändel in Sonetten und Madrigalen und Kanzonetten und Stanzen, wo man lange begrabene Wunder und verschollene Heilige in kindischer Nachäfferei einer großen Vorzeit wieder ins Leben zurückrufen will; kurz wenn ihr einen gewissen Zwitter von Ernst und Scherz Weinen und Lachen Liebeln und Bübeln meint — so verstehen wir uns. Und dieser Mysticismus, den man wirklich mit keinem bessern Namen nennen kann als den ästhetischen, ist allerdings da; aber gottlob ist er mehr schon da gewesen, und eine tüchtige und ernste Kraft, die immer mehr wurzelt, scheint diesen schwächlichen und gauklischen Neblern und Schweblern zwischen Himmel und Erde, wo man weder Gott noch dem Teufel angehört, ein Ende machen zu wollen. Doch immer ist dieses mürben und zierlichen Geschlechtes von Halblingen noch zu viel, das in seiner leeren und heuchlischen Schwindelei und Empfindelei alle Gesundheit und Wahrheit des Lebens und Gemüthes zerstört; und mehr als man glaubt wirkt dieser bunte ästhetische Mysticismus mit seinen blinzelnden Ansichten auf die ernstesten und strengsten Verhältnisse des Lebens und Staates. Ein rechter Leber und Lebenlasser mischt er in seiner schlechten Verworrenheit die verschiedensten Dinge unter einander und bildet sich ein und gebärdet sich, als ob sie mischlich seyen; aber er ist ein schlechter Scheidekünstler. Und bei all seiner süßlichen Gebärdung und allen den hohen Klängen und Künsten, womit er sich schmückt, würde er, wenn es möglich wäre, selbst der festen Tugend und dem ernsten Gericht der Zucht ihr großes Gesetz verrücken und durch eitle Taschenspielereien wegspielen. Aber man lügt und spielt sich nicht so in den Himmel hinein.

Es ist oben bei der Ueberschrift Die teutsche Sprache von dem Streben die Rede gewesen, das von 1750 bis 1780 etwa in der teutschen Literatur gewaltet hat, wie

Klopstock zugleich das Vaterland und den Himmel für sein Volk suchte und eine Begeisterung hervorbrachte, die ihn in den Jahren 1770 und 1780 zum Vater und Großvater aller teutschen Dichter und Künstler machte. Ja dieses Streben, das der herrliche Mann eben so sehr durch seine sittliche Würdigkeit als durch seinen hohen Geist entzündet hatte, griffern später Göthe, der das Schöne und Leuchtende, Herder und andere, die das Anmuthige und Glänzende zeigten, endlich das seit jener Epoche mit unglaublichem Eifer getriebene Studium des griechischen Alterthums gewaltig ein. Aus diesen verschiedenen Keimen, wohinein Schillers mächtige Kraft zehen Jahre später eine ausserordentliche Gährung brachte, erwuchs ein Zeitalter, das man wegen des Bestrebens, der teutschen Sprache und Literatur die Gestalt des Schönen zu gebern und alles unter schönen Gestalten und Bildern zu sehen und darzustellen, das patriotischästhetische nennen konnte. Denn das klopstockische Vaterland und die hohe alte Teutschheit, die aber fast keiner mehr aus ihren Quellen kannte, tönten immer muthig und frisch mit darein, grade damals am muthigsten und frischesten, gleichsam kassandrische Orakelklänge, als die gegenwärtige Teutschheit untergehen sollte. Jenes Streben war stolz und hoch und manche liederreiche Nachtigallen und Lerchen flogen neben dem Schwan Klopstock und dem Adler Göthe auf. Und wenn jenes Streben auch die höchste volle Gestalt nicht erreicht hat, eben weil ihm das wirkliche Vaterland und das Maaß des wirklichen Lebens (der Oelbaum in der Sündfluth, worauf die poetische Taube sich setzen und ausruhen konnte) fehlte, hat es doch viel Treffliches zu Tage gefördert; und die Zeit wird kommen, wo der Name Klopstock wieder mit der höchsten teutschen Bewunderung und Liebe ausgesprochen werden wird. Bald brach die französische Umwälzung herein und riß alle lebendigen Köpfe und Herzen in einer andern Theilnahme fort. Doch ging diese ästhetische Richtung der teutschen Literatur nie ganz unter. Die kantische Philosophie fiel mitten in diese wildesten Erschütterungen der Zeit. Aus ihrer Trockenheit erwuchs der saftige Gegensatz der Naturphilosophie. Es kamen die beiden Schlegel mit ihrem scharfen und tüchtigen kritischen Geist dazwischen, rüstige

Aufräumer und Erreger. So der mächtige Fichte, groß in seiner einsamen und herben Abgeschiedenheit, scheiternd in dem gewaltigen Versuche, die Idee, von allem Lebendigen und Sinnlichen losgerissen, allein auf geistigen Flügeln, eine Welt ausser der Welt, schwebend zu erhalten. Dieser Mann eines edlen und ächt teutschen Willens starb höchst tragisch in unserm größten Jahre 1813, als das politische Leben ihn und seine Philosophie anfing wieder in die Sinnenwelt einzuführen. Diesem sind die Zeitgenossen einen recht grünen Kranz schuldig, eben weil er, durch ihre frühere Weichlichkeit und Lügenhaftigkeit verletzt, sich mit tiefstem Ernst nach jener Seite hingewendet hatte, wo es nimmer blühen noch grünen konnte. Diese Zeit von 1795 bis 1805 fing an sich titanisch zu gebärden, obgleich sie nur wenige Titanen hatte. Die Jüngerlein und Nachäffer griffen sich aus dem wilden und kühnen Strudel der Ansichten und Ideeen, die unter einander wogten, ihr Theil heraus und stutzten es sich ästhetisch auf. So erwuchs auf kurze Zeit ein Geschlecht, das bald wieder untergehen mußte, weil es in der Zeit selbst keine Wurzel hatte. Göthes ausserordentlicher Genius spielte mächtig mit hinein, und sie wollten sich nun den Glanz auch etwas heidnisch auf ihr Leben legen, zu derselbigen Zeit, als Schiller im großartigen aber spröden Ernst dichtete und Fichte mit stoischer Herbheit philosophirte. Die wiedergefundene göttliche Natur gab gar göttliche Rechte, und man wollte sie gebrauchen und nach dem Sprüchlein leben: Was gefällt, das ist nicht Sünde. Dieses Sprüchlein, das zum lieben Christenthum nicht recht passen wollte, schmückte man sich mit der gehörigen Zuthat von Liebe und Schwärmerei und mit unwiderstehlichen und unüberwindlichen Anziehungen und Geboten der Natur aus. Da das alles aber noch nicht hat helfen wollen und dem Zeitalter offenbar der titanische Athem und Muth und die titanischen Knochen und Muskeln fehlten, um diese hohe und göttliche Poesie am Leben erhalten zu können, so hat man wieder zur der alten Empfindsamkeit zurückgemußt und hat endlich noch ein bischen Frömmelei dazur genommen; oder vielmehr die Frömmelei hat die Titanerei ersetzt und spielt immer noch mit allerlei zierlichen Mäntelchen und Schleierchen über der schwächlichen Sündlichkeit, die sie den Menschen gern als eine Vortrefflichkeit einbilden mögte. Daß dies jetzt die Hauptrichtung des ästhetischen Treibens ist, wird jeder gestehen, der ein wenig in der Zeit gelebt und ihr auch seinen Zoll entrichtet hat. Wenn es an Thetischen und Putztischen und bei Versammlungen der großen und feinen Welt auch nur die Leerheit des matten Lebens füllen soll, so schwebt doch immer ein gewisses mystisches und mystisirendes Dunkel darum, das alle ungefär verstehen, dessen Bedeutung aber jeder artig genug ist dem andern nicht grade ins Gesicht zu sagen. Dies ist das Grauen, das die schwächliche und blanke Welt vor der Wahrheit hat. Etwas wälsche halb bußfertige und halb lüsterne Empfindelei, eine gewisse Empfindsamkeit und Weichlichkeit, die immer edle Seelen göttliche Empfindungen erhabene Rührungen himmlische Entzückungen überschwängliche Anschauungen und andere ähnliche Ueberaussigkeiten im Munde führt, ist immer dabei gewesen, war selbst in der kurzen Titanenepoche noch nicht entwichen, und ist sogar in der großen Zeit, worin wir jetzt leben, mit ihrer thränensüchtigen und seufzerschweren Mattigkeit wieder da, die erbärmlichste Maske der Sünde, die es giebt, zugleich ein trauriges Zeichen, daß wir da noch lange nicht sind, wo viele uns schon wähnen. Denn wie groß ist die Zahl der zugleich wässerigen und steinigen Armensünderseelen, die des sündlichen Mischmasches des buntscheckigen Allerleis von einem bischen Liebe und Buhlerei und Großmuth und Lüge und Moralien und Diebsschlichen, das durch so viele beliebte Theaterstücke und Romane läuft, und der grausen Sünder und Ungeheuer nicht satt werden können! So weit ist diese weinerliche Art durch die Uebung abgestumpft, daß sie selbst zum Weinen und Heulen ätzende und stechende Mittel anwenden muß. Was bedeutet dies? O es hat eine tiefe Bedeutung des wüsten und regellosen inneren Triebes, dem das mächtige Licht der Liebe und die heitere Gewalt der Tugend fehlt. Wenn sie sich in den künstlichen Schauderstücken recht abgeheult und abgegrauft haben, kömmt es ihnen vor, als haben sie in dieser Vorhölle in diesem durch einander prasselnden und schreienden Fegefeuer aller Leidenschaften und Empfindungen schon eine Reinigung der armen Seele erlitten.

So hat das Leben das Aesthetische ergriffen und verwandelt. Ist es denn an sich etwas so Sündhaftes? Das nicht, wenn man es mit seinem Maaße mißt und die scherzende und spielende Welt des schönen Scheins nicht mit Gewalt in die ehrenfeste strenge und festschreitende Welt des Seyns hineinreissen will; denn sobald das geschieht, treibt alle Eitelkeit und Hoffahrt und Ziererei und Aefferei ihr buntes und in tausend Farben schillerndes Schlangenteufelsspiel. Wenn Scherz und Ernst auf der genau abgemessenen Rennbahn des wirklichen Lebens in gegenseitigen Verkleidungen und Mummereien mit einander abwechseln wollen, ist keiner so stark, den bei diesem gefährlichen Spiele gelegentlich irgend ein mitspielendes Teufelchen, das als dritte und vierte Person unberufen als Mitspieler und Mitgaukler erscheint, nicht fasse und hole. Spiel muß Spiel bleiben, der schöne Schein mit seinen Götterbildern und mit seiner in allen Gestalten und Farben gaukelnden Mittelwelt soll zwischen Himmel und Erde schwebend bleiben; wir sollen immer erkennen, daß wir da spielen aber wir sollen nicht in den traurigen Wahn fallen, als wenn Tugend und Arbeit auf die Weise, wie ein entnervtes und verweichlichtes Geschlecht alles so gern mischt und mengt, ein Spiel werden kann. Wir sind keine Götter und Titanen, wenn wir auch titanisch mit solchen Gebilden spielen, und der heidnische Uebermuth endigt selten so groß als Prometheus, sondern Tantalus Ikarus und Phaeton sind unsere Vorbilder. So hat dies Aesthetische, seinem Ursprunge nach so edel und geistig, in seinen Misbräuchen bei uns auf mancherlei Weise verderblich in das Leben hineingespielt, die Kraft und Einfalt vertändelt und verzerrt die Männer entmannt und die Weiber entweibt die Sitten und das Gericht über die Sitten verdorben und die Arbeit zum Zeitvertreib und den Zeitvertreib zum Geschäft des Lebens gemacht. Jener Reitz, den es zufällig für Wissenschaft und Kunst geweckt, hat nicht ersetzen können, was verloren geht, wo die große einfältige Kraft und Liebe der Herzen der geistige und sittliche Kern der Ernst des Muthes und des Strebens der heilige Zorn für Wahrheit und Recht verspielt und verscherzt wird. Noch stehen wir an dieser gefährlichen Gränze. Während die einen klagen, in den Teutschen wolle der alte wilde Mann mit dem Thierpelz und der Keule wiederaufstehen und alle Kunst und Bildung todtschlagen und in den Wäldern die rauhen Töne seiner brüllenden Bardengesänge wieder anstimmen, jammern die andern über Wälschthum und Weichlichkeit Weinerlichkeit und Hinfälligkeit in Sitten und Gebärden. Ich glaube, beide haben in gewissem Sinn Recht. Ich glaube aber auch an eine Vermittelung dieser schroffen Gegenstrebungen, die weder den wilden Mann zu seinen fürchterlichen Riesenwerken wird aufwachsen noch uns in den lügenhaften Krokodillthränen der tugendhaften Weinerlichkeit und weinerlichen Tugend wird wegschwemmen lassen.

XII.

Das Alter, die Jugend.

Und es sind Leute, die sich immer für die Alten ausgeben — ich glaube doch nicht, daß es Nachkommen des ewigen Juden des Schuhmachers Ahasverus sind und etwa ihrem Ahnherrn nachstrebend drei vier Jahrhunderte gelebt haben oder leben wollen — das wäre schlimm für uns — und über das Meiste, was hier geschrieben steht, wird von ihnen jugendliche Träume verrückte Schwärmereien und Tollheiten Jugendschwindelei und Jugendunreife und dergleichen ausgerufen werden, ungefär so, wie ein sechszigjähriger Professor, zu dessen Füßen ich einst saß, den achtzigjährigen Kant halbmitleidig halbzornig in seinen Vorlesungen immer mit Vir Juvenis (Gelschnabel, Flaumenbart dergl.) aufzurufen pflegte. Das sage ich denn, daß wir freilich sehr jung waren zu der Zeit, wo diese Träume und Tollheiten den meisten Menschen durch den Kopf fuhren, daß wir unterdessen aber auch vierzig und fünfzig

Jahre alt geworden sind; und doch wollen uns die schlimmen Träume und Tollheiten noch nicht verlassen. Und zwar sind wir nicht wenige sondern Zweidrittel aller teutschen Männer sind gewiß mit dieser Krankheit behaftet, und es sind sogar viele Sechszigjährige und Siebenzigjährige, die vor dreißig Jahren schon reife Männer waren, welche ganz dasselbe Liedlein mit uns singen. So daß die Ankläger, wenn sie nichts Besseres haben, gegen uns in gar keinem Vortheil stehen, es sey denn, daß sie sich Greise an Weisheit und Würde dünken, weil sie eisgraue und uralte Dinge, bloß weil sie alt oder gar weil sie veraltet sind, immer wieder in das lebendige Leben zurückführen wollen. Aber so wenig als Gott jetzt noch an Steinen und Klötzen und Erdklößen Wunder geschehen läßt, wie wohl in früheren Zeiten, weil wir das ewige Wunder den Geist haben, wenn wir glauben wollen, eben so wenig wird er das Wunder geschehen lassen, daß der faule Schutt und das klappernde Gerümpel von Alterthümern und verrosteten und verlegenen Grundsätzen, womit sie die Zeit wieder behexen wollen, je wieder Saft und Leben bekomme. Was vergangen ist, das ist vergangen, und die in der neu aufgegangenen Sonne nicht leben und sich des Lichtes freuen wollen, die mögen in ihrer dumpfen Finsterniß sitzen bleiben aber uns nicht verargen, wenn wir ihrem Geschrei nicht glauben wollen, daß Altes jung und Finsterniß Licht sey. Es ist gottlob dahin gekommen, daß wir uns einander nicht täuschen können und jeder weiß, was er an seinem Nachbar hat. Gebärden sich die Leichteren ja einmal, als sey ein Vertrag und Uebereinkommniß beider zu Stande gekommen, so ist das nur eine lügnerische Ziererei und nichts weiter, und so verschieden stehen diese Grundsätze und besonders diese beiden Leben gegen einander, daß nimmer Waffenstillstand oder Friede zwischen ihnen geschlossen werden mag, bis daß eines von ihnen völlig besiegt und vernichtet ist. Ja die sich zuweilen so sanft und christlich und mild und großmüthig gebärden, würden mit Kerkern und Landesverweisungen und allenfalls mit etwas Schlimmerem nicht faul seyn, wenn der Geist, den sie so wüthig verfolgen, leibhaftig durch ihre Schergen zu fassen und anders als in effigie zu hängen und zu köpfen wäre. Aber da sitzt ihnen das Uebel, da wehet der mächtige Wind, dessen Sausen sie wohl hören aber von welchem sie nicht wissen, woher er wehet und wohin er fähret. Ja könnten sie ihn in seiner Glorie erkennen, könnten sie das Tiefe und Fromme erblicken, das doch unter allen diesen Getümmeln verborgen lebet und webet, so würden sie vor ihm niederfallen und beten müssen: O vergieb uns, du Himmlischer! wir wußten nicht, was wir thaten.

Uns jugendliche und unwissende gelschnabelige Männer von vierzig und fünfzig Jahren, die wir doch auch unser Theil Leid und Arbeit so gut wie sie von der Zeit redlich mitgetragen haben, erklären die Ahasveruskinder nun ohne alle Umstände für Aufwiegler Aufrührer und Empörer, die mit nichts Geringerem umgehen als einen feuerschwangern jakobinischen Aetna und Hekla auf den andern zu thürmen und drein zu jauchzen, wann die Welt in Feuer und Aschen und Mord und Blut durch einander fliegt und schwimmt. Aber auch über die wirkliche Jugend fahren sie unbarmherzig her, weil sie wohl mal einen jugendlichen Uebermuth laufen läßt, wobei die Welt wohl stehen bleibt, wie sie steht. Es ist natürlich, daß Jünglinge von sechszehen und zwanzig Jahren, eben weil sie die lebendigsten sind, den Athem der Zeit am lebendigsten und heissesten fühlen und ihn ohne Umstände sprudeln lassen. Wo der Wind wehet, da wirft das Wasser Blasen auf. Das nehmen die strengen Richter dann gar zu scharf und erklären das ganze werdende Geschlecht, das nach zehen und zwanzig Jahren als der Atlas der Zukunft sich unter die Weltlast schieben soll, für eitel unwissendes anmaaßendes unruhiges und unbändiges Unkraut. Ich bin einst auch jung gewesen und habe zu meiner Zeit mit andern Jünglingen gelebt. Ich habe gesehen, wie damals die Studenten und Fähnriche und Referendarien lebten. Wenn ich nun diese Jetzigen mit jenen vor zwanzig und dreißig Jahren vergleiche, so ist Fleiß Zucht Ernst Männlichkeit und Ehrbarkeit auf der Seite der ersten, die man so hart anklagt, und eben deswegen so hart anklagt, weil sie politische Thorheiten begehen. Damals mogte sich alles in Gemeinheit und Ueppigkeit ergiessen und zerfliessen, so viel es wollte, wer kümmerte sich darum? Es war die Art jener Zeit. Jetzt da eine andere Art der Zeit ist, da die Menschen etwas empfinden und wollen, jetzt da höhere Triebe das Gemeinste und Niedrigste der menschlichen Natur bändigen und mit einer gewissen Heftigkeit auf eine teutsche Zukunft und auf ein unvergängliches Vaterland hinweisen, das alle Kräfte und Kenntnisse einmal für strenge und ernste Arbeiten ansprechen wird, jetzt nennt man die Jünglinge die rohesten und ausgelassensten, die je gewesen.

Doch was verweile ich wieder bei dem, das nicht anders seyn kann, als es ist? was bleibe ich wieder in dem kleinen Hader stecken, woraus nie Friede werden kann? Lieber schaue ich über den Lärm des Tages hinaus auf die allgemeine Zeit und auf ihre Forderungen und Bedürfnisse hin und winke aus diesen der Jugend noch einige Winke zu, jeden zum Frieden und zur Stille ermahnend. Denn wenn wir teutsche Treue und Redlichkeit bewahren, wenn wir das Rechte und Gute festhalten und fest wollen und nicht ablassen zu wollen, so muß es von selbst werden: d. h. es wird von Gottes wegen, durch welchen alles wird wie von selbst.

Was will diese Zeit von der Jugend? Diese Frage ist so weit und so groß, daß ich ihren Inhalt hier in wenigen Worten nicht aussprechen kann. Auch wird sich die Jugend diese Frage durch das Herz wahrscheinlich viel besser beantworten, als ich es durch alle Betrachtungen könnte. Denn der rechte Geist kömmt jeglichem jetzt leicht, der ihn sucht. Doch will ich hier Einiges winken, was die Zeit selbst mir winkt.

Was will die Zeit von euch, Jünglinge? Weil ihr stolz darauf seyd, daß ihr Teutsche heisset, so verstehet ihr auch die ernste Mahnung. Die Zeit will keusches und reines Leben festen und stolzen Sinn kühnen und feurigen Muth und christliche Milde und Demuth. Viele werfen der Zeit vor, es sey eine heidnische Wildheit ein heidnischer Stolz und Trotz in ihr, ein Streben nach einer Freiheit, die erzheidnisch und ganz unchristlich sey. Auch ist es wahr, daß in so ungeheuren Umwälzungen der Dinge und Erschütterungen der Gemüther, als wir erlebten, immer nach oben geblickt werden muß, damit der Vater im Himmel Liebe und Sanftmuth ins Herz giesse, daß es in Trotz und Rohheit nicht verwildere. Christliche Demuth und Milde schließen keinesweges einen kriechenden alles Erbärmlichsten geduldigen Geist in sich, wie einige sie uns beschreiben, nein sie wohnen grade mit den Kühnsten und Tapfersten am liebsten und schmücken den Stolz und Muth mit dem freundlichsten Glanze. Ihr seyd in einer schönen und hehren Zeit geboren, Jünglinge, euch sind so viele hohe Reitze des Strebens so viele leuchtende Ziele des Ringens gegeben, welche uns fehlten, die wir vor zwanzig und dreißig Jahren Jünglinge hießen. Aber auch größer ist die Forderung an euch und strenger das Gericht, wenn ihr in der großen Zeit, die wir Teutsche endlich nach manchen schläfrigen Jahrhunderten erlebt haben, in Weichlichkeit und Gleichgültigkeit versinken könntet. Euch stehen an dem Wege der Tugend so viele Ermahner Ermunterer und Warner, deren wir mangelten, ein Vaterland ein Teutschland eine teutsche Ehre ein teutscher Kriegsglanz und o! unendliche Hoffnungen, welche die Zukunft noch in sich schließt: strahlende und blitzende Ideeen, die euch mit der erhabensten Liebe entflammen und alle wilden Triebe, welche die Jugend verlocken könnten, in sich verschlingen. Aber ich will euch eure Gefahren nicht verschweigen.

Schon habe ich den Stolz und Trotz genannt, und ich nenne ihn noch einmal. Stille Sanftmuth und Freundlichkeit sind von jeher liebliche Tugenden des Teutschen gewesen, sie sind auch die lieblichsten Tugenden des Christen. In der Zeit meiner Jugend, über deren leere Nichtigkeit ich eben geklagt habe, waren die Sinne der Menschen freilich auf nichts Großes gerichtet; viele vergingen damals mit den herrlichsten Anlagen und Kräften, die sie auf nichts Edles und Hohes nach aussen wenden konnten, in einem öden und wüsten Brüten über sich selbst oder in jämmerlicher Faulheit und Wollust; aber der sanfte und leise Schritt der Zeit hielt die Stillen und Milden auch immer auf ebener Bahn. Die Zeit und das Leben und die ganze Gestalt der Zeit und des Lebens damals war sanft und gemüthlich und die milden und frommen Tugenden wurden leicht entwickelt und bewahrt. Jetzt sind wir freilich von hohen Ideeen entflammt und erleuchtet, von einem kühnen Athem des Ruhms und der Thatenfülle angehaucht, von mächtigen Stimmen in uns und ausser uns gelockt, welche den Menschen von damals fehlten; aber gestaltlos ist die

Welt gestaltlos ist das Leben, und wenn ihr durch strenge Zucht des Gemüthes und ernstes Zusammenhalten eurer Kraft euch nicht selbst in euch das Maaß sucht und befestigt, könnt ihr mit allen höchsten Ideeen menschlichsten Gefühlen und edelsten Vorsätzen wüst und gestaltlos in die wilde Weite dahinfahren und Weg und Steg und Licht und Ziel verlieren. Denn es lauert jetzt mehr denn je ein Stolz und Trotz des Ungemessenen, was der jugendlichen Kraft, die das Leben noch nicht geprüft hat, gar leicht ein Unermeßliches däucht und mit verblendetem Uebermuthe dahin braust. Denn die Regel werdet ihr wohl lernen durch das Leben, wie ihr mehr hinauskommet, daß, je mehr die Welt den Menschen mit Ruhm und Thatenlust zieht und reitzt, desto mehr er sich in die Innenwelt, in seine eigene Brust zurückziehen und dort den stillen Richter fragen muß, ob er draussen auch zu wild und frech geworden. Denn recht sagen nicht bloß die Feinde und Hasser aller Freiheit und alles frischen und fröhlichen politischen Lebens, welche selbst mit dem Evangelium für die Knechtschaft heucheln, sondern auch die wärmsten Freunde der Freiheit und des Vaterlandes, daß auch bei dem edelsten Streben draussen und bei der Fülle der Thaten der Mensch doch ein stolzer Heide werden und Heidnisches schaffen und wirken kann, wenn er sich im stillen Herzen nicht täglich vor dem demüthigt, bei welchem alles Wollen und Vollbringen steht, und sich fragt: Sterblicher, wohin willst du und was thust du? und warum thust du es? Denn alle diese großen Erscheinungen der Zeit und diese herrlichen Wunder Gottes, die uns erstaunt und erfreut haben und von Millionen teutscher Menschen mit so unendlicher Liebe und Hoffnung aufgenommen sind, wären ein Nichts, das wie ein dünner Morgentraum zerflattern würde, wenn aus dem, was wir unsere politische Freiheit und unsere Gewalt und Herrlichkeit des Aussenlebens nennen, sich nicht zugleich als schönes Gegenbild auch eine lebendige Gestalt des Christenthums erhöbe, welche den stolzen Freiheitsmuth mit Ernst und Milde und die Gewalt der Tapferkeit und Thatkraft mit Demuth und Anmuth schmückt und endlich aus dem Freiesten und Stolzesten das Stillste und Freundlichste erschafft. Dies ist das hehrste Bild der Zeit, das Bild des geduldigen freundlichen demüthigen und liebenden Heldenthums, ohne welches alles, was jetzt noch so schön scheint, wieder in eitel Eitelkeit zerrinnen und untergehen wird.

Schwer ist die Zeit auch in anderer Hinsicht und wird jeden Tag schwerer. Ich meine nur für das Leben, für das gewöhnliche Erdenleben, daß ein Mann ehrlich sein tägliches Brod gewinne und esse. Ehrlich ist ein hohes Wort und bedeutet sehr viel, viel mehr, als die meisten gewöhnlich dahinein legen. Es bedeutet nicht bloß, daß einer nicht stehle noch lüge; nein es bedeutet die schwere Tugend, daß er für das Bedürfniß und die Noth des Lebens nie die Erstgeburt des geistigen Adels um ein Gericht Linsen verkaufe, wie der Esau weiland, daß er nie das Edle dem Gemeinen das Hohe dem Niedrigen dienstbar mache, daß er nie und in keinem Augenblick ein Knecht werde. Es ist ein fürchterliches Gedränge in der Welt um das tägliche Brod, so fürchterlich, als es früher nie gewesen. Alle Staaten alle Völker sind auf das äusserste angestrengt, die Finanz ist die erste Wissenschaft des Staats geworden, und auch die einzelnen Menschen müssen nun schon ein wenig mitfinanzen. Ich scheine hier von etwas Kleinem zu sprechen, freilich von etwas Kleinem und Gewöhnlichem, von dem täglichen Brode. Ihr Stolze und Freie schauet mit der Idee voll Muth und Liebe noch so weit über das dürftige Leben hinaus und lächelt unserer Sorgen. O ihr werdet nur zu bald erkennen, daß ich von etwas sehr Großem gesprochen habe. Mit dem Brode macht man die wildesten Hunde zahm, mit dem Brode zähmt man auch den Menschen. So weit ist es recht. Ihr sollt dienen lernen auch für das gewöhnliche Bedürfniß der Erde, und sollt in Demuth erkennen lernen den Spruch, den Gott zu Adam sprach, als er ihn aus dem Garten Eden trieb. Aber das Brod macht nicht allein zahm, es macht auch knechtisch; o das schreckliche kann den edlen Stolz zum Küchenjungen und die fliegende Idee zum Ofenheitzer erniedrigen. So geschah es den meisten Sterblichen von jeher. Jetzt aber wird es schlimmer geschehen denn je vorher; denn die so hoch stehen fallen tiefer. Wenn ein Mensch, der einst mit erhabenen Bildern und überschwänglichen Ideen spielte und meinte, er könne sie für die Tugend festhalten, durch das Thier in ihm zu einem

Küchenjungen und Ofenheitzer — o er muß oft viel Schlimmeres heitzen als Oefen — erniedrigt wird, worauf soll man endlich bauen? Auf die Uebung des Gewaltigen und Edlen, und auf nichts Anderes; denn die hohe Tugend wird nicht durch einzelne Sprünge errungen. Darum, wenn ihr Freie und Helden bleiben wollet im Leben, lernt früh entbehren; übt euch oft und sagt euch, warum ihr euch in freiwilliger Entsagung und Beraubung von Genüssen übt, als wolltet ihr Stoiker oder Karthäuser werden, und lächelt immer mit dem freundlichen Blick des Christen in die Mühe und den Schmerz, damit diese Tugend nicht herb und spröd und unchristlich werde. Denn wer wahr und redlich und stolz einherschreiten wollte im Leben und es verachtete sich mit Lügen und Heucheln so durch zu fuchsschwänzen und zu katzenbuckeln, der mußte sich schon vor zweihundert ja vor zweitausend Jahren mit diesem stolzen und männlichen Ernst bereiten. Jetzt ist die Noth doppelt, und auch die Arbeit muß doppelt seyn. Ihr leset und höret, wie für Gold die Tugend feil ist; ihr schaudert vor dem Gedanken, daß euch solches geschehen könnte. Denkt, alles sey Gold, worin die üppigen und lüsternen Begierden schwelgen wollen, und bändigt sie bei Zeiten und stählet euren Muth für würdige Kämpfe. Denn das ist der edelste Muth von allen. Niemand aber bedarf dieses Muthes mehr, als wer sich der Wissenschaften und Künste befleißigt; denn auch sie werden in Knechte verwandelt bei dem, der zuerst nach dem Brode greift. Darum sollt ihr viel dulden und entbehren lernen, damit ihr Männer seyd, wann die Versuchung kömmt; nicht bloß daß ihr die Beschwerden des Krieges und der Feldläger und Märsche ertragen könnt — das ist das Kleinste — sondern daß ihr in dem langen und ewigen Kriege, der Leben heißt und täglich neue Scharmützel und Angriffe hat, mit dem Stolz und der Ehre aushalten und überwinden möget.

Vor fünfundzwanzig und dreißig Jahren träumten wir, und thaten kaum etwas Anderes. Ihr dürft nicht träumen; denn ihr seyd Teutsche und das teutsche Volk ist ein träumerisches Volk. Wie soll man das verstehen?

Jedes Volk hat seine Eigenthümlichkeit gleichsam seinen Naturtrieb, was sie Instinkt nennen, worin sich bestimmte vorherrschende

Neigungen und Anlagen offenbaren. Wann und wie dieser Naturtrieb entstanden, das gehört nicht hieher. Genug, wenn er in einem Volke einmal als Grundtrieb und Grundleben fest ist, mag weder Klima noch Gesetzgebung noch Religion, deren Gewalt auf die Menschen die ungeheuerste ist, ihn ganz verwischen und vertilgen. Was offenbart der Germane in Teutschland wie in Island, in Siebenbirgen wie in Preussen, auf den südlichen Alpen und auf den nordischen Fjäll als seinen Grundkarakter, den man immer wiederfindet? Eine lichtere Geistigkeit und eine kühlere Sinnlichkeit als die meisten andern Europäer. Er ist ein ernstes denkendes sinnendes und oft ein tiefsinniges grüblerisches und träumerisches Wesen, er weilt gern bei der Betrachtung der übersinnlichen Dinge und dringt tief in die Abgründe der Ideeen aber auch eben so tief in die Abgründe des Wahns ein. Dieser Vollkommenheit und Glückseligkeit — denn das ist es allerdings — liegt aber auch eine Unvollkommenheit zur Seite: an geschwindem sinnlichem Lebensreitz an geschwinder sinnlicher Fülle und Lebendigkeit und Schnelligkeit des Begriffs, insofern die äussere Sinnenwelt dadurch erfaßt und behandelt wird, steht der Teutsche vielen Völkern nach, z. B. den Franzosen Polen Russen, die sinnlich lebendiger und schneller sind und die schimmernde Oberfläche und den spielenden Schein der Dinge eher fassen als der kühlere Teutsche. Am auffallendsten sieht man das, wo andere Völker neben Teutschen und Teutschartigen wohnen. In Schottland und den westlichen Inseln die Bergschotten vom ersischen oder galischen Stamm wie viel sinnlicher lebhafter und heftiger, als der nordöstliche oder südliche Schotte vom skandinavischgermanischen! Der Irländer wie feurig sinnlich und lebendig neben dem ernsten trüben und stillen Engländer! In den Niederlanden wie weit übertrifft der Wallone, in welchem Dreiviertel Stoff galisch sind und etwa Einviertel germanisch, im Lüttichischen Hennegauischen Luxemburgischen an sinnlicher Lebenskraft und Naturgewalt und an Heftigkeit sinnlicher und geistiger Triebe den Flandrer und Brabanter, der fast ganz germanisch ist! So in Frankreich: wie viel sinnlicher leichter und geschwinder ist der Franzose an der Marne und Seine, in welchem der Hauptstoff galisch ist, als der an den Alpen der

Rhone und Saone, in welchem das meiste Blut und der meiste Geist noch von den Burgundern herstammt! Dieselbe Erscheinung hat man, wo in östlichen Ländern, in Ungarn Oestreich Böhmen Schlesien Polen, Teutsche und Slaven neben einander wohnen. Durch seine so entschieden geistigen Anlagen hat der Teutsche allerdings herrliche Güter, aber der Hang zu den übersinnlichen und verborgenen Dingen zieht ihn oft mehr als recht von der Erde und von irdischen Dingen ab, die doch auch ergriffen und verwaltet werden sollen; und von unserm Volke hat man daher in gewissen Epochen wohl sagen mögen: Die Teutschen haben das irdische Vaterland verloren, weil sie zu sehr nach dem himmlischen gestrebt haben. Ich meine hier, indem ich einen Tadel auszusprechen scheine, nicht das Leben der Idee, denn jener höchste Lebensäther kräftigt und stärkt auch für jede Erdenthat und Erdentugend, sondern ich meine das Streben überhaupt, welches unentwickelt und unbestimmt bei so vielen Teutschen in der Mitte hangen bleibt und ihnen das Gesicht für die Erde blöd und für den Himmel nicht hell genug macht.

Es müssen ja nothwendig immer so viele seyn, welche das Höchste nicht erreichen und in der Mitte und oft auch wohl diesseits der Mitte stecken bleiben. Diese meine ich hier. Solche verlieren sich so leicht in leeren Träumen und Wahnen und dunkeln Grübeleien, wobei sie immer tiefer versinken in den gestaltlosen Abgrund und worüber sie die himmlische geistige Arbeit nicht fördern und die irdische leibliche Arbeit versäumen. Vor solcher leeren und öden Träumerei, die in der kalten und trüben Mittelwelt zwischen Himmel und Erde schwebt oder vielmehr hangt, muß man die teutsche Jugend warnen — denn wir haben alle einen angebornen Trieb dazu — damit sie edle Kräfte, die der Welt und dem Vaterlande zu Nutz und Frommen kommen sollen, nicht mit eitlem Nichts vertändele. Aber träumen sollt ihr, Jünglinge, fröhlich und muthig, wie die Jugend träumt und schwärmt, über die Welt hin; schwelgen und spielen sollt ihr mit den höchsten Ideeen, wenn ihr auf ihren Sonnenflügeln fliegen könnet. Aber behüte euch Gott vor dem jämmerlichen Wahn, daß das Philosophie daß das die Hoheit der teutschen Philosophie sey, die sich gebärdet von der Erde und den irdischen Dingen nichts wissen zu wollen. Dahin immer den Blick dahin immer des Herz voll Liebe wieder zurück gewandt, und wenn ihr die höchsten Sonnen erflogen hättet

Auch der Natursinn zeichnet die Teutschen aus, ich sollte sagen die Naturseele denn in mancher Hinsicht haben die sinnlicheren Völker, als in welchen die irdischen Flemmen mächtiger brennen, wohl mehr Natursirn als die Germanen. Bei den Germanen zegt sich vorzugsweise die Naturliebe, ein stilles Verständniß eine innige Freundschaft und ein zarter Umgang mit der Natur. Der sanfte empfindende sinnende und denkende Mensch, welchem das Gemüth auf das Geistige und Uebersinnliche gerichtet ward, scheint des Lebens mit der Natur gar nicht entbehren zu können, da eben die mit heisserer Sinnlichkeit begabten Völker sich viel weniger daraus machen. Sehr begreiflich. Er sucht hier täglich die milden Einflüsse zarter sinnlicher und irdischer Reitze, er sucht hier eine Ergänzung der Sinnlichkeit, deren vollestes Maaß ihm versagt ward, er saugt gleichsam antäisch die Lebenskraft ein, welche ihm mangelt. Aber auch in dem Christenthum selbst liegt für diejenigen, welche das innigste geistige Leben desselben am tiefsten empfinden, wohl ein großer Reitz des zarten und freundlichen Zusammenhanges und Zusammenhalts mit der Natur. Das Heidenthum, das immer auf die volle Ründung und Gestaltung des sinnlichen Lebens drang, hat von dieser zart und sinnig spielenden Natur wenig Bedürfniß gehabt, es hat nur ihre großen Erscheinungen bewundert und ihre ungeheuren und seltsamen Massen und Gebilde angestaunt, mit Blumen und Bäumen und Quellen und Bächen und Mond und Gestirnen hat es weniger gespielt und geliebt als die Neueren. Dieses anmuthige und stille Spiel dieses liebende Verständniß und träumerische und schwärmerische Empfängniß aller Natur gehört recht eigentlich dem Christenthum an, welches seinem Wesen nach musikalisch und in unbestimmter Geistigkeit und Schwärmerei hinspielend und hinschwebend ist. Auch unbewußt sucht der Christ in der ganzen Natur die unvergänglichen Bilder ewiger Liebe und Schönheit, die er in seinem Herzen und da droben glaubt, und findet sie täglich in seinen frommen und stillen Träumen. Er kann auch dieser Träume dieses sinnigen und geistigen Naturlebens nicht entbehren, ohne daß er spröd trocken und starr werde und die feinen Mittellichter und Mittelschatten verliere, die auch in dem Gemüthe zwischen Himmel und Erde hin und her spielen und noch ein edenscher Scherz der unvergänglichen Unschuld sind, deren süße Zauber sich in der Natur alle Tage und Stunden erneuen. Diese Natur und ihren zarten Umgang suchet mit einfältigem und frommem Sinn der Liebe und Freude, aber nicht so, daß ihr viel in ihr suchet, am wenigsten, daß ihr die Auflösung der ungeheuren Räthsel suchet, welche die Körper- und Geisterwelt mit einander verbinden. Da ist ein finsterer und chaotischer Abgrund, worin viele verloren gingen, daß der geistige Trieb sie endlich wieder zu der groben Sinnlichkeit brachte, daß sie meinten in unsern Tagen noch mit Stöcken und Steinen hexen zu können.

Die Natur wird dem Teutschen ein geistiger dem Christen ein bildlicher Traum zwischen Himmel und Erde; in ihrer Stille wie in ihrem Aufruhr, in ihrer Lieblichkeit wie in ihrer Furchtbarkeit zeigt sie in ihren Gestalten ein schuldloseres Bild des Lebens, als in dem

Gebiete erscheinen kann, wo menschliche Leidenschaften und Willkühr ihr Spiel treiben. Sie hat daher für den Friedseligen und Unschuldigen einen Frieden und eine Unschuld, die kein anderer irdischer Genuß geben kann, eine Beruhigung und Einschläferung der wilden Triebe und des Grams und der Sorge, die man aus der besten Menschengesellschaft oft nicht holen kann. Und wie ergänzt sie mit ihrer geheimen Urkraft das ganze Daseyn, das geistige wie das leibliche! wie giebt sie die allgemeine Weltgestalt und die höhere innere Weltanschauung immer wieder, welche bei dem einsamen verschlossenen Studieren oder dem leeren zerrissenen Getreibe des Lebens so leicht verschwinden! Aber freilich wer zu lüstern nach ihren geheimen Gespenstern schaut, den straft sie mit Verblendung und Eitelkeit und Uebermuth und oft mit thierischem oder teuflischem Wahnsinn. Wie die Natur das volle Leben und die volle Gestalt und Schönheit des Menschen immer erneut und ergänzt, kann derjenige noch alle Tage sehen, der sich das Menschengewimmel in den verschiedenen Ständen und Klassen ein wenig ansieht. Im Feld Wald und Gebirge da seht ihr die freien Gestalten, die frommen offenen unbestimmten Gesichter, die fast aussehen wie alle Natur, aus welchen noch alles Mögliche scheint werden zu können. In den Klassen, die ein künstliches Leben führen, und in den Städten zwischen den Mauren haben sich die Gestalten und Gesichter schon mehr bestimmt, ein gewisses eigenes bestimmtes Streben tritt aus ihnen hervor. Dies ist in dem Maaße mehr, als die Menschen sich mehr von der Natur entfernen. Ich habe alte Reichsstädte in Teutschland gesehen, wo der Natursinn mit dem allgemeinen Leben fast erstorben war, wo eben so, wie der weiland so große und blühende Trieb des Lebens in veralteten Formeln und Gebräuchen erstarrt war und keine That und kein Werk mehr schaffen konnte, auch die Gesichter und Gestalten an der todten Zeit gleichsam versteint waren. Wie viele habe ich da gesehen, die mich an die Verzierungen der Thürme und Stadtthore und an die Schnörkel und Arabesken der Kirchen und Rathhäuser erinnerten, daß ich bei ihrem Anblick in mir lächeln mußte! Es begegnen einem aber oft viel grauenvollere Aehnlichkeiten. Auf diese Weise sind die letzten großen Heiden vergangen, die Griechen und Römer, weil sie zuletzt nur noch das Werk ihrer Hände erkannten und anbeteten, nicht das Werk Gottes: sie sind unter ihren Bildern und Steinen versteint. Auf einer ähnlichen gefährlichen Gränze mögten auch einige neuere Völker stehen, welche der Natur nur zuweilen zu bedürfen scheinen, um ihr als einem allgemeinen Beichtvater, von dem man doch glaubt, daß er nicht alles versteht und wenigstens blind und stumm ist, von Zeit zu Zeit ein empfindsames Sündenbekenntniß abzulegen.

Darum hinaus in Feld und Wald in Thal und Gebirg, ihr teutschen Jünglinge! und erfrischet und erquicket euch Leib und Seele an dem ewigen geheimnißvollen und wundersamen Gegenspiegel eures Gemüthes und des Himmels! Darum hinaus, wann die Wissenschaft euch austrocknen, wann das Leben mit seinen Mühen und Kämpfen und Arbeiten und Sorgen euch zerreissen will, hinaus ins Freie und in die liebe weite Gotteswelt! und blaset dort den Unmuth und die Dumpfheit von euch und saugt frischen Athem und Trieb des Lebens und der Liebe ein! Was dem bloß natürlich und in natürlichsten

Verhältnissen lebenden Menschen schon wie von selbst wird und erblüht, das muß der künstlich und oft in zu künstlichen Verhältnissen lebende Mensch durch Erkenntniß suchen: er muß leben lernen. Denn halb ist das Leben, dem die Natur fehlt, und muß zuletzt nothwendig in Mattigkeit und Dürftigkeit oder in Starrheit und Sprödigkeit vergehen.

Aber doch am meisten, ihr Jünglinge, haltet das fest, was der Stolz des teutschen Lebens ist, die unvergängliche Idee, welche ihre erhabensten Träume immer wahr macht denen, die mit voller reiner Liebe an sie glauben und nicht ablassen zu glauben. Es kömmt nicht auf das Stürmen und Sausen an, auf das Klingen mit Tönen und Prunken mit Worten; in dem Stillesten ist das Festeste und in dem Demüthigen das Klarste. So in Stille und Demuth in Hoffnung und Glauben im frommen teutschen Ernst bekennet die Zeit und pfleget sie, nähret den Funken, den sie euch als zarten Keim überliefert, bis zur vollen Flamme des Ruhms und des Glückes. Denn ihr seyd das Salz der Erde; wenn ihr dumm werdet, womit soll man salzen? Ihr habt den letzten Krieg gesehen, viele euer sind mit auf seinen hehren Schlachtfeldern gewesen, ihr habt gesehen nicht der Menschen Siege und Großthaten sondern Gottes Wunder, weil die Menschen wieder an ihn glaubten; ihr habt die hohen Güter gewonnen, die leuchtenden und strahlenden, welche mit irdischen Händen nicht zu greifen noch festzuhalten sind, die zugleich sichtbaren und unsichtbaren irdischen und himmlischen Güter: ihr habt die hohen Ideeen, die fast verschollenen und versunkenen von Vaterland Freiheit Teutschland wiedergewonnen; wornach die edelsten Teutschen seit zwei Jahrhunderten mit vergeblicher Sehnsucht griffen und was ihnen immer entflog, ist mit Fleisch und Bein wieder ins Leben getreten. Und ihr könnt euch nicht entschuldigen, wenn Faulheit mächtiger in euch seyn will als Tugend, daß ihr nicht wisset, wohin ihr streben und was ihr arbeiten sollet. Vieles steht traurig und dunkel, wenn man nur das Einzelne betrachtet; das lose und ungebundene Teutschland scheint noch immer als leichter Raub den Hinterlisten und Zettelungen lüsterner und unruhiger Nachbarn da zu liegen; der geistige politische Kampf auch hat so viel Kleinliches Jämmerliches und Schlechtes, daß man auf einen Augenblick glauben könnte, auch die Jahre 1813 und 1814 seyen nur ein Traum gewesen. Aber wenn man auf das Ganze sieht, wenn man das Weltstreben empfindet, wenn man den Athem des Geistes und des Gottes fühlet, der durch das Zeitalter hinwehet, so erhebt sich eine herrliche und strahlende Gestalt der Zukunft, das alte Germanien erhebt sich wieder in Glanz und Wonne. Und daß dieser Glanz und diese Wonne dem Enkel und Urenkel werde, dazu, glaubet, seyd auch ihr berufen, und strebet in aller Liebe und Treue vorwärts und vorwärts!

XIII.

Schluß.

Und solltest du wieder in Nacht zurücksinken, glänzende Zeit? sollten wir Teutsche wieder die traurigen Siebenschläfer werden, die wir Jahrhunderte gewesen, und zwischen Wachen und Schlafen in den dunkeln Höhlen dämmern und frieren, während die anderen Völker sich im fröhlichen Lichte des Lebens ergehen? sollten die erhabensten Träume der Seele, die so Unvergängliches geboren haben, wieder als Träume zerflattern? Sollte es den Dummen und Feigen gelingen, den freien und kühnen Geist, der die himmlische Speise der Ideeen gekostet hat, zahm und thierisch wieder an die Krippe zu binden?

Nein! nein! nimmermehr! Das darf das soll nicht seyn! Ich frage, wo ist jetzt die irdische Gewalt, die das Edle und Freie tödten kann? Hat es in seiner unsichtbaren

Majestät den eisernen Napoleon zerknirscht und zermalmt; so wird es siebenundsiebenzig andere Napoleone zerknirschen und zermalmen.

Wenn ihr, die ihr die Zeit und den großen Gott erkennet, der in ihr waltet, wenn ihr, die ihr das fast verschollene und vergessene Teutschland wieder erstehen sahet, die heilige Flamme der Liebe und des Stolzes schüret; wenn ihr die Lehre als eine unsterbliche Lehre prediget, daß ein Volk, das frei seyn will, nicht unterjocht werden kann; wenn ihr in frommer Liebe und stiller Demuth die Geister zügelt und besänftiget, welche sonst zu fliegend und überfliegend werden könnten; wenn ihr Gerechtigkeit Mäßigkeit Bescheidenheit Frömmigkeit und Tapferkeit als die schönsten Zierden des teutschen Mannes lehret und bewahret — dann werden wir jeder Gefahr gewachsen und jeder Hinterlist überlegen seyn.

Es ist der Glaube der Edleren und Besseren, der die Erde in den Himmel erhebt und den Menschen und das Volk durch die allmächtige Idee zu jeder kühnsten That und tapfersten Tugend kräftigt und ermuthigt. Denn wenn ihr glaubet und bekennet, daß das Vaterland ein glorreiches freies unvergängliches Teutschland seyn soll; wenn ihr glaubet und bekennet, daß die Teutschen immer fromme freie tapfere und gerechte Männer seyn sollen — so wird der Glaube die neue Zeit gebären und unsere Enkel und Urenkel werden diejenigen als ihre Retter und Erhalter segnen, welche auch in den dunkelsten Tagen nicht verzweifelt haben, daß eine teutsche Morgenröthe wieder aufgehen würde. Und wir haben nun die Morgenröthe gesehen, und wollten in den Nebeln der Frühe verzweifeln, daß die Sonne nicht durchdringen werde?

Berichtigungen.

Ausser einigen kleinen Versehen der Abpunktung und leicht besserlichen Verschiebungen einzelner Sylben bittet man folgende Druckfehler zu berichtigen.

Seite 62 Zeile 1 statt: Wahrhaftigkeit lies: Wehrhaftigkeit
— 80 — st. der Seitenbezeichnung 25 l. 80
— 140 — 19 st. Erreichbare l. Erreichbares
— 155 — 22 st. in l. mit
— 218 — 11 st. der l. deren
— 225 — 4 st. Heiligkeit l. Herrlichkeit
— 229 — 22 st. stille l. stillere
— 308 — 2 st. treiben l. trieben
— 341 — 24 st. dem l. den
— 410 — 26 st. jenen l. jene
— 506 — 8 st. zauchzen, l. jauchzen,
— 530 — 22 st. aufzureitzen l. aufzuritzen
— 640 — 6 st. Wundermacht l. Macht
— 542 — 11 st. Finsteresteres l. Finsternsterns
— 548 — 23 st. grämlich l. gräulich
— 561 — 6 st. Ja l. In
— 594 — 16 hinter dem Worte gingen, setze: so

FSC
www.fsc.org
MIX
Papier | Fördert gute Waldnutzung
FSC® C083411

Kolibri 360 GmbH
Ferdinand-Jühlke-Straße 7
99095 Erfurt, Deutschland
produktsicherheit@kolibri360.de